◎ 前 言

数控加工工艺是数控编程与加工的基础，是提高数控加工效率和加工质量的关键。在数控加工的生产实践过程中，会出现各种各样的工艺问题，要解决这些问题，就要求操作人员与技术人员具有良好的工艺知识与工艺能力。随着机械制造产品精度和技术难度的提高，企业对数控加工工艺编制的水平提出了更高的要求。当前企业正急需一大批精通数控加工工艺、熟练掌握现代数控机床编程技术的人才。为了适应我国数控加工高技能人才培养的需要，我们结合多年的生产实践与教学经验，经过反复总结，编写了本教材。

本书从数控加工工艺的实用角度出发，以数控加工工艺知识为基础，以掌握数控加工工艺编制方法为目标，列举了大量典型的数控车削、数控铣削、加工中心、电火花加工工艺编制的实例。通过数控加工工艺理论知识的学习和项目实践训练，有利于提高读者数控加工工艺编制能力。

本书的读者对象为各高等职业学院、技工学校、中等职业学校数控专业、模具专业、机械制造专业、机电一体化专业的学生，以及相关工种的技术人员与社会培训学员等。

本书由深圳技师学院周晓宏（副教授、高级技师）主编，刘向阳、肖清、鲁小红等参加编写。

由于编者水平有限，书中不妥或错误之处，恳请读者指正。

编 者

2020 年 4 月

U0381723

JIDIAN YITIHUA
JINENGXING RENCAI
YONGSHU

机电一体化技能型人才用书

数控加工工艺编制
一体化教程

周晓宏 主编

中国电力出版社
CHINA ELECTRIC POWER PRESS

内 容 提 要

本书根据数控编程员和数控工艺员岗位的技术要求，介绍了数控加工工艺编制的理论和实例。它是数控加工工艺编制的一体化教材，全书共分四篇：第一篇为数控车削工艺编制，主要包括数控车削工艺系统和轴类、套类、盘类、配合件、异形件、蜗轮壳体等零件加工工艺编制的理论与实例；第二篇为数控铣削工艺编制，主要包括数控铣削工艺系统和平面凸轮、盘类、支架、盒形模具、箱盖、泵体端盖底板、配合件等零件加工工艺编制的理论与实例；第三篇为加工中心工艺编制，主要包括加工中心工艺系统和盖板、箱体、壳体、拨动杆、变速箱等零件加工工艺编制的理论和实例；第四篇为电火花加工工艺编制，主要包括电火花加工的理论知识与电火花成形加工、电火花线切割加工的工艺编制。

本书的读者对象为各高等职业学院、技工学校、中等职业学校数控专业、模具专业、机械制造专业、机电一体化专业的学生，以及相关工种的技术人员与社会培训学员等。

图书在版编目（CIP）数据

数控加工工艺编制一体化教程 / 周晓宏主编．—北京：中国电力出版社，2020.10
机电一体化技能型人才用书
ISBN 978-7-5198-4684-8

Ⅰ．①数… Ⅱ．①周… Ⅲ．①数控机床–加工工艺–教材 Ⅳ．①TG659

中国版本图书馆 CIP 数据核字（2020）第 090956 号

出版发行：中国电力出版社
地　　址：北京市东城区北京站西街 19 号（邮政编码 100005）
网　　址：http://www.cepp.sgcc.com.cn
责任编辑：杨　扬（010-63412524）
责任校对：黄　蓓　马　宁
装帧设计：王红柳
责任印制：杨晓东

印　　刷：北京天宇星印刷厂
版　　次：2020 年 10 月第一版
印　　次：2020 年 10 月北京第一次印刷
开　　本：787 毫米×1092 毫米　16 开本
印　　张：17.25
字　　数：387 千字
印　　数：0001—2000 册
定　　价：69.00 元

◎ 目 录

第一篇

数控车削工艺编制

认识数控车削工艺系统

任务一 认识数控车床

一、数控车床的用途

　　数控车床，主要用于加工各种轴类、套筒类和盘类等零件上的回转表面。数控车床能对轴类或盘类等回转体零件自动地完成内、外圆柱面，圆锥面，圆弧面和直、锥螺纹等工序的切削加工，并能进行切槽、钻、扩和铰等工作，图1-1所示为一些数控车削加工的产品。数控车床是目前国内使用极为广泛的一种数控机床，约占数控机床总数的25%。

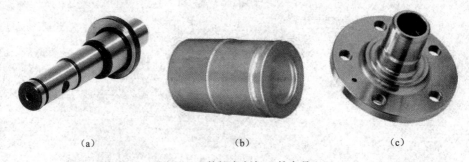

(a)　　　　　　　　　　(b)　　　　　　　　　　(c)

图1-1　数控车削加工的产品
(a) 轴类零件；(b) 套类零件；(c) 盘类零件

　　数控车床加工零件的尺寸精度可达 IT5～IT6，表面粗糙度可达 Ra1.6μm 以下。

二、数控车床的分类

　　数控车床品种繁多，常见的分类方法如下：

　　1. 按数控系统的功能分类

　　(1) 经济型数控车床。它一般采用步进电动机驱动形成开环伺服系统，其控制部分采用单板机或单片机来实现。此类车床结构简单，价格低廉，无刀尖圆弧半径自动补偿和恒线速度切削等功能。

　　(2) 全功能型数控车床。如图1-2所示，它一般采用闭环或半闭环控制系统，具有高刚度、高精度和高效率等特点。

　　(3) 车削中心。如图1-3所示，它是以全功能型数控车床为主体，并配置刀库、换刀装置、分度装置、铣削动力头和机械手等，可实现多工序的复合加工的机床。在工件一次

装夹后，它可完成回转类零件的车、铣、钻、铰、攻螺纹等多种加工工序，其功能全面，但价格较高。

图1-2　全功能型数控车床

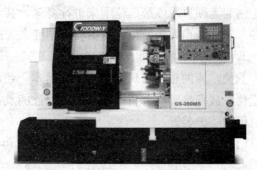
图1-3　车削中心

（4）FMC车床。它实际上是一个由数控车床、机器人等构成的柔性加工单元。它能实现工件搬运、装卸的自动化和加工调整准备的自动化。

2. 按加工零件的基本类型分类

（1）卡盘式数控车床。这类车床未设置尾座，适于车削盘类零件。其夹紧方式多为电动或液压控制，卡盘结构多数具有卡爪。

（2）顶尖式数控车床。这类车床设置有普通尾座或数控尾座，适于车削较长的轴类零件及直径不太大的盘、套类零件。

3. 按主轴的配置形式分类

（1）卧式数控车床。其主轴轴线处于水平位置，它又可分为水平导轨卧式数控车床和倾斜导轨卧式数控车床（其倾斜导轨结构可以使车床具有更大的刚性，并易于排屑）。

（2）立式数控车床。其主轴轴线处于垂直位置，并有一个直径很大的圆形工作台，供装夹工件之用。这类机床主要用于加工径向尺寸大、轴向尺寸较小的大型复杂零件。

具有两根主轴的车床称为双轴卧式数控车床或双轴立式数控车床。

三、数控车床的组成及布局

1. 数控车床的组成

图1-2所示的数控车床由以下几个部分组成：

（1）主机。它是数控车床的机械部件，包括床身、主轴箱、刀架尾座、进给机构等。

（2）数控装置。它是数控车床的控制核心，其主体是由数控系统运行的一台计算机（包括CPU、存储器、CRT等）。

（3）伺服驱动系统。它是数控车床切削工作的动力部分，主要实现主运动和进给运动，由伺服驱动电路和伺服驱动装置组成。伺服驱动装置主要有主轴电动机和进给伺服驱动装置（步进电动机或交、直流伺服电动机等）。

（4）辅助装置。它是数控车床的一些配套部件，包括液压、气压装置及冷却系统、润滑系统和排屑装置等。

数控车床刀架的纵向（z 向）和横向（x 向）运动分别采用两台伺服电动机驱动，将动力经滚珠丝杠传到滑板和刀架，不必使用挂轮、光杠等传动部件，所以它的传动链短；多功能数控车床采用直流或交流主轴控制单元来驱动主轴，它可以按控制指令做无级变速，与主轴间无须再用多级齿轮副来进行变速，其床头箱内的结构也比普通车床简单得多。故数控车床的结构大为简化，而精度和刚度大大提高。

2. 数控车床的布局

数控车床的布局形式与普通车床基本一致，但数控车床的刀架和导轨的布局形式有很大变化，其直接影响着数控车床的使用性能及机床的结构和外观。此外，数控车床上都设有封闭的防护装置。

（1）床身和导轨的布局。数控车床床身和导轨水平面的布局形式如图 1-4 所示。

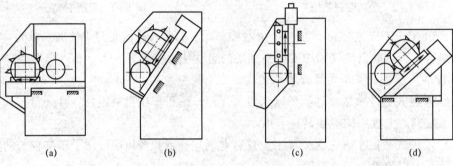

|(a)|(b)|(c)|(d)|

图 1-4　数控车床床身和导轨的布局形式

（a）平床身；（b）斜床身；（c）立床身；（d）平床身斜滑板

1）图 1-4（a）所示为平床身的布局。它的工艺性好，便于导轨面的加工。水平床身配上水平放置的刀架，可提高刀架的运动精度。这种布局一般可用于大型数控车床或小型精密数控车床。但是水平床身下部空间小，排屑困难。从结构尺寸上看，刀架水平放置使得滑板横向尺寸较长，从而加大了机床宽度方向的结构尺寸。

2）图 1-4（b）所示为斜床身的布局。其导轨倾斜的角度分别为 30°、45°、60° 和 75° 等。当导轨倾斜的角度为 90° 时，称为立床身，如图 1-4（c）所示。斜床身的倾斜角度小，排屑不便；倾斜角度大，导轨的导向性及受力情况差。其倾斜角度的大小还直接影响机床外形尺寸高度与宽度的比例。综合考虑以上因素，中小规格数控车床床身的倾斜度以 60° 为宜。

3）图 1-4（d）所示为平床身斜滑板的布局。这种布局形式一方面具有水平床身工艺性好的特点；另一方面机床宽度方向的尺寸较水平配置滑板的尺寸要小，且排屑方便。

平床身斜滑板和斜床身的布局形式被中、小型数控车床所普遍采用。这是因为这两种布局形式的数控车床具有如下优点：① 排屑容易，热切屑不会堆积在导轨上，便于安装自动排屑器；② 操作方便，易于安装机械手，以实现单机自动化；③ 机床占地面积小，外形美观，容易实现封闭式防护。

（2）刀架的布局。数控车床的刀架分为排式刀架和回转式刀架两大类。两坐标联动数控车床多采用回转刀架，它在机床上的布局有两种形式：一种是用于加工盘类零件的回转刀架，其回转轴垂直于主轴；另一种是用于加工轴类和盘类零件的回转刀架，其回转轴平行于主轴。

四、数控车床的工作原理

数控机床的工作原理如图1-5所示。首先根据零件图纸制订工艺方案，采用手工或计算机进行零件加工的程序编制，把加工零件所需的机床各种动作及全部工艺参数变成机床数控装置能接受的信息代码。然后将信息代码通过输入装置（操作面板）的按键输入数控装置，或者利用计算机和数控机床的接口直接进行通信，实现零件程序的输入和输出。

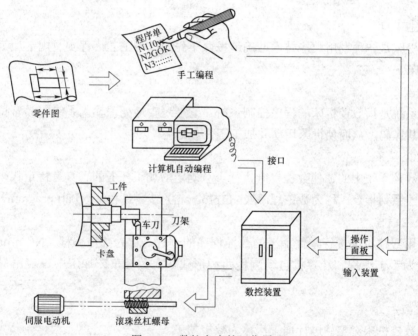

图1-5 数控车床的工作原理

进入数控装置的信息，经过一系列处理和运算转变成脉冲信号。有的信号被送到机床的伺服系统，通过伺服机构对其进行转换和放大，再经过传动机构驱动机床有关部件，使刀具和工件严格执行零件加工程序所规定的相应运动；有的信号被送到可编程序控制器中，用以顺序控制机床的其他辅助动作，如实现刀具的自动更换与变速、松夹工件、开关切削液等动作。

五、常见的数控车床控制系统

我国在数控车床上常用的数控系统有日本FANUC公司的0T、0iT、3T、5T、6T、10T、11T、0TC、0TD、0TE等，德国SIEMENS公司的802S、802C、802D sl、808D、840D等，以及美国的ACRAMATIC数控系统、西班牙的FAGOR数控系统等。

国产普及型数控系统产品有广州数控设备厂的 GSK980T 系列、华中数控公司的世纪星 21T、北京凯恩帝数控公司的 KND-500 系列等。

六、数控加工的有关概念

1. 数字控制

数字控制简称数控（numerical control，NC），是指用输入数控装置的数字信息（包括字母、数字和符号等）来控制机械执行预定的动作。计算机数控（computer numerical control，CNC）是采用具有存储功能的计算机，按照存储在读写存储器中的控制程序去执行数控装置的一部分或全部数控功能的 NC 系统，其在计算机外的唯一装置是接口。目前应用较普遍的是由 32 位和 64 位微处理器构成的微型计算机数控（microcomputer numerical control，MNC）系统。

2. 数控机床

数控机床是一种利用数控技术准确地按照事先安排的工艺流程实现规定加工动作的金属切削机床。

3. 数控系统

数控系统是指数控机床的程序控制系统，它能逻辑地处理输入系统中具有特定代码的程序并将其译码，从而使机床运动并加工零件。

4. 数控程序

输入数控系统中的、使数控机床执行一个确定的加工任务的、具有特定代码和其他符号编码的一系列指令，称为数控程序（NC program）或零件程序（Part program）。

5. 数控编程

生成用数控机床进行零件加工的数控程序的过程，称为数控编程（NC program）。数控编程分为手工编程和计算机自动编程两种形式。在数控车床加工中，应用最多的是手工编程。

6. 数控加工

运用数控机床对零件进行加工，称为数控加工。

任务二 数控车床刀具选择

一、车削加工中的切削运动

在车削加工中，刀具与工件的相对运动，称为切削运动。按其功用切削运动可分为主运动和进给运动，如图 1-6 所示。

1. 主运动

主运动是由机床或人力提供的主要运动，它促使刀具和工件之间产生相对运动，从而使刀具前刀面接近工件，从工件上直接切除金属，具有切削速度最高、消耗功率最大的特点，如车削时工件的旋转运动、刨削时工件或刀具的往复运动、铣削时铣刀的旋转运动等。

在切削中必须有一个主运动，且只能有一个主运动。

2. 进给运动

进给运动是由机床或人力提供的运动，它使刀具和工件之间产生附加的相对运动，使主运动能够继续切除工件上的多余金属，以便形成所需几何特性的已加工表面。进给运动可以是连续的，如车削外圆时车刀平行于工件轴线的纵向运动；也可以是步进的，如刨削工件或刀具的横向移动等。在切削中可以有一个或多个进给运动，也可以不存在进给运动。

3. 合成切削运动

图 1-6 车刀和工件的切削运动

由主运动和进给运动合成的运动，称为合成切削运动。刀具切削刃上选定点相对工件的瞬时合成运动方向称为该点的合成切削运动方向，其速度称为合成切削速度 v_e，如图 1-7 所示。

二、车削工件上的加工表面

切削加工时在工件上产生的表面如图 1-8 所示。

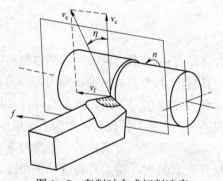

图 1-7 车削时合成切削速度

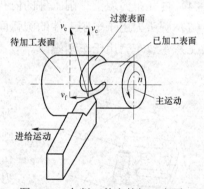

图 1-8 车削工件上的加工表面

（1）待加工表面。工件上有待切除的表面。

（2）已加工表面。工件上经刀具切削后产生的表面。

（3）过渡表面。工件上由刀具切削刃正在切削的那一部分表面，它在下一切削行程、刀具或工件的下一转里被切除，或由下一切削刃切除。

三、车刀的种类及用途

1. 车刀的种类

常用车刀按刀具材料可分为高速钢车刀和硬质合金车刀两类，其中硬质合金车刀按刀片的固定形式，又分为焊接式车刀和机械夹固式可转位车刀两种；按用途不同可分为外圆车刀、端面车刀、切断刀、内孔车刀、圆头刀和螺纹车刀等。常用车刀如图 1-9 所示。

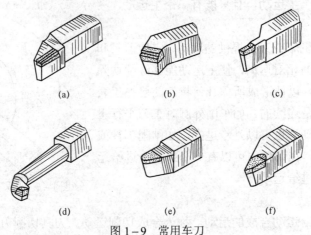

图1-9　常用车刀

（a）外圆车刀（90°车刀）；（b）端面车刀（45°车刀）；（c）切断刀；
（d）内孔车刀；（e）圆头刀；（f）螺纹车刀

（1）外圆车刀（90°车刀，又称偏刀）用于车削工件的外圆、台阶和端面。

（2）端面车刀（45°车刀，又称弯头车刀）用于车削工件的外圆、端面和倒角。

（3）切断刀用于切断工件或在工件上车槽。

（4）内孔车刀用于车削工件的内孔。

（5）圆头刀用于车削工件的圆弧面或成形面。

（6）螺纹车刀用于车削螺纹。

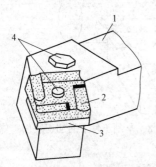

图1-10　机械夹固式可转位车刀

1—刀杆；2—刀片；3—刀垫；4—夹紧元件

在硬质合金车刀中，如图1-10所示的机械夹固式可转位车刀，其包括4个组成部分，即刀杆、刀片、刀垫和夹紧元件。这种车刀不需焊接，刀片用机械夹固法装夹在刀柄上。这种刀具在数控车床上应用广泛，在车削过程中，当一条切削刃磨钝后，不需卸下来去刃磨，只需松开夹紧装置，将刀片转过一个角度，即可重新继续切削，从而提高了刀柄利用率。这种车刀可根据车削内容的不同，选用不同形状和角度的刀片，从而组成外圆车刀、端面车刀、切断和车槽刀、内孔车刀和螺纹车刀等。

为适应数控机床加工技术的高速发展，除了高速钢及硬质合金材料外，新型刀具材料也正被越来越多的人所接受。目前常用的新型材料刀具主要有：

（1）涂层刀具。涂层硬质合金刀片的使用寿命与普通硬质合金刀片相比至少可提高1～2倍，而涂层高速钢刀具的耐用度则可提高2～10倍。

（2）非金属材料刀具。用作刀具的非金属材料主要有陶瓷、金刚石及立方氮化硼等。

2.车刀的用途

车刀可以车端面、外圆面、台阶、槽、螺纹等，常用车刀的用途见图1-11。

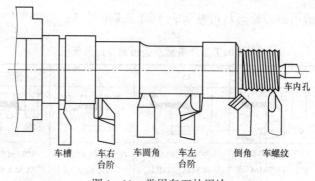

车槽　　车右　　车圆角　　车左　　倒角　车螺纹
　　　　台阶　　　　　　　台阶

图 1-11　常用车刀的用途

四、数控车床刀具的选用

1. 焊接式车刀的选用

（1）加工工件的圆柱形或圆锥形外表面，选用各种外圆车刀，如图 1-9（a）所示。

（2）加工工件端面，选用端面车刀，如图 1-9（b）所示。

（3）切断工件，选用切断刀，如图 1-9（c）所示。

（4）加工内孔，选用内孔车刀，如图 1-9（d）所示。

（5）加工各种光滑连接的成形面，选用圆头刀，如图 1-9（e）所示。此外螺纹刀有时也可用来加工成形面。

（6）加工螺纹，选用螺纹车刀，如图 1-9（f）所示。

2. 机械夹固式可转位车刀的选用

为了方便对刀和减少换刀时间，便于实现机械加工的标准化，数控车削加工时应尽可能采用机械夹固式可转位车刀。近年来机械夹固式可转位刀具得到了广泛的应用，在数量上达到所有数控刀具的 30%～40%，金属切除量占总数的 80%～90%。

机械夹固式可转位车刀的选用应从刀片的材料、尺寸和形状等方面考虑。

（1）刀片材料的选择。车刀刀片材料主要有高速钢、硬质合金、涂层硬质合金、陶瓷、金刚石和立方氮化硼等，其中应用最多的是高速钢、硬质合金、涂层硬质合金。

1）高速钢通常是型坯材料，韧性较硬质合金好，硬度、耐磨性和红硬性较硬质合金差，不适于切削硬度较高的材料，也不适于高速切削。高速钢刀具使用前需生产者自行刃磨，且刃磨方便，是适于各种特殊需要的非标准刀具。

2）硬质合金刀片和涂层硬质合金刀片切削性能优异，在数控车削中被广泛使用。特别是涂层硬质合金刀片，涂层可增加刀片的耐用度，且一般数控加工的切削速度较高，涂层在较高切削速度时能体现其优越性。涂层物质有碳化钛、氧化钛和氧化铝等。硬质合金刀片有标准规格系列，具体技术参数和切削性能一般由刀具生产厂家提供。

选择刀片材质的主要依据为被加工工件的材料、被加工表面的精度、表面质量要求、切削载荷大小以及切削过程中有无冲击和振动等。

（2）刀片形状的选择。选择刀片形状的主要依据为被加工工件的表面形状、切削方法、刀具寿命和刀片的转位次数等。刀片是机械夹固式可转位车刀的一个最重要的组成元件。

被加工工件表面及适用的刀片形状可参考表 1-1 选取。

表 1-1　　　　　　　　　　被加工工件表面及适用的刀片形状

	主偏角	45°	45°	60°	75°	95°
车削外圆表面	刀片形状及加工示意图	45°	45°	60°	75°	95°
	推荐选用的刀片	SCMA SPMR SCMM SNMM-8 SPUN SNMM-9	SCMA SPMR SCMM SNMG SPUN SPGR	TCMA TNMM-8 TCMM TPUN	SCMM SPUM SCMA SPMR SNMA	CCMA CCMM CNMM-7
	主偏角	75°	90°	90°	95°	
车削端面	刀片形状及加工示意图	75°	90°	90°	95°	
	推荐选用的刀片	SCMA SPMR SCMM SPUR SPUN CNMG	TNUN TNMA TCMA TPUN TCMM TPMR	CCMA	TPUN TPMR	
	主偏角	15°	45°	60°	90°	93°
车削成形面	刀片形状及加工示意图	15°	45°	60°	90°	
	推荐选用的刀片	RCMM	RNNG	TNMM-8	TNMG	TNMA

五、车刀结构

刀具各组成部分统称为刀具要素。车刀一般由两大部分组成：夹持部分和切削部分。夹持部分通常用普通碳素钢、球墨铸铁等材料制成。切削部分采用各种刀具材料，根据需要制成各种形状。车刀切削部分的组成要素见图 1-12。

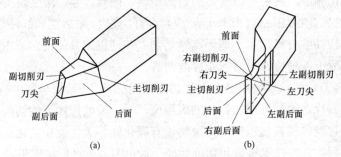

图 1-12　车刀切削部分的组成要素
（a）外圆车刀；（b）车槽刀

1. 前面

前面（A_r）又称前刀面，即切屑流过的表面。

2. 后面

后面（A_{α}）又称后刀面，即与工件上经切削的表面相对的表面。后面分为主后面（与前面相交形成主切削刃的后面，与工件上的过渡表面相对，记作 A_{α}）和副后面（与前面相交形成副切削刃的后面，与工件上的已加工表面相对，记作 A'_{α}），未做特别说明的后面一般指主后面。

3. 主切削刃

主切削刃（S）是前面和后面的交线，承担主要的切削工作，由它在工件上切出过渡表面。

4. 副切削刃

副切削刃（S'）是前面与副后面的交线，它配合主切削刃切除余量并最终形成已加工表面。

5. 刀尖

刀尖是主、副切削刃连接处相当少的一部分切削刃，未经特别指明可视为一个点，是刀具切削部分工作条件最恶劣的部位。

六、车刀的几何参数及其对切削性能的影响

1. 辅助平面

为了确定和测量车刀的角度，需要假想以下三个辅助平面，见图 1–13。

（1）切削平面。即通过切削刃上某一选定点，并与工件上过渡表面相切的平面，见图 1–13（a）、（b）中的 ABCD 平面。

（2）基面。即通过切削刃上某一选定点，并与该点切削速度方向相垂直的平面，见图 1–13（a）、（b）中的 EFGH 平面。

（3）正交平面。正交平面有主正交平面和副正交平面之分，见图 1–13（c）。

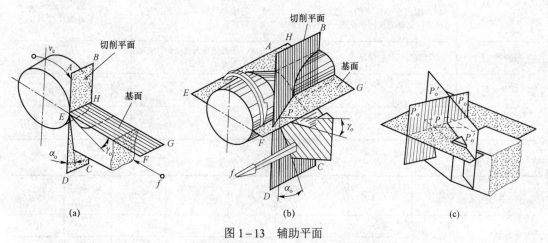

图 1–13　辅助平面

（a）横车的切削平面与基面；（b）纵车的切削平面与基面；（c）正交平面

通过主切削刃上某一选定点，同时垂直于切削平面和基面的平面，叫主正交平面，见

图 1–13（c）中的 P_o–P_o 平面。

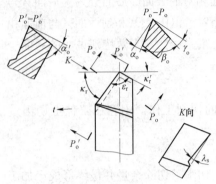

图 1–14 车刀几何角度的标注

通过副切削刃上某一选定点，同时垂直于切削平面和基面的平面，叫副正交平面，见图 1–13（c）中的 P_o'–P_o' 平面。

2. 车刀几何角度及其对切削性能的影响

车刀切削部分的几何角度主要有：6 个独立的基本角度，即前角（γ_o）、主后角（α_o）、副后角（α_o'）、主偏角（κ_r）、副偏角（κ_r'）、刃倾角（λ_s）；6 个派生角度，即楔角（β_o）、刀尖角（ε_r），见图 1–14。

车刀几何角度的名称及其对切削性能的影响见表 1–2，车刀几何角度的选择可参考表 1–3。

表 1–2　　　　　　　　　　　车刀几何角度的名称及其对切削性能的影响

车刀几何角度的名称	定　义	对切削性能的影响	选用原则
前角（γ_o）	前面与基面间的夹角	主要影响车刀的锋利程度、强度、切削变形和切削力。增大前角，则车刀锋利，切削力减小，切削变形减小，有助于提高表面质量，但刀头强度会减小，散热条件下降	一般情况下当零件材料较软或精加工时选择较大的前角
主后角（α_o）	主后面与切削平面间的夹角	主要是减少车刀主后面与零件的摩擦。增大主后角可使车刀刃口锋利，但刀头强度会减小，散热条件下降	一般情况下粗加工时切削力较大，应选择较小的后角
副后角（α_o'）	副面与切削平面间的夹角	主要是减少车刀副后面与零件的摩擦	选择同主后角
主偏角（κ_r）	主切削刃在基面上的投影与进给运动方向间的夹角	改变车刀的受力与散热情况	零件刚性差、径向切削力要求小时选较大主偏角；对材料硬度要求高的零件加工时选较小的主偏角
副偏角（κ_r'）	副切削刃在基面上的投影与背离进给运动方向间的夹角	减少副切削刃与零件已加工表面的摩擦，以免影响零件表面质量	粗车时选大一些的副偏角，精车时选小一些的副偏角
刃倾角（λ_s）	主切削刃与基面间的夹角	控制排屑方向，当刃倾角为负值时，可增加刀头强度和保护刀尖	
楔角（β_o）	正交平面内前面与后面间的夹角		$\beta_o = 90° - (\gamma_o + \alpha_o)$
刀尖角（ε_r）	主切削刃和副切削刃在基面上的投影间的夹角		$\varepsilon_r = 180° - (\kappa_r + \kappa_r')$

表 1–3　　　　　　　　　　　　车刀几何角度的选择参考表

加工材料	典型牌号	加工情况	刀具材料	前角 γ_o	主后角 α_o 副后角 α_o'	主偏角 κ_r	副偏角 κ_r'	刃倾角 λ_s
低碳钢	Q235A	粗车	YT5、YT15	20°~25°	6°~8°	45°~75°	15°~45°	0°
		精车	YT15、YT30	25°~30°	8°~10°	75°~90°	5°~15°	0°~5°
中碳钢	45	粗车	YT5、YT15	15°~20°	4°~6°	45°~75°	15°~45°	−5°~0°
		精车	YT15、YT30	20°~25°	6°~8°	75°~90°	5°~15°	0°~5°

续表

加工材料	典型牌号	加工情况	刀具材料	前角 γ_o	主后角 α_o 副后角 α_o'	主偏角 κ_r	副偏角 κ_r'	刃倾角 λ_s
合金钢	40Cr	粗车	YT5、YT15	12°～18°	4°～6°	45°～75°	15°～45°	−5°～0°
		精车	YT15、YT30	15°～20°	6°～8°	75°～90°	5°～15°	0°～5°
不锈钢	1Cr18N19Ti	粗车	YG8、YG6A	15°～20°	4°～6°	45°～75°	15°～45°	−5°～0°
		精车	YG6A、YW1	20°～25°	6°～8°	75°～90°	5°～15°	0°～5°
灰铸钢	HT150 HT200	粗车	YG6、YG8	10°～15°	4°～6°	45°～75°	10°～15°	−10°～0°
		精车	YG3、YG6	5°～10°	6°～8°	60°～90°	5°～10°	0°
铝、铝合金	L3 LY12	粗车	YG8、YG6	30°～35°	8°～10°	60°～75°	10°～15°	10°～20°
		精车	YG6	35°～40°	10°～12°	75°～90°	5°～10°	15°～30°
纯铜	T0～T4	粗车	YG8、YG6	25°～30°	4°～6°	60°～75°	10°～30°	5°～10°
		精车	YG6	30°～35°	6°～8°	75°～90°	5°～10°	5°～10°

七、车刀的材料

目前生产中常用的车刀材料有高速钢和硬质合金两类。

1. 高速钢

高速钢是含有钨（W）、铬（Cr）、钒（V）、钼（Mo）等合金元素的高合金工具钢，现有品种可归并为通用型高速钢、高性能高速钢和粉末冶金高速钢三大类。

与碳素工具钢、合金工具钢相比，高速钢的优点是耐热性好，耐温度高达 500～650℃。用高速钢切削中碳钢时，切削速度可达 25～30m/min，是碳素工具钢和合金工具钢的 2～4 倍。

与硬质合金相比，高速钢最大的优点是可加工性好，可锻打成各种坯件，制造复杂刀具。高速钢的抗弯强度、冲击韧度是硬质合金的 6～10 倍。经过仔细研磨，高速钢刀具切削刃钝圆半径可以小于 15μm，其磨削性也较好。

高速钢刀具制造简单，刃磨方便，磨出的刀具刃口锋利，而且坚韧性较好，能承受较大的冲击力，因此常用于承受冲击力较大的场合，同时也常作为精加工车刀（梯形螺纹、宽刃车刀）以及成形车刀的材料。但高速钢耐热性比硬质合金差，不宜用于高速切削。高速钢在刃磨时要经常冷却，以防车刀退火，失去硬度。它淬火后的硬度为 62～65HRC。

2. 硬质合金

硬质合金是用高熔点、高硬度的金属碳化物和金属黏结剂按粉末冶金工艺制成的刀具材料。

硬质合金硬度高，能耐高温，有很好的红硬性，在 1000℃左右的高温下仍能保持良好的切削性能。硬质合金车刀的切削速度比高速钢高几倍至几十倍，并能切削高速钢刀具无法切削的难车削材料。

硬质合金的缺点是韧性较差，不耐冲击。但这一缺陷可以通过刃磨合理的切削角度来弥补，所以硬质合金是目前应用最广泛的一种车刀材料。

常用的硬质合金按其成分不同可分为钨钴合金和钨钛钴合金两类。

（1）钨钴类硬质合金由碳化钨（WC）和钴组成，以钴为黏结剂，它的代号是 YG。这类硬质合金韧性较好，适用于加工铸铁、脆性铜合金等脆性材料或用于冲击性较大的场合。

钨钴类硬质合金按其含钴量，分为 YG3、YG6、YG8 等牌号。牌号后的数字表示含钴量的百分数，数字大的含钴量高，抗冲击韧性较好，但硬度较差。一般选用 YG8 做粗加工，YG6 做半精加工，YG3 做精加工。

（2）钨钛钴类硬质合金以碳化钨（WC）为主体，加入碳化钛（TiC）元素，以钴为黏结剂，它的代号是 YT。这类硬质合金的耐磨性较好，能承受较高的切削温度，适用于加工钢件或韧性较大的塑性材料。由于它较硬而且较脆，不耐冲击，所以不宜加工脆性材料。

钨钛钴类硬质合金按其含钛量，分为 YT5、YT15、YT30 等牌号。牌号后的数字表示碳化钛含量的百分数，数字大的含钛量高，硬度大，耐磨性好，脆且不耐冲击。一般选用 YT5 做粗加工，YT15 做半精加工和精加工，YT30 只能做精加工。

八、影响刀具寿命的因素及提高刀具寿命的方法

1. 有关概念

（1）刀具总寿命。一把新磨好的刀具从开始切削，经过多次刃磨、使用，直至完全失去切削能力而报废的实际总切削时间称为刀具的总寿命。

（2）刀具寿命。一把新刃磨的刀具，从开始切削至磨损量达到磨钝标准为止所使用的切削时间，称为刀具寿命，用符号 t 表示，单位为 min。

刀具寿命是刀具磨损的一种表示方法，刀具寿命 t 越大，表示刀具磨损得越慢。

2. 影响刀具寿命的因素

凡是影响刀具磨损的因素都是影响刀具寿命的因素。

（1）工件材料。工件材料的强度、硬度越高，材料的热导率越小，产生的切削温度就越高，因而使得刀具磨损越快，刀具寿命越低。

（2）刀具材料。刀具材料的高温硬度越高，耐磨性越好，刀具寿命越长。切削部分的材料，是影响刀具寿命的主要因素。

（3）刀具几何参数。刀具前角 γ_o 增大，切削力将减小，切削温度降低，则刀具寿命增长。但是，前角太大，切削刃强度将下降，散热条件变差，刀具寿命反而下降，所以前角的选择应合理。

减小主偏角或副偏角，加大刀尖圆弧半径，能增加刀具强度，改善散热条件，使刀具寿命提高。但是，这要在加工中不产生振动和工件形状允许的条件下采用。

（4）切削用量。切削速度 v_c 对刀具寿命影响最大，其次是进给量 f，背吃刀量 a_p 的影响最小。生产中要提高切削效率，并保持刀具的寿命，应首先考虑增大 a_p，其次增大 f，然后确定合理的 v_c。

任务三 数控车削夹具选择

一、装夹刀具

1. 安装车刀的步骤

安装车刀前先要将刀架转到正确的位置，并注意刀具要和刀号对应。车刀安装在方刀架的左侧，用刀架上的至少两个螺栓压紧（操作时应逐个轮流旋紧螺栓），如图 1-15 所示。刀尖应与工件轴线等高，可用尾座顶尖校对，用垫刀片调整。刀杆中心线应与进给方向垂直。车刀在方刀架上伸出的长度以刀体厚度的 1.5～2.0 倍为宜（切断刀伸出更不宜太长）。夹紧车刀时，不得使用加力管，以免损坏刀架与车刀锁紧螺钉。

图 1-15 安装车刀

（a）伸出太长；（b）垫片刀不齐；（c）合适

2. 安装车刀的注意事项

车外圆或横车时，如果车刀安装后刀尖高于工件轴线，会使前角增大而后角减小；相反，如果刀尖低于工件轴线，则会使前角减小，后角增大。如果刀体轴线不垂直于工件轴线，将影响主偏角和副偏角，会使切断刀切出的断面不平，甚至使刀头折断，使螺纹车刀切出的螺纹产生牙型半角误差。所以，切断刀和螺纹车刀的刀头必须装得与工件轴线垂直，以使切断刀的两副偏角相等和螺纹车刀切出的螺纹牙型对称。

安装车刀应注意，刀尖应与工件中心等高或稍高。如果装得低于中心，由于切削抗力的作用，容易将刀柄压低而产生"扎刀"现象。加工孔时，刀柄伸出刀架不宜过长，一般比被加工孔长 5～6mm。

二、车削时工件的装夹方式和车床夹具

车床夹具通常有卡盘、顶尖、拨盘、中心架和跟刀架及心轴等。

1. 卡盘安装

三爪自定心卡盘是车床上最常用的卡盘夹具，如图 1-16 所示。用三爪自定心卡盘装夹能自动定心，装夹方便，但定心精度不高（一般为 0.05～0.08mm），夹紧力较小，适用于装夹截面为圆形、三角形、六边形的轴类和盘类中小型零件。

2. 顶尖装夹

较长的轴类工件在加工时常用两顶尖安装，如图 1-17 所示。工件支承在前后两顶尖

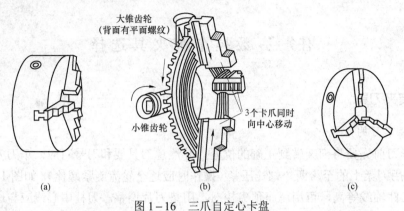

图 1-16　三爪自定心卡盘

（a）三爪自定心卡盘外形；（b）三爪自定心卡盘结构；（c）反三爪自定心卡盘

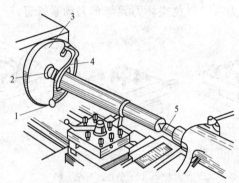

图 1-17　用顶尖安装工件

1—夹紧螺钉；2—前顶尖；3—拨盘；4—卡箍；5—后顶尖

之间，工件的一端用鸡心夹头夹紧，由安装在主轴上的拨盘带动旋转。这种方式定位精度高，能保证轴类零件的同轴度。另外，还可用"一夹一顶"的方式装夹（将工件一端用主轴上的三爪自定心卡盘夹持，另一端用尾座上的顶尖安装）。这种方法夹紧力较大，适于轴类零件的粗加工和半精加工，当工件调头安装时不能保证同轴度。精加工时应该用两顶尖装夹。

　　顶尖有两种：一种是死顶尖，另一种是活顶尖（见图 1-18）。死顶尖又称为普通顶尖，顶尖头部带有 60° 锥形尖端，用来顶在工件的中心孔内，以支承工件；活顶尖尾部带有锥柄，安装在机床主轴锥孔或尾座顶尖轴锥孔中，用其头部锥体顶住工件。

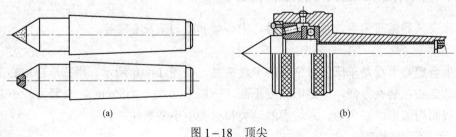

图 1-18　顶尖

（a）死顶尖；（b）活顶尖

用顶尖安装工件时，须在工件两端用中心钻加工出中心孔，如图 1-19 所示。中心孔分普通中心孔（A 型中心孔）和双锥面中心孔（B 型中心孔），中心孔要求光滑平整，在用死顶尖安装工件时，中心孔内应加入润滑脂。

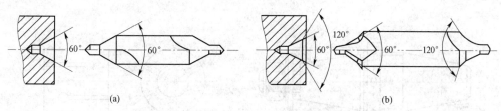

(a)   (b)

图 1-19　用中心钻加工中心孔

（a）加工普通中心孔；（b）加工双锥面中心孔

3. 中心架和跟刀架

中心架及其装夹方式如图 1-20 所示，用于长径比大于 15 的细长轴类零件的加工。这种装夹方式可增加工件的刚性，使工件变形小。

跟刀架及其装夹方式如图 1-21 所示，主要用于长径比大于 15 的细长轴类零件的半精加工和精加工，以增加工件的刚度。跟刀架安装在床鞍上，可以随床鞍一起移动。跟刀架一般放在车刀的前面，以防止跟刀架支承爪擦伤工件的已加工表面。

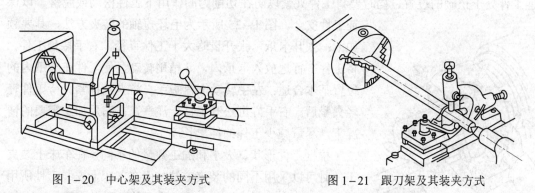

图 1-20　中心架及其装夹方式　　　　　图 1-21　跟刀架及其装夹方式

4. 心轴装夹

为了提高生产率，保证产品质量，车削对同轴度要求较高的盘类工件时，常用心轴装夹工件。图 1-22 所示为有锥度光心轴，这种心轴靠其配合面的摩擦力来传递切削力，所以不可承受大的切削力，一般用于精加工。图 1-23 所示为带螺母压紧的实体心轴，当工

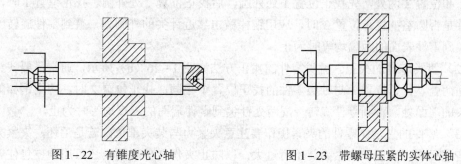

图 1-22　有锥度光心轴　　　　　　图 1-23　带螺母压紧的实体心轴

件内孔的长度与内径之比小于 1.5 时常采用。这种心轴的圆柱面与工件内孔常用间隙配合，定位精度较差且对工件内孔与其左侧面的垂直度要求很高。图 1-24 所示为可胀心轴，当拧紧螺母 2 时，开口套筒 1 胀开，夹紧工件，这种装夹方式效率较高。

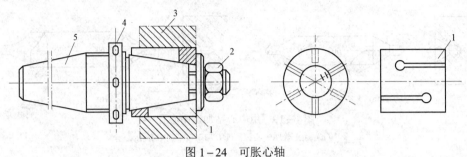

图 1-24 可胀心轴

1—开口套筒；2、4—螺母；3—工件；5—圆锥面

三、装夹工件

1. 装夹工件的方法

在数控车床上安装工件时应使被加工表面的轴线与数控车床主轴回转轴线重合，以保证工件处于正确的位置，同时要将工件夹紧以防在切削力的作用下工件松动或脱落，以保证工件安全。图 1-25 所示为毛坯短轴的装夹方法，其要领如下：张开卡爪，张开量略大于工件直径，右手持稳工件，将工件平行地放入卡爪内，并稍稍转动，使工件在卡爪内的位置基本合适；左手转动卡盘扳手，将卡爪拧紧，待工件轻轻夹紧后，右手方可松开工件。注意，在满足加工需要的情况下，尽量减少工件的伸出长度。

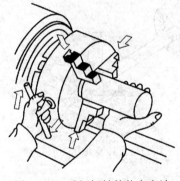

图 1-25 毛坯短轴的装夹方法

根据工件形状、大小和加工数量的不同，在车床上装夹工件时可以采用不同的装夹方法，而在车床上安装工件所用的夹具主要有三爪自定心卡盘、四爪单动卡盘、顶尖、心轴、中心架、跟刀架、花盘和角铁等。

2. 车削零件的找正与夹紧

（1）轴类零件的找正。轴类零件的找正方法如图 1-26（a）所示，通常需要找正外圆位置 1 和位置 2 两处，先找正位置 1 处外圆，后找正位置 2 处外圆。找正位置 1 时，可看出零件是否圆整；找正位置 2 时，应用铜棒敲击靠近针尖的外圆处，直到零件旋转一周两处针尖到零件表面的距离均等时为止。

（2）盘类零件的找正。盘类零件的找正方法如图 1-26（b）所示，通常需要找正外圆和端面两处。找正位置 1 与轴类零件的找正位置 1 相同；找正位置 2 时，应用铜棒敲击靠近针尖的端面处，直到零件旋转一周两处针尖到零件端面的距离均等时为止。

（3）零件的夹紧。零件的夹紧操作要注意夹紧力与装夹部位。若是毛坯，夹紧力可大些；若是已加工表面，夹紧力就不可过大，以防止夹伤零件表面，还可用铜皮包住表面进

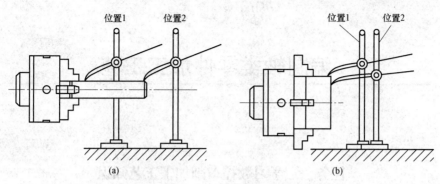

图 1-26　零件的找正

（a）轴类零件的找正方法；（b）盘类零件的找正方法

行装夹；若是有台阶的零件，尽量让台阶靠着卡爪端面装夹；若是带孔的薄壁件，则要用专用夹具装夹，以防止变形。

项目二

编制轴类零件加工工艺

任务一　学习数控车削加工工艺知识

一、数控加工工序的划分

对于需要多台不同的数控机床、多道工序才能完成加工的零件，数控加工工序划分通常以机床为单位来进行。而对于需要很少的数控机床就能加工完零件全部内容的情况，数控加工工序的划分一般按下列方法进行。

1. 以一次安装所进行的加工作为一道工序

将位置精度要求较高的表面安排在一次安装下完成，以免多次安装所产生的安装误差影响位置精度。如图 2-1 所示，轴承内圈有一项形位公差要求，即有壁厚差要求。壁厚差是指滚道与内径在一个圆周上的最大、最小壁厚之差。此零件的精车，如采用三台液压半自动车床和一台液压仿形车床加工，需 4 次装夹，滚道与内径分在两道工序车削（无法在一台液压仿形车床上将两面一次安装同时加工出来），会造成较大的壁厚差，达不到图纸要求。后改用数控车床加工，两次装夹即可完成全部精车加工。第一道工序采用图 2-1（a）所示的以大端面和大外径定位装夹的方案，滚道和内孔的车削及除大外径、大端面及相邻两个倒角外的所有表面均在这次装夹内完成。由于滚道和内径同在此工序车削，壁厚差大为减小，且加工质量稳定。此外，该轴承内圈对小端面与内径的垂直度、滚道的角度也有较高要求，因此也在此工序内完成。第二道工序采用图 2-1（b）所示的以内孔和小端面定位装夹的方案，车削大外圆和大端面及倒角。

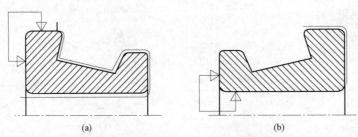

（a）　　　　　　　　　　　　　　　　（b）

图 2-1　轴承内圈两道工序加工方案

（a）第一道工序；（b）第二道工序

2. 以一个完整数控程序连续加工的内容为一道工序

有些零件虽然能在一次安装中加工出很多待加工面，但这样数控程序会变长，因而受到诸多限制，如控制系统的限制（主要是程序存储容量）、机床连续工作时间的限制（如一道工序在一个工作班内不能结束）等。此外，数控程序太长还会增加出错率，导致查错与检索困难。这时可以以一个独立、完整的数控程序连续加工的内容作为一道工序，在一道工序内用多少把刀具、加工多少内容，主要根据控制系统的限制、机床连续工作时间的限制等因素来考虑确定。

3. 以工件上的结构内容组合用一把刀具加工为一道工序

有些零件结构较复杂，既有回转表面，也有非回转表面，既有外圆、平面，也有内腔、曲面。对于加工内容较多的零件，按零件结构特点可将加工内容组合分成若干部分，每一部分用一把典型刀具加工。这时可以将组合在一起的所有部位作为一道工序，然后将另外组合在一起的部位换另外一把刀具加工，作为新的一道工序，这样可以减少换刀次数，减少空行程时间。

4. 以粗、精加工划分工序

对于容易发生加工变形的零件，通常粗加工后需要进行矫形，这时粗加工和精加工就可作为两道工序，采用不同的刀具或不同的数控车床加工。对毛坯余量较大和加工精度要求较高的零件，应将粗车和精车分开，划分成两道或多道工序。应将粗车安排在精度较低、功率较大的数控车床上，将精车安排在精度较高的数控车床上。

下面以车削图2-2（a）所示手柄零件为例，说明工序的划分。

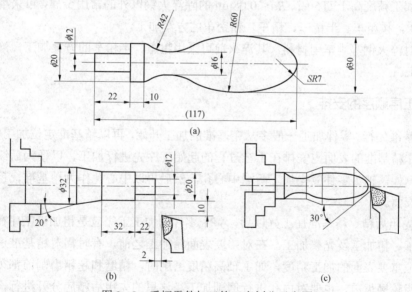

图2-2　手柄零件加工的工序划分示意图

（a）手柄零件；（b）第一道工序；（c）第二道工序

该零件加工所用坯料为φ32mm棒料，批量生产，加工时用一台数控车床。工序划分如下：

第一道工序［按图2-2（b）所示将一批工件全部车出，包括车断］，夹棒料外表面，工序内容有：先车出φ12mm和φ20mm两圆柱面及圆锥面（粗车掉R42mm圆弧的部分余量），换刀后按总长要求留下加工余量切断。

第二道工序［按图 2-2（c）所示用 ϕ12mm 外圆及 ϕ20mm 端面装夹］，工序内容有：先车削 SR7mm 球面的 30° 圆锥面，然后对全部圆弧表面半精车（留少量的精车余量），最后换精车刀将全部圆弧表面一刀精车成形。

综上所述，在数控加工划分工序时，一定要视零件的结构与工艺性、零件的批量、机床的功能、零件数控加工内容的多少、程序的长短、安装次数及本单位生产组织状况等灵活掌握。零件宜采用工序集中的原则还是采用工序分散的原则，也要根据实际情况来确定，但一定要力求合理。对于回转体类零件，非数控车削加工工序和数控加工工序与普通工序的衔接也应做出合理的安排。

二、零件表面数控车削加工方案的确定

一般可根据零件的加工精度、表面粗糙度、材料、结构形状、尺寸及生产类型等确定零件表面的数控车削加工方法及加工方案。

（1）加工精度为 IT7～IT8 级、Ra0.8～1.6μm 的除淬火钢以外的常用金属，可采用普通型数控车床，按粗车、半精车、精车的方案加工。

（2）加工精度为 IT5～IT6 级、Ra0.20～0.63μm 的除淬火钢以外的常用金属，可采用精密型数控车床，按粗车、半精车、精车、细车的方案加工。

（3）加工精度高于 IT5 级、Ra<0.08μm 的除淬火钢以外的常用金属，可采用高档精密型数控车床，按粗车、半精车、精车、精密车的方案加工。

（4）对淬火钢等难车削材料，其淬火前可采用粗车、半精车的方案加工，淬火后常安排磨削加工。

三、工序顺序的安排

（1）基准先行。零件加工一般多从精基准的加工开始，再以精基准定位加工其他表面。因此，选作精基准的表面应安排在工艺过程的起始工序先进行加工，以便为后续工序提供精基准。例如，轴类零件应先加工两端中心孔，然后再以中心孔作为精基准，粗、精加工所有外圆表面。

（2）先粗后精。精基准加工好以后，整个零件的加工工序应是粗加工工序在前，相继为半精加工、精加工及光整加工。在对重要表面精加工之前，有时需对精基准进行修整，以利于保证重要表面的加工精度，如主轴高精度磨削时，精磨和超精磨削前都须研磨中心孔；精密齿轮磨齿前，也要对内孔进行磨削加工。这里的先粗后精应分开进行，即在不同的工序内完成。

（3）先主后次。根据零件的功用和技术要求，先将零件的主要表面和次要表面分开，然后先安排主要表面的加工，再把次要表面的加工工序插入其中。次要表面一般指键槽、螺纹孔、销孔等表面。这些表面一般都与主要表面有一定的相对位置要求，应以主要表面作为基准进行次要表面加工。所以次要表面的加工一般放在主要表面的半精加工以后、精加工以前一次加工结束；也有放在最后加工的，但此时应注意不要碰伤已加工好

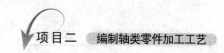

的主要表面。

（4）先加工平面后加工孔，先加工简单的几何形状再加工复杂的几何形状。

（5）以相同定位、夹紧方式安装的工序，最好接连进行，以减少重复定位次数和夹紧次数。

（6）中间穿插有通用机床加工工序的，要综合考虑合理安排其加工顺序。

上述工序顺序安排的一般原则不仅适用于数控车削加工工序顺序的安排，也适用于其他类型的数控加工工序顺序的安排。

四、工步顺序安排及进给路线的确定

1. 工步顺序安排的一般原则

（1）先粗后精。这一原则与工序顺序安排中的先粗后精原则内涵不同。工步顺序中的先粗后精指对粗、精加工在同一道工序内进行的，先对各表面进行粗加工，全部粗加工结束后再进行半精加工和精加工，逐步提高加工精度。此工步顺序安排的原则要求粗车在较短的时间内将工件各表面上的大部分加工余量（如图 2-3 中双点划线部分）切掉，这样一方面提高了金属切除率，另一方面满足了精车的余量均匀性要求。若粗车后所留余量的均匀性满足不了精加工的要求，则要安排半精车，以此为精车做准备。此原则实质上是在一个工序内分阶段加工的，这样有利于保证零件的加工精度，适用于精度要求高的场合，但可能增加换刀的次数和加工路线的长度。

（2）先近后远。这里所说的远与近，是按加工部位相对于程序开始点（对刀点）的距离远近而言的。一般情况下，离程序开始点远的部位后加工，以便缩短刀具移动距离，减少空行程时间。例如，当加工图 2-4 所示零件时，如果按 $\phi38mm \rightarrow \phi36mm \rightarrow \phi34mm$ 的次序安排车削，会增加刀具返回程序开始点所需的空行程时间，还可能使台阶的外直角处产生毛刺（飞边）。对这类直径相差不大的台阶轴，当第一刀的背吃刀量（图 2-4 中最大背吃刀量可为 3mm 左右）未超限时，宜按 $\phi34mm \rightarrow \phi36mm \rightarrow \phi38mm$ 的次序先近后远地安排车削。这一原则适用于精加工，粗加工难以实现。

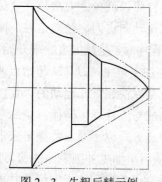
图 2-3　先粗后精示例

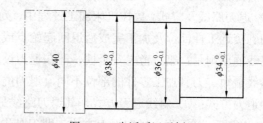
图 2-4　先近后远示例

（3）内外交叉。对既有内表面（内型腔）又有外表面需加工的回转体零件，安排加工顺序时应先进行内、外表面粗加工，后进行外、内表面精加工。切不可将零件上一部分表

面（外表面或内表面）加工完毕后，再加工其他表面（内表面或外表面）。

（4）同一把刀连续加工原则。该原则是指用同一把刀把能加工的内容连续加工出来，以减少换刀次数，缩短刀具移动距离。特别是精加工同一表面时一定要连续切削，以防出现接刀痕迹。该原则与先粗后精原则有时相矛盾，是否选用以能否满足加工精度要求为准。

（5）保证工件加工刚度原则。在一道工序中进行的多工步加工，应先安排对工件刚性破坏较小的工步，后安排对工件刚性破坏较大的工步，以保证工件加工时的刚度要求。即一般先加工离装夹部位较远的、在后续工步中不受力或受力小的部位，本身刚性差又在后续工步中受力的部位一定要后加工。

上述工步顺序安排的一般原则同样适用于其他类型的数控加工工步顺序的安排。

2. 进给路线的确定

进给路线是指数控机床加工过程中刀具相对零件的运动轨迹和方向，也称走刀路线。它泛指刀具从程序开始点开始运动起，直至返回该点并结束加工程序所经过的路径，包括切削加工的路径及刀具切入、切出等非切削空行程。它不但包括了工步的内容，也反映了工步的顺序。进给路线是编写程序的依据之一，因此在确定进给路线时最好画出工序简图，将已经确定的进给路线画上去（包括进、退刀路线），这样可为编程带来不少方便。

（1）确定进给路线的主要原则。首先按已定工步顺序确定各表面加工进给路线的顺序，所定进给路线应能保证工件轮廓表面加工后的精度和表面粗糙度要求。其次寻求最短加工路线（包括空行程路线和切削路线），减少行走时间以提高加工效率。最后要选择工件在加工时变形小的路线，对横截面积小的细长零件或薄壁零件应采用分几次走刀加工到最后尺寸或对称去余量法安排进给路线。

（2）确定进给路线。确定进给路线主要在于确定进刀走刀方式、退刀方式、粗加工及空行程的进给路线，而精加工切削过程的进给路线基本上都是沿零件轮廓顺序进行的，没有展开详述的必要。

1）进刀走刀方式。数控车削加工应根据毛坯类型和工件形状确定进刀走刀方式，以达到减少循环走刀次数、提高加工效率的目的。轴套类零件的进刀走刀方式是径向进刀、轴向走刀，循环切除余量的循环终点在粗加工起点附近，这样可以减少走刀次数，避免不必要的空走刀，节省加工时间。轮盘类零件的进刀走刀方式是轴向进刀、径向走刀，循环切除余量的循环终点在粗加工起点。编制轮盘类零件的加工程序时，是从大直径端开始加工。

2）退刀路线及方式。数控机床加工过程中，为了提高加工效率，刀具从起始点或换刀点运动到接近工件部位及加工完成后退回起始点或换刀点是以快速方式运动的。数控系统退刀路线的原则是：第一考虑安全性，即在退刀过程中不能与工件发生碰撞；第二考虑使退刀路线最短。刀具加工零件的部位不同，退刀的路线确定方式也不同，数控车床常用以下三种退刀方式：① 斜线退刀方式，其退刀路线最短，适用于加工外圆表面的偏刀退刀，如图 2-5 所示；② 径—轴向退刀方式，即刀具先径向垂直退刀，到达指定位置时再轴向退刀，适用于车槽的退刀如图 2-6 所示；③ 轴—径向退刀方式，其与径—轴向退刀方式恰好相反，如图 2-7 所示。粗镗孔通常采用轴—径向退刀方式，而精镗孔通常先径向退刀再轴向退刀至孔外，再斜线退刀。

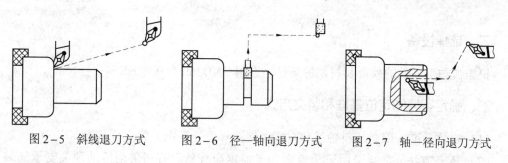

图2-5　斜线退刀方式　　　图2-6　径—轴向退刀方式　　　图2-7　轴—径向退刀方式

任务二　编　制　工　艺

典型轴类零件如图2-8所示，零件材料为45钢，无热处理和硬度要求，试编制其加工工艺。

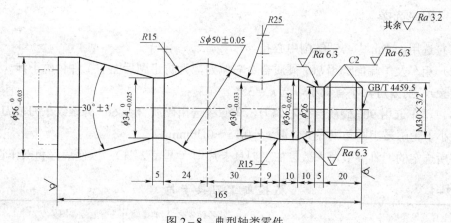

图2-8　典型轴类零件

一、零件图工艺分析

该零件表面由圆柱、圆锥、顺圆弧、逆圆弧及螺纹等表面组成，其中多个直径尺寸有较严的尺寸精度和表面粗糙度等要求；球面 $S\phi50\text{mm}$ 的尺寸公差还兼有控制该球面形状（线轮廓）误差的作用；尺寸标注完整，轮廓描述清楚；零件材料为45钢，无热处理和硬度要求。

通过上述分析，可采用以下几点工艺措施：

（1）对图纸上给定的几个精度要求较高的尺寸，因其公差数值较小，故编程时不必取平均值，而全部取其基本尺寸即可。

（2）在轮廓曲线中，有三处为圆弧，其中两处为既过象限又改变进给方向的轮廓曲线，因此在加工时应进行机械间隙补偿，以保证轮廓曲线的准确性。

（3）为便于装夹，坯件左端应预先车出夹持部分（双点划线部分），右端面也应先粗车出来并钻好中心孔。毛坯选 $\phi60\text{mm}$ 棒料。

二、选择设备

根据被加工零件的外形和材料等条件，选用 TND360 数控车床。

三、确定零件的定位基准和装夹方式

（1）定位基准。确定坯料轴线和左端大端面（设计基准）为定位基准。

（2）装夹方法。左端采用三爪自定心卡盘定心夹紧，右端采用活动顶尖支承的装夹方式。

四、确定加工顺序及进给路线

加工顺序按由粗到精、由近到远（由右到左）的原则确定，即先从右到左进行粗车（留 0.25mm 精车余量），然后从右到左进行精车，最后车削螺纹。

五、刀具选择

（1）选用 ϕ5mm 中心钻钻削中心孔。

（2）粗车及车端面选用 90° 硬质合金右偏刀，为防止副后面与工件轮廓干涉（可用作图法检验），副偏角 κ_r' 不宜太小，选 κ_r'=35°。

（3）精车选用 90° 硬质合金右偏刀，车螺纹选用硬质合金 60° 外螺纹车刀，刀尖圆弧半径应小于轮廓最小圆角半径 r_ε，取 r_ε=0.15～0.20mm。

将所选定的刀具参数填入数控加工刀具卡片中（见表 2-1），以便编程和操作管理。

表 2-1　　　　　　　　　　数控加工刀具卡片

产品名称或代号		×××		零件名称	典型轴	零件图号	×××
序号	刀具号	刀具规格名称		数量	加工表面		备注
1	T01	ϕ5mm 中心钻		1	钻 ϕ5mm 中心孔		
2	T02	硬质合金 90° 外圆车刀		1	车端面及粗车轮廓		右偏刀
3	T03	硬质合金 90° 外圆车刀		1	精车轮廓		右偏刀
4	T04	硬质合金 60° 外螺纹车刀		1	车螺纹		
编制	×××	审核	×××	批准	×××	年　月　日　共　页	第　页

六、切削用量选择

（1）背吃刀量的选择。轮廓粗车循环时选 a_p=3mm，精车 a_p=0.25mm；螺纹粗车时选 a_p=0.4mm，逐刀减少，精车 a_p=0.1mm。

（2）主轴转速的选择。车直线和圆弧时，选粗车切削速度 v_c=90m/min、精车切削速度 v_c=120m/min，然后利用公式 $v_c=\pi dn/1000$ 计算主轴转速 n（粗车直径 d=60mm，精车工件直径取平均值）：粗车 500r/min、精车 1200r/min。

（3）进给速度的选择。根据加工的实际情况确定粗车每转进给量为 0.4mm/r，精车每转进给量为 0.15mm/r，最后根据公式 $v_f = nf$ 计算粗车、精车进给速度分别为 200mm/min 和 180mm/min。

综合前面分析的各项内容，并将其填入表 2-2 所示数控加工工序卡片。此表是编制加工程序的主要依据和操作人员配合数控程序进行数控加工的指导性文件。主要内容包括：工步顺序、工步内容、各工步所用的刀具及切削用量等。

表 2-2　　　　　　　　　　　数控加工工序卡片

单位名称	×××	产品名称或代号		零件名称		零件图号	
		×××		典型轴		×××	
工序号	程序编号	夹具名称		使用设备		车间	
×××	×××	三爪卡盘和活动顶尖		TND360 数控车床		数控中心	
工步号	工步内容	刀具号	刀具规格/mm	主轴转速/(r/min)	进给速度/(mm/min)	背吃刀量/mm	备注
1	车端面	T02	25×25	500			手动
2	钻中心孔	T01	φ5	950			手动
3	粗车轮廓	T02	25×25	500	200	3	自动
4	精车轮廓	T03	25×25	1200	180	0.25	自动
5	粗车螺纹	T04	25×25	320	960	0.4	自动
6	精车螺纹	T04	25×25	320	960	0.1	自动
编制	×××	审核	×××	批准	×××	年　月　日	共　页　第　页

任务三　项目训练：轴类零件数控车削加工工艺制定

一、实训目的与要求

（1）学会轴类零件数控车削加工工艺的制定方法。
（2）熟悉数控车削加工工艺的制定流程。

二、实训内容

编制如图 2-9 所示轴类零件的数控车削加工工艺，材料为 45 钢。

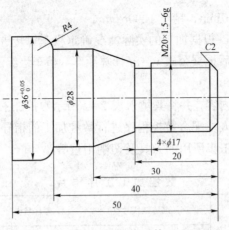

图 2-9　轴类零件

项目三

编制细长轴加工工艺

任务一 学习细长轴加工知识

一、细长轴的结构与工艺特点

一般把长度与直径之比大于 20（$L/D>20$）的轴类零件称为细长轴。细长轴加工时有如下几个工艺特点：

1. 细长轴刚性差

细长轴在车削时如果工艺措施不当，很容易因为切削力和自身重力的作用而发生弯曲变形，产生振动，从而影响加工精度和表面粗糙度。

2. 细长轴车削时易受热伸长而产生变形

细长轴车削时常用两顶尖或一端用卡盘一端用顶尖的方式装夹，由于每次走刀时间较长，大部分切削热传入工件，导致工件轴向伸长而产生弯曲变形，当细长轴以较高速旋转时，这种弯曲所引起的离心力，将使弯曲变形进一步加剧。

3. 车削细长轴时车刀磨损大

由于车削细长轴时每次走刀的时间较长，这就使车刀磨损大，进而降低工件的加工精度并增大表面粗糙度值。

4. 工艺系统调整困难，加工精度不易保证

车削细长轴时，由于中心架或跟刀架的使用，使得机床、刀具、辅助夹具、工件之间的配合、调整困难，这就增大了系统共振的因素，容易造成工件竹节形、棱圆形等误差，从而影响加工精度。

二、车削细长轴时的工艺处理

1. 用中心架支承车削细长轴

一般在车削细长轴时，用中心架来增加工件的刚性，当工件可以进行分段切削时，中心架支承在工件中间，如图3-1所示。在工件装上中心架之前，必须在毛坯中部车出一段支承中心架支承爪的沟槽，其表面粗糙度及圆柱度误差要小，并在支承爪与工件接触处经常加润滑油。为提高工件精度，车削前应将工件轴线

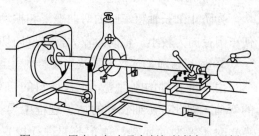

图3-1 用中心架支承车削细长轴加工示例

调整到与机床主轴回转中心同轴。

2. 用跟刀架支承车削细长轴

对不适宜调头车削的细长轴,不能用中心架支承,而要用跟刀架支承进行车削,以增加工件的刚性,如图3-2所示。跟刀架固定在床鞍上,一般有两个支承爪,它可以跟随车刀移动,抵消径向切削力,提高车削细长轴的形状精度和减小表面粗糙度,如图3-2(a)所示。但由于工件本身的向下重力,以及偶尔的弯曲,车削时会在瞬时离开支承爪和瞬时接触支承爪时产生振动,所以车削细长轴时一般采用三支承跟刀架,如图3-2(b)所示。

采用三支承跟刀架加工细长轴外圆(见图3-3),其车刀安装:粗车时,刀尖可比工件中心高出0.03~0.05mm,使刀尖部分的后面压住工件,车刀此时相当于跟刀架的第四个支承块,从而有效地增强了工件的刚度,减少了工件振动和变形,提高了加工精度;精车时,刀尖可比工件中心低出0.03~0.05mm,用以增大后角减少刀具磨损,切削刃不会"啃入"工件,防止损伤工件表面。

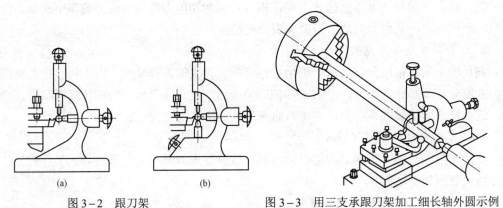

图3-2 跟刀架
(a)两支承跟刀架;(b)三支承跟刀架

图3-3 用三支承跟刀架加工细长轴外圆示例

3. 车削细长轴时宜采用反向进给

车削细长轴时,为防止工件振动,常采用反向(自左向右即采用左手刀)进给,使工件内部产生拉应力。此外,宜采用弹性尾顶尖(活顶尖),以防止工件热伸长而导致工件弯曲;在工件和卡爪间垫入开口钢丝圈,以防止工件变形。

4. 车削细长轴时粗车刀应采用较大的主偏角

为防止细长轴粗车时的弯曲变形和振动,应采用较大的主偏角(75°或75°以上),以使车削径向力较小,轴向力较大,在反向切削中使工件受到较大的拉力。

5. 细长轴加工过程中要适当安排热处理和校直

由于细长轴的刚性差,工件坯料的自重、弯曲和工件材料的内应力都可能造成工件的弯曲。因此,在细长轴的加工过程中要在精车前适当安排热处理,以消除材料的内应力。对于弯曲的坯料,加工前要进行校直。一般粗车时工件挠度不大于1mm,精车时

不大于 0.2mm。

当工件坯料在全长上的弯曲量超过 1mm 时应进行校直。当工件精度要求较高或坯料直径较大时，采用热校直；当工件精度要求较低且坯料直径较小时，可采用反向锤击法进行冷校直。反向锤击法与一般冷校直法相比，工件虽不易回弹或复弯，但仍存在内应力，因此车去表层后还有弯回的趋势。所以对坯料直径较小而精度要求较高的工件，可在反向锤击法冷校直后再进行退火处理，以消除应力。

6. 车削细长轴时要装夹正确

细长轴工件装夹不良是工件弯曲的一个重要原因。细长轴毛坯往往都存在一定的挠度，一般用四爪单动卡盘装夹为宜。因为四爪单动卡盘具有可调整被夹工件圆心位置的特点，可用于"借"正毛坯上的某些弯曲部分，以防止车削后工件弯曲。卡爪夹持毛坯不宜过长，一般在 15～20mm 为宜。

另外，尾座顶尖与工件中心孔不宜顶得过紧，否则车削时产生的切削热会使工件膨胀伸长，造成工件弯曲变形。

任务二　编　制　工　艺

细长轴零件如图 3-4 所示，材料为 45 钢，加工数量为 3 件，试编制其加工工艺。

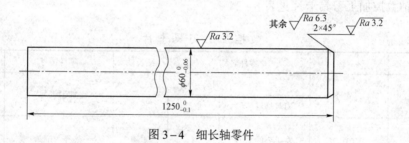

图 3-4　细长轴零件

一、零件图工艺分析

该案例零件长径比（L/D）大于 20，是典型的回转体细长轴类零件。细长轴刚性很差，在车削时如果工艺措施不当，很容易因为切削力和重力的作用而发生弯曲变形，产生振动，从而影响加工精度和表面粗糙度。因此，应选用四爪单动卡盘"借"正毛坯上的某些弯曲部分，再采用弹性顶尖顶紧。另外，须选用三支承跟刀架跟踪加工。因生产批量为 3 件，为使每个零件加工时都能轴向准确定位，在四爪单动卡盘内放置合适的圆盘件或隔套，工件装夹时只需靠紧圆盘件或隔套即可准确轴向定位。

二、细长轴数控加工工序卡片

细长轴数控加工工序卡片见表 3-1（注：刀片为涂层硬质合金刀片）。

表 3-1 数 控 加 工 工 序 卡 片

单位名称	×××		产品名称或代号		零件名称	零件图号
			×××		细长轴	×××
程序编号			夹具名称		加工设备	车间
×××			四爪单动卡盘+弹性顶尖+三支承跟刀架		CJK6146/2000	数控中心
工步号	工步内容	刀具号	刀具规格/mm	主轴转速/(r/min)	进给速度/(mm/r)	检测工具	备注
1	粗车外径至ϕ63.6mm，长度1258mm	T01	25×25	350	0.2	游标卡尺	
2	校直并消除工件内应力					百分表	挠度在0.2mm内
3	半精车、精车倒角及外径，保证外径$\phi60_{-0.06}^{0}$ mm及表面粗糙度为 Ra3.2μm，长度1255mm	T01	25×25	400/450	0.15/0.10	外径千分尺	分两刀半精车
4	切断保证长度$1250_{-0.1}^{0}$ mm	T02	3	300	0.1	专用检具	
编制	×××	审核 ×××	批准	×××	年 月 日	共 页	第 页

三、细长轴数控加工刀具卡片

细长轴数控加工刀具卡片见表 3-2。

表 3-2 数 控 加 工 刀 具 卡 片

产品名称或代号	×××	零件名称		细长轴	零件图号		×××
序号	刀具号	刀具			加工表面		备注
		刀具规格名称	数量	刀长/mm			
1	T01	左手外圆车刀	1	实测	外径、倒角		刀尖半径0.8mm，主偏角75°
2	T02	3mm 切断刀	1	实测	左端面		
编制	×××	审核	×××	批准	×××	年 月 日 共 页	第 页

项目四

编制偏心轴加工工艺

任务一　学习偏心回转体类零件加工知识

一、偏心回转体类零件的工艺特点

偏心回转体类零件就是零件的外圆与外圆或外圆与内孔的轴线相互平行而不重合，偏离一个距离的零件。图 4–1 和图 4–2 所示分别为偏心轴和偏心套，图中两条平行轴线之间的距离称为偏心距。外圆与外圆偏心的零件称为偏心轴或偏心盘；外圆与内孔偏心的零件称为偏心套。

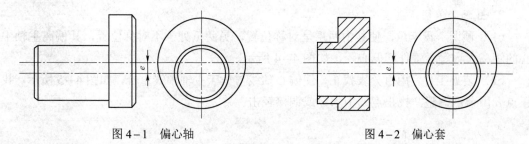

图 4–1　偏心轴　　　　　　　　　　　　图 4–2　偏心套

偏心轴、偏心套加工工艺比常规回转体轴类、套类、盘类零件的加工工艺更为复杂，主要是因为难以把握好偏心距，难以达到图纸要求的偏心距公差。偏心轴、偏心套一般都是采用车削加工，其加工原理基本相同，主要是在装夹方面采取措施，即把需要加工的偏心部分的轴线找正到与车床主轴旋转轴线相重合，后续的加工工艺与常规回转体轴类、套类、盘类零件的加工工艺相同。

二、加工偏心回转体类零件的常用装夹方案

加工偏心回转体类零件的常用装夹方案有：用三爪自定心卡盘装夹、用四爪单动卡盘装夹、用两顶尖装夹、用偏心卡盘装夹和用专用夹具装夹。由于用两顶尖装夹切削用量小，一般精加工时才使用；用偏心卡盘装夹，一般工厂里较少配置；用专用夹具装夹，必须根据零件大小、形状加工制造车削专用夹具，这里不再赘述。下面只介绍用三爪自定心卡盘和四爪单动卡盘装夹两种方案。

1. 用三爪自定心卡盘装夹

（1）装夹方案。长度较短的偏心回转体类零件可以在三爪自定心卡盘上进行车削。首先把偏心工件中非偏心部分的外圆车好，然后在卡盘任意一个卡爪与工件的接触面之间

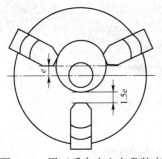

图 4-3 用三爪自定心卡盘装夹
偏心回转体类零件示意图

垫上一块预先选好厚度的垫片，使工件轴线相对于车床主轴轴线产生的位移等于工件的偏心距，如图 4-3 所示。

垫片厚度可按式（3-1）计算：

$$x = 1.5e \pm 1.5\Delta e \qquad (3-1)$$

式中　　x——垫片厚度，mm；

　　　　e——工件偏心距，mm；

　　　　Δe——试切后，实测偏心距误差，实测结果比要求的大取负号，反之取正号。

（2）注意事项。用三爪自定心卡盘装夹时须注意以下几点：

1）应选用硬度较高的材料做垫片，以防在装夹时发生挤压变形。垫片与卡爪接触的一面应做成与卡爪圆弧相同的圆弧面，否则接触面会产生间隙，造成偏心距误差。

2）装夹时，工件轴线不能歪斜，否则会影响加工质量。

3）对精度要求较高的偏心工件，必须按上述方法计算垫片厚度，首件试切不考虑 Δe，根据首件试切后实测的偏心距误差，对垫片厚度进行修正，然后方可正式切削。

2. 用四爪单动卡盘装夹

（1）预调卡盘卡爪，使其中两爪呈对称位置，另两爪处于不对称位置，其偏离主轴中心的距离大致等于工件的偏心距，如图 4-4 所示。

（2）装夹工件，用百分表找正，使偏心轴线与车床主轴轴线重合，如图 4-5 所示。找正点 a 用卡爪调整，找正点 b 用木锤或铜棒轻击。

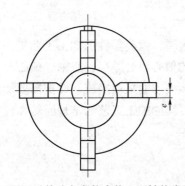

图 4-4 用四爪单动卡盘装夹偏心回转体类零件示意图

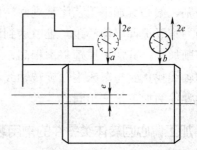

图 4-5 用百分表找正示意图

（3）校正偏心距，用百分表表杆触头垂直接触在工件外圆上，并使百分表压缩量为 0.5～1.0mm，用手缓慢转动卡盘使工件转一周，百分表指示处读数的最大值和最小值之差的一半即为偏心距，如图 4-5 所示。按此方法校正使 a、b 两点的偏心距基本一致，并在图纸规定的公差范围内。

（4）将四爪均匀地锁紧一遍，检查确认偏心轴线和侧、顶母线在夹紧时没有位移。检查方法与步骤（3）一样。

（5）复查偏心距，当工件只剩约 0.5mm 精车余量时，按图 4-6 所示的方法复查偏心

距。将百分表表杆触头垂直接触在工件外圆上，用手缓慢转动卡盘使工件转一周，检查百分表指示处读数的最大值和最小值之差的一半是否在偏心距公差允许范围内，若偏心距超差，则略紧相应卡爪。

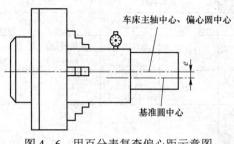

图4-6 用百分表复查偏心距示意图

任务二 编制工艺

偏心轴零件如图4-7所示，试编制其加工工艺。

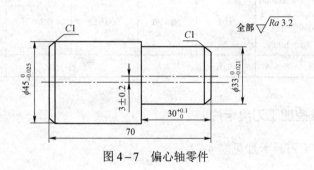

图4-7 偏心轴零件

一、零件图工艺分析

该偏心轴零件有一偏心量（3 ± 0.2）mm，是典型的偏心轴零件。加工时，先用三爪卡盘装夹右端（在三爪卡盘内放置合适的圆盘件或隔套，工件装夹时只需靠紧圆盘件或隔套即可准确轴向定位），把非偏心的左端ϕ45mm外径、端面先车好。掉头装夹已车好的左端，为防止工件夹伤已车好的左端ϕ45mm外径，可考虑在工件ϕ45mm已加工表面夹持位置包一层铜皮。另外，为保证偏心量（3 ± 0.2）mm，在三爪卡盘任意一个卡爪与工件接触面之间垫上一块预先计算选好厚度的圆弧垫片，使工件轴线相对于车床主轴轴线产生的位移等于工件的偏心距（3 ± 0.2）mm。经校正母线与偏心距无误并把工件夹紧后，即可车削。

二、偏心轴数控加工工序卡片

偏心轴数控加工工序卡片见表4-1（注：刀片为涂层硬质合金刀片）。

表 4–1 　　　　　　　　　　数 控 加 工 工 序 卡 片

单位名称	×××	产品名称或代号		零件名称		零件图号	
		×××		偏心轴		×××	
工序号	程序编程	夹具名称		加工设备		车间	
×××	×××	三爪卡盘＋圆弧垫片		CK7616		数控中心	
工步号	工步内容	刀具号	刀具规格/mm	主轴转速/(r/min)	进给速度/(mm/r)	检测工具	备注
1	粗精车左端面，保证表面粗糙度为 Ra 3.2μm	T01	20×20	650	0.3/0.2	粗糙标准块准尺	
2	粗精车 C1 倒角、ϕ45mm外径至尺寸，保证尺寸$\phi 45_{-0.025}^{0}$ mm 和表面粗糙度为 Ra3.2μm，车削长度43mm	T01	20×20	650/720	0.3/0.2	外径千分尺和游标卡尺	
3	粗精车右端面，保证表面粗糙度为 Ra3.2μm 和总长70mm	T01	20×20	650	0.3/0.2	游标卡尺	掉头装夹以防夹伤，垫圆弧垫片以确保偏心量
4	粗精车 C1 倒角、ϕ33mm外径至尺寸，保证尺寸$\phi 33_{-0.021}^{0}$ mm、$\phi 30_{0}^{+0.1}$ mm 和表面粗糙度为 Ra 3.2μm	T01	20×20	600/920	0.3/0.2	外径千分尺和带表游标卡尺	
编制	××× 审核 ×××	批准	×××	年 月 日		共 页	第 页

三、偏心轴数控加工刀具卡片

偏心轴数控加工刀具卡片见表 4–2。

表 4–2 　　　　　　　　数 控 加 工 刀 具 卡 片

产品名称或代号		×××	零件名称	偏心轴	零件图号		×××
序号	刀具号	刀 具			加工表面		备注
		刀具规格名称	数量	刀长/mm			
1	T01	右手外圆车刀	1	实测	端面、外径、倒角		刀尖半径 0.8mm
编制	×××	审核	×××	批准	×××	年 月 日 共 页	第 页

任务三　项目训练：偏心轴、套数控车削加工工艺制定

一、实训目的与要求

（1）学会偏心轴、偏心套零件数控车削加工工艺的制定方法。

（2）熟悉数控车削加工工艺的制定流程。

二、实训内容

编制如图4-8和图4-9所示零件的数控车削加工工艺，材料均为45钢。

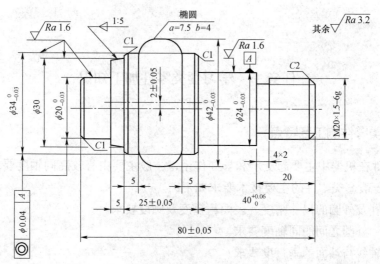

图4-8 偏心轴零件

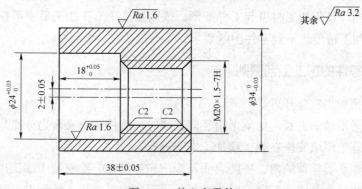

图4-9 偏心套零件

项 目 五

编制套类零件加工工艺

任务一　学习套类零件加工知识

一、套类零件的工艺特点

套类零件在机器中主要起支承和导向作用，一般主要由有较高同轴度要求的内、外圆表面组成。一般套类零件的主要技术要求如下：

（1）内孔及外圆的尺寸精度、表面粗糙度及圆度要求。

（2）内、外圆之间的同轴度要求。

（3）孔轴线与端面的垂直度要求。

薄壁套类零件壁厚很薄，径向刚度很弱，在加工过程中受切削力、切削热及夹紧力等因素的影响极易变形，从而导致以上各项技术要求难以保证。因此在装夹时必须采取相应的预防纠正措施，以免加工时引起工件变形，或因装夹变形在加工后变形恢复，造成已加工表面变形，加工精度达不到零件图纸要求。

二、套类零件的加工工艺原则

（1）粗、精加工应分开进行。

（2）尽量采用轴向夹紧，如果采用径向夹紧时，应使径向夹紧力分布均匀。

（3）热处理工序应安排在粗、精加工之间进行。

（4）中小型套类零件的内、外圆表面及端面应尽量在一次安装中加工出来。

（5）在安排孔和外圆加工顺序时，应尽量采用先加工内孔，然后以内孔定位加工外圆的加工顺序。

（6）车削薄壁套类零件时，车削刀具应选择较大的主偏角，以减小背向力，防止加工工件变形。

三、套类零件的定位与装夹方案

1. 套类零件的定位基准选择

套类零件的主要定位基准为内、外圆中心。外圆表面与内孔中心有较高的同轴度要求时，在加工中常互为基准反复装夹加工，以保证零件图纸要求。

2. 套类零件的装夹方案

（1）当套类零件的壁厚较大，零件以外圆定位时，可直接采用三爪卡盘装夹；当外圆轴向尺寸较小时，可与已加工过的端面组合定位装夹，如采用反三爪卡盘装夹；当工件较长时可加顶尖装夹，再根据工件长度判断加工精度，是否再加中心架或跟刀架，采用"一夹一顶一托"法装夹。

（2）当套类零件以内孔定位时，可采用心轴装夹（圆柱心轴、可胀式心轴）；当零件的内、外圆同轴度要求较高时，可采用小锥度心轴装夹；当工件较长时，可在两端孔口各加工出一小段 60°锥面，用两个圆锥对顶定位装夹。

（3）当套类零件壁厚较小时，即零件为薄壁套类零件时，直接采用三爪卡盘装夹会引起工件变形，可采用轴向装夹、刚性开缝套筒装夹和圆弧软爪装夹（自车软爪成圆弧爪，适当增大卡爪夹紧接触面积）等办法。

1）轴向装夹法。轴向装夹法也就是将薄壁套类零件由径向夹紧改为轴向夹紧，轴向装夹法如图 5-1 所示。

2）刚性开缝套筒装夹法。薄壁套类零件采用三爪自定心卡盘装夹（见图 5-2），零件只受到三个卡爪的夹紧力，夹紧接触面积小，夹紧力不均衡，容易使零件发生变形。采用图 5-3 所示的刚性开缝套筒装夹，夹紧接触面积大，夹紧力较均衡，不容易使零件发生变形。

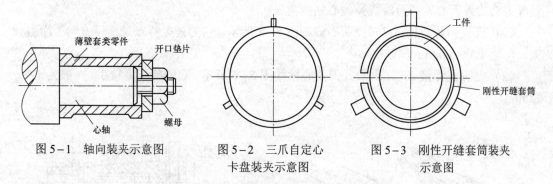

图 5-1　轴向装夹示意图　　图 5-2　三爪自定心卡盘装夹示意图　　图 5-3　刚性开缝套筒装夹示意图

3）圆弧软爪装夹法。当被加工薄壁套类零件以三爪卡盘外圆定位装夹时，采用内圆弧软爪装夹定位工件。当被加工薄壁套类零件以内孔（圆）定位装夹（胀内孔）时，可采用外圆弧软爪装夹，在数控车床上装刀，根据加工工件内孔的大小自车，自车外圆弧软爪如图 5-4 所示。

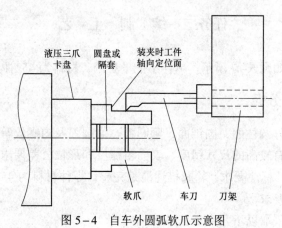

图 5-4　自车外圆弧软爪示意图

39

加工软爪时要注意软爪应在与加工时相同的夹紧状态下进行车削，以免在加工过程中松动和由于卡爪反向间隙而引起定心误差；车削软爪外定心表面时，要在靠卡盘处夹适当的圆盘料，以消除卡盘端面螺纹的间隙。自车加工的外圆弧软爪所形成的外圆弧直径大小应比用来定心装夹的工件内孔直径略大一点。

套类零件的尺寸较小时，尽量在一次装夹下加工出较多表面，这样既减少装夹次数及装夹误差，又容易获得较高的形位精度。

3. 加工套类零件的常用夹具

加工中小型套类零件的常用夹具有：手动三爪卡盘、液压三爪卡盘和心轴等；加工中大型套类零件的常用夹具有：四爪卡盘和花盘。这些夹具在此不再介绍，这里仅介绍加工中小型套类零件常用的弹簧心轴夹具。

当工件用已加工过的孔作为定位基准，并能保证外圆轴线和内孔轴线的同轴度要求时，常采用弹簧心轴装夹。这种装夹方法可保证工件内、外表面的同轴度，比较适用于批量生产。

弹簧心轴（又称胀心心轴）既能定心，又能夹紧，是一种定心夹紧装置。弹簧心轴一般分为直式弹簧心轴和台阶式弹簧心轴两类。

（1）直式弹簧心轴。直式弹簧心轴如图5-5所示，它的最大特点是直径方向上膨胀较大，可达1.5～5.0mm。

（2）台阶式弹簧心轴。台阶式弹簧心轴如图5-6所示，它的膨胀量较小，一般为1.0～2.0mm。

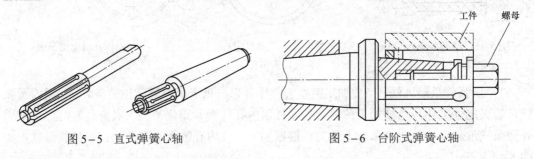

| 图5-5 直式弹簧心轴 | 图5-6 台阶式弹簧心轴 |

任务二 编制工艺

锥孔螺母套零件如图5-7所示，单件小批量生产，材料为45钢，试编制其加工工艺。

一、零件图工艺分析

该零件表面由内外圆柱面、圆锥面、顺圆弧、逆圆弧及内螺纹等表面组成，其中多个直径尺寸与轴向尺寸有较高的尺寸精度、表面粗糙度和形位公差要求。零件图尺寸标注完整，符合数控加工尺寸标注要求；轮廓描述清楚完整；零件材料为45钢，切削加工性能较好，无热处理和硬度要求。

通过上述分析，采取以下几点工艺措施：

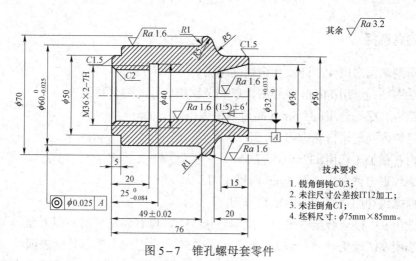

图 5-7　锥孔螺母套零件

（1）零件图纸上带公差的尺寸，除内螺纹退刀槽尺寸 $25_{-0.084}^{0}$ mm 公差值较大，编程时可取平均值 24.958mm 外，其他尺寸因公差值较小，故编程时不必取其平均值，而取基本尺寸即可。

（2）左右端面均为多个尺寸的设计基准，相应工序加工前，应先将左右端面车出来。

（3）内孔圆锥面加工完成后，需掉头再加工内螺纹。

二、确定装夹方案

内孔加工时以外圆定位，用三爪自定心卡盘夹紧。加工外轮廓时，为保证同轴度要求和便于装夹，以坯件左端面和轴心线为定位基准，为此需要设计一个心轴装置（图 5-8 双点划线部分），用三爪自定心卡盘夹持心轴左端，心轴右端留有中心孔并用尾座顶尖顶紧以提高工艺系统的刚性。

三、确定加工顺序及进给路线

加工顺序按由内到外、由粗到精、由远到近的原则确定，在一次装夹中尽可能加工出较多的工件表面。结合该零件的结构特征，可先粗、精加工内孔各表面，然后粗、精加工外轮廓表面。由于该零件为单件小批量生产，进给路线设计不必考虑最短进给路线或最短空行程路线，外轮廓表面车削进给路线可沿零件轮廓顺序进行，如图 5-9 所示。

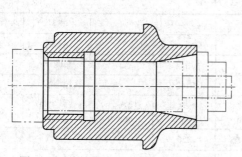

图 5-8　外轮廓车削心轴定位装夹方案

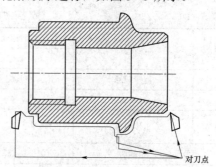

图 5-9　外轮廓表面车削进给路线

四、刀具选择

（1）车削端面选用 45° 硬质合金端面车刀。

（2）钻中心孔选用 $\phi 4mm$ 中心钻，以利于钻削底孔时刀具找正。

（3）钻内孔底孔选用 $\phi 31.5mm$ 高速钢钻头。

（4）粗镗内孔选用内孔镗刀。

（5）内孔精加工选用 $\phi 32mm$ 铰刀。

（6）螺纹退刀槽加工选用 5mm 内槽车刀。

（7）内螺纹切削选用 60° 内螺纹车刀。

（8）选用 93° 硬质合金右偏刀，副偏角选 35°，自右到左车削外圆表面。

（9）选用 93° 硬质合金左偏刀，副偏角选 35°，自左到右车削外圆表面。

将所选定的刀具参数填入表 5-2 数控加工刀具卡片中，以便于编程和操作管理。

五、确定切削用量

根据被加工表面质量要求、刀具材料和工件材料，参考切削用量手册或有关资料选取切削速度与每转进给量，然后根据公式 $n=1000v_c/\pi d$ 和公式 $v_f=fn$ 计算主轴转速与进给速度（计算过程略），计算结果填入表 5-1 数控加工工序卡片中。车螺纹时主轴转速根据公式 $n \leqslant 1200/p-k$ 计算，进给速度由系统根据螺距与主轴转速自动确定。

背吃刀量的选择因粗、精加工而有所不同。粗加工时，在工艺系统刚性和机床功率允许的情况下，尽可能取较大的背吃刀量，以减少进给次数；精加工时，为保证零件表面粗糙度要求，背吃刀量一般取 0.1～0.4mm 较为合适。

六、填写工艺卡片

（1）按加工顺序将各工步的加工内容、所用刀具及切削用量等填入表 5-1 数控加工工序卡片中。

（2）将选定的各工步所用刀具的刀具型号、刀片型号、刀片牌号及刀尖圆弧半径等填入表 5-2 数控加工刀具卡片中。

上述二卡是编制该轴套零件数控车削加工工艺的主要依据。

表 5-1　　　　　　　　数 控 加 工 工 序 卡 片

单位名称	×××	产品名称或代号		零件名称	材料	零件图号
		×××		锥孔螺母套	45 钢	×××
工序号	程序编号	夹具编号		使用设备	车间	
×××	×××	×××		CJK6240	数控中心	
工步号	工步内容	刀具号	刀具规格/mm	主轴转速/(r/min)	进给速度/(mm/min)	背吃刀量/mm	备注
1	车端面	T01	25×25	320		1	手动
2	钻中心孔	T02	$\phi 4$	950		2	手动

续表

工步号	工步内容	刀具号	刀具规格/mm	主轴转速/(r/min)	进给速度/(mm/min)	背吃刀量/mm	备注
3	钻孔	T03	ϕ32.5	200		15.75	手动
4	镗通孔至尺寸ϕ31.9mm	T04	20×20	320	40	0.2	自动
5	铰孔至尺寸$\phi 32^{+0.033}_{0}$ mm	T05	ϕ32	32		0.1	手动
6	粗镗内孔斜面	T04	20×20	320	40	0.8	自动
7	精镗内孔斜面保证（1:5）±6′	T04	20×20	320	40	0.2	自动
8	粗车外圆至尺寸ϕ71mm 光轴	T08	25×25	320		1	手动
9	掉头车另一端面，保证长度尺寸76mm	T01	25×25	320			自动
10	粗镗螺纹底孔至尺寸ϕ34mm	T04	20×20	320	40	0.5	自动
11	精镗螺纹底孔至尺寸ϕ34.2mm	T04	20×20	320	25	0.1	手动
12	切5mm 内孔退刀槽	T06	16×16	320			手动
13	ϕ34.2mm 孔边倒角2×45°	T07	16×16	320			自动
14	粗车内孔螺纹	T07	16×16	320		0.4	自动
15	精车内孔螺纹至M36×2−7H	T07	16×16	320		0.1	自动
16	自右至左车外表面	T08	25×25	320	30	0.2	自动
17	自左至右车外表面	T09	25×25	320	30	0.2	自动
编制	×××　审核　×××	批准	×××	年　月　日		共　页	第　页

表 5-2　　　　数 控 加 工 刀 具 卡 片

产品名称或代号	×××	零件名称	锥孔螺母套	零件图号	×××	程序编号	×××
工步号	刀具号	刀具规格名称	数量	加工表面		刀尖半径/mm	备注
1	T01	45°硬质合金端面车刀	1	车端面		0.5	
2	T02	ϕ4mm 中心钻	1	钻ϕ4mm 中心孔			
3	T03	ϕ31.5mm 高速钢钻头	1	钻孔			
4	T04	镗刀	1	镗孔及镗内孔锥面		0.4	
5	T05	ϕ32mm 铰刀	1	铰孔			
6	T06	5mm 内槽车刀	1	切5mm 宽螺纹退刀槽		0.4	
7	T07	60°内螺纹车刀	1	车内螺纹及螺纹孔倒角		0.3	
8	T08	93°硬质合金右偏刀	1	自右至左车外表面		0.2	
9	T09	93°硬质合金左偏刀	1	自左至右车外表面		0.2	
编制	×××　审核　×××	批准	×××	年　月　日		共　页	第　页

任务三　项目训练：轴承套数控车削加工工艺制定

一、实训目的与要求

（1）学会轴承套数控车削加工工艺的制定方法。

（2）熟悉数控车削加工工艺的制定流程。

二、实训内容

编制如图 5−10 所示轴承套的数控车削加工工艺，材料为 45 钢。

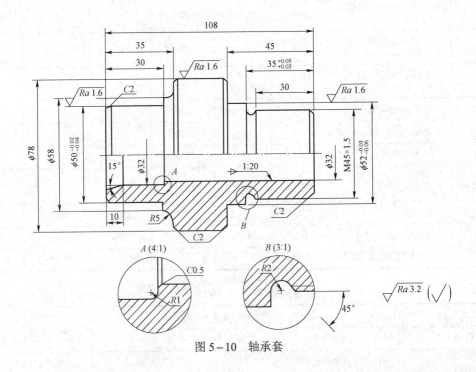

图 5−10　轴承套

项目六

编制薄壁套类零件加工工艺

任务一　学习薄壁套类零件加工知识

一、薄壁工件的加工特点

加工薄壁工件时，由于工件的刚性差，在车削过程中可能产生以下现象：

（1）因工件壁薄，在夹紧力的作用下容易产生变形，从而影响工件的尺寸精度和形状精度。当采用图6-1（a）所示方式夹紧工件加工内孔时，在夹紧力的作用下，会略微变形成三边形，但车孔后所要得到的是一个圆柱孔。当松开卡爪，取下工件后，由于弹性恢复，外圆恢复成圆柱形，而内孔则变形成图6-1（b）所示的弧形三边形。若用内径千分尺测量时，各个方向直径 D 相等，但已变形成非内圆柱面了，此称为等直径变形。

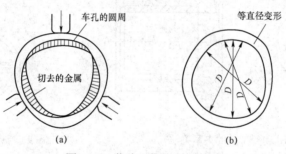

图6-1　薄壁工件的夹紧变形
（a）内孔变形为三边形；（b）内孔变形为弧形三边形

（2）因工件较薄，切削热会引起工件热变形，从而使工件尺寸难于控制。对于线膨胀系数较大的金属薄壁工件，如在一次安装中连续完成半精车和精车，由切削热引起工件的热变形，会对其尺寸精度产生极大影响，有时甚至会使工件卡死在夹具上。

（3）在切削力（特别是径向切削力）的作用下，工件容易产生振动和变形，从而影响工件的尺寸精度、形状精度、位置精度和表面粗糙度。

二、防止和减少薄壁工件变形的方法

（1）工件分粗、精车阶段。粗车时，由于切削余量较大，夹紧力稍大些，变形也相应大些；精车时，夹紧力可稍小些，一方面夹紧变形小，另一方面精车时还可以消除粗车时因切削力过大而产生的变形。

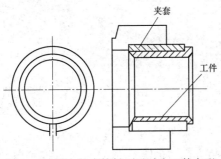

图6-2 增大装夹接触面以减少工件变形

（2）合理选用刀具的几何参数。精车薄壁工件时，刀柄的刚度要求高，车刀的修光刃不宜过长（一般取0.2~0.3mm），刃口要锋利。

（3）增加装夹接触面。采用开缝套筒（见图6-2）或一些特制的软卡爪，使接触面增大，让夹紧力均布在工件上，从而使工件夹紧时不易产生变形。

（4）采用轴向夹紧夹具。车薄壁工件时，尽量不使用图6-3（a）所示的径向夹紧，而优先选用图6-3（b）所示的轴向夹紧。图6-3（b）中，工件靠轴向夹紧套（螺纹套）的端面实现轴向夹紧，由于夹紧力 F 沿工件轴向分布，而工件轴向刚度大，不易产生夹紧变形。

（5）增加工艺肋。有些薄壁工件在其装夹部位特制几根工艺肋（见图6-4），以增强此处的刚性，使夹紧力作用在工艺肋上，从而减少工件的变形，加工完毕后，再去掉工艺肋。

（6）充分浇注切削液。通过充分浇注切削液，降低切削温度，以减少工件热变形。

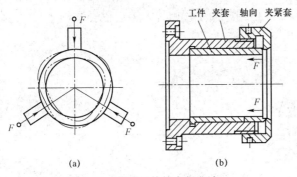

（a）　　　　　　　　　　　（b）

图6-3　薄壁工件的夹紧方法

（a）径向夹紧；（b）轴向夹紧

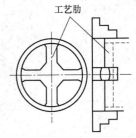

图6-4　增加工艺肋以减少工件变形

三、数控车削薄壁工件

数控车床进行薄壁工件加工时，具有较大的优势，对于直径较小（ϕ160mm以内）、长度短（250mm以下）、壁厚为2.0~2.5mm的薄壁工件，可以一次性车削成形。但应注意不要夹持在薄壁部位，同时应选择合适的刀具角度，具体的刀具参数角度如下：

（1）外圆精车刀。$\kappa_r = 90° \sim 93°$，$\kappa_r' = 15°$，$\alpha_o = 14° \sim 16°$，$\alpha_{o1} = 15°$，γ_o 适当增大，刀具材料为YW1硬质合金。

（2）内孔精车刀。$\kappa_r = 60°$，$\kappa_r' = 30°$，$\gamma_o = 35°$，$\alpha_o = 14° \sim 16°$，$\alpha_{o1} = 6° \sim 8°$，$\lambda_s = 5° \sim 6°$，刀具材料为YW1硬质合金。

（3）精加工车削参数。$v_c = 160$mm/min，$f = 0.1$mm/r，$a_p = 0.2 \sim 0.4$mm。

任务二　编　制　工　艺

胀套外圈如图 6-5 所示，试编制其加工工艺。

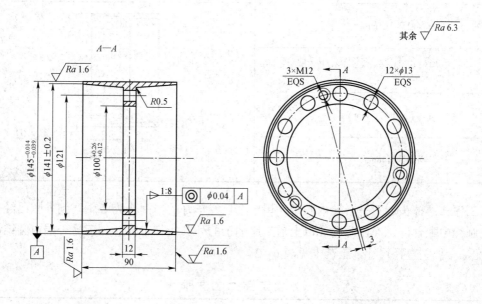

图 6-5　胀套外圈

一、零件图工艺分析

胀套外圈的形状决定了它的两个内圆锥不能在一次装夹中完成，有同轴度要求的部分不能一次装夹完成，要保证 0.04mm 的同轴度有两个方法：一是找正法，二是工装保证法。工装保证法由于工装的制造费用较高，所以只适于批量比较大的情况。从工厂生产实际来看，每一种固定型号的胀套一次生产批量不会很大，特别是尺寸较大的胀套，大多是 10 件套以内的小批量生产，因此这里采用找正法进行加工。

二、确定加工工艺

工序一：半精车、精车外圈一端内圆锥，半精车外圆。车好内孔直径 $\phi100^{+0.26}_{+0.12}$ mm，与内圈用"试配法"加工好内圆锥，外圆加工到尺寸 $\phi146$mm，留 1mm 余量最后进行精加工，同时作为下面工序找正的基准。工艺卡见表 6-1。

表 6-1　　　　　　　　　　外 圈 工 序 一 工 艺 卡

外圈工序一工艺卡	产品名称	胀套	工序号	1
	产品代号	Z12A－100×145	工序名称	精车一端内圆锥,半精车外圆
	零部件名称	外圈		

工步	工步名称与内容	简图与技术要求
1	车端面到 91.5mm	
2	车内圆锥,保证锥度 1:8,与内圆配合间隙为 5mm	
3	车内孔 $\phi 100^{+0.26}_{+0.12}$ mm	
4	车外圆到 $\phi 146$mm	

工序二:掉头加工另一端内圆锥。用一个已经车好的内圈作为心轴塞到外圈已经车好的内圆锥中配合好,夹住此端,以上道工序加工的外圆找正工件,加工另一端内圆锥,用"试配法"控制直径尺寸。工艺卡见表 6-2。

表 6-2　　　　　　　　　　外 圈 工 序 二 工 艺 卡

外圈工序二工艺卡	产品名称	胀套	工序号	2
	产品代号	Z12A－100×145	工序名称	精车另一端内圆锥
	零部件名称	外圈		

工步	工步名称与内容	简图与技术要求
1	车端面到 90mm	
2	车内圆锥,保证锥度 1:8,与内圆配合间隙为 5mm	

工序三:"两顶"装夹精加工外圆。用一合适的毛坯料夹到卡盘上做一个工装,在毛坯料上车一个 1:8 的外圆锥(外圆锥的直径应大于内圈精车尺寸)。外圈的一头用这个外圆锥顶起,另一头用车好的内圈塞上,用一个大小合适的圆板顶住后面,再用活顶尖顶上。用外圆自身找正工件,精车外圆到所要求的尺寸。工艺卡见表 6-3。

48

表6-3

外圈工序三工艺卡

外圈工序三工艺卡	产品名称	胀套	工序号	3
	产品代号	Z12A－100×145	工序名称	精车外圆
	零部件名称	外圈		

工步	工步名称与内容	简图与技术要求
1	车外圆$\phi 145^{-0.014}_{-0.039}$ mm	

任务三　项目训练：胀套内圈数控车削加工工艺制定

一、实训目的与要求

（1）学会胀套内圈数控车削加工工艺的制定方法。

（2）熟悉数控车削加工工艺的制定流程。

二、实训内容

编制如图6-6所示胀套内圈的数控车削加工工艺，材料为45钢。

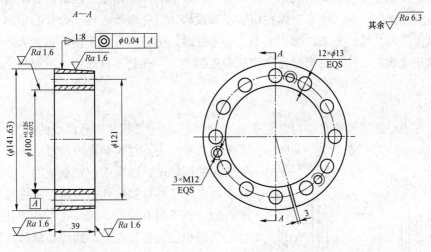

技术要求
1. 未注倒角C0.5；
2. 热处理至23～27HRC；
3. 所有尺寸检验应在开槽前进行。

图6-6　胀套内圈

项目七

编制盘类零件加工工艺

任务一　学习盘类零件加工知识

一、盘类零件的工艺特点

盘类零件主要由端面、外圆和内孔等组成，有些盘类零件上还分布一些大小不一的孔系，一般零件直径大于零件的轴向尺寸。一般盘类零件除尺寸精度、表面粗糙度有要求外，其外圆对孔有径向圆跳动的要求，端面对孔有端面圆跳动或垂直度的要求，外圆与内孔间有同轴度要求及两端面之间的平行度要求等。保证径向圆跳动和端面圆跳动是制定盘套类零件工艺重点要考虑的问题。在工艺上一般分粗车、半精车和精车。精车时，尽可能把有形位精度要求的外圆、孔、端面在一次安装中全部加工完。若有形位精度要求的表面不可能在一次安装中完成时，通常先把孔车出，然后以孔定位心轴或弹簧心轴加工外圆或端面（有条件的情况下也可在平面磨床上磨削端面）。

二、加工盘类零件的常用夹具

加工小型盘类零件常采用三爪卡盘装夹工件，若有形位精度要求的表面不可能在三爪卡盘安装中加工完成时，通常在内孔精加工完成后，以孔定位心轴或弹簧心轴加工外圆或端面，以保证形位精度要求。加工大型盘类零件时，因三爪卡盘规格没那么大，常采用四爪卡盘或花盘装夹工件。三爪卡盘和四爪卡盘装夹工件在此不再介绍，下面将介绍心轴和花盘。

1. 心轴

当工件用已加工过的孔作为定位基准，并能保证外圆轴线和内孔轴线的同轴度要求时，可采用心轴装夹。这种装夹方法可以保证工件内、外表面的同轴度，适用于一定批量的生产。心轴的种类很多，工件以圆柱孔定位常用圆柱心轴和小锥度心轴；对于带有锥孔、螺纹孔、花键孔的工件定位，常用相应的锥体心轴、螺纹心轴和花键心轴。圆锥心轴或锥体心轴定位装夹时，要注意其与工件的接触情况。工件在圆柱心轴上的定位装夹如图 7-1 所示，圆锥心轴或锥体心轴定位装夹时与工件的接触情况如图 7-2 所示。

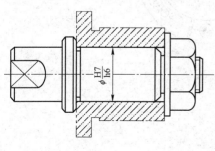

图 7-1　工件在圆柱心轴上的定位装夹

50

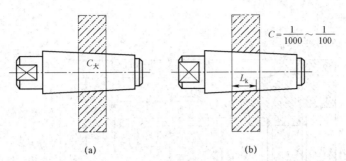

$$C = \frac{1}{1000} \sim \frac{1}{100}$$

(a)　　　　　　　　(b)

图 7-2　圆锥（或锥体）心轴定位装夹时与工件的接触情况

（a）锥度太大；（b）锥度合适

圆柱心轴是以外圆柱面定心、端面压紧来装夹工件的，心轴与工件孔一般用 H7/h6、H7/g6 的间隙配合，所以工件能很方便地套在心轴上。但是，由于配合间隙较大，一般只能保证同轴度在 0.02mm 左右。为了消除间隙，提高心轴定位精度，心轴可以做成锥体，但锥体的锥度要很小，否则工件在心轴上会产生歪斜，常用的锥度为 $C=1/1000 \sim 1/100$。定位时，工件楔紧在心轴上，楔紧后孔会产生弹性变形，从而使工件不致倾斜。当工件直径较大时，则应采用带有压紧螺母的圆柱心轴，它的夹紧力较大，但定位精度较锥度心轴低。

2. 花盘

花盘是安装在车床主轴上的一个大圆盘。对于形状不规则的工件，或无法使用三爪卡盘及四爪卡盘装夹的工件，可用花盘装夹，它也是加工大型盘套类零件的常用夹具。花盘上面开有若干个 T 形槽，用于安装定位元件、夹紧元件和分度元件等辅助元件。采用花盘可加工形状复杂的盘套类零件或偏心类零件的外圆、端面和内孔等表面。用花盘装夹工件时要注意平衡，应采用平衡装置以减少由离心力产生的振动及主轴轴承的磨损。花盘如图 7-3 所示，在花盘上装夹工件及其平衡如图 7-4 所示。

图 7-3　花盘

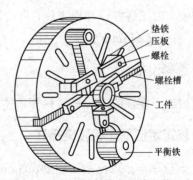

垫铁
压板
螺栓
螺栓槽
工件
平衡铁

图 7-4　在花盘上装夹工件及其平衡

任务二　编　制　工　艺

带孔圆盘零件如图 7-5 所示，材料为 45 钢，试编制其加工工艺。

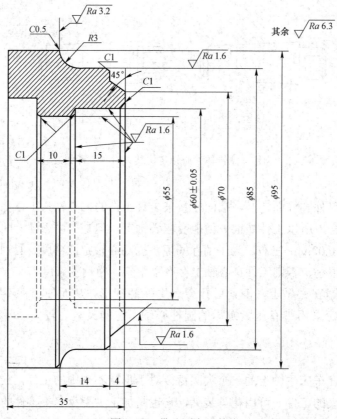

图 7-5　带孔圆盘零件

一、零件图工艺分析

如图 7-5 所示，该零件属于典型的盘类零件，材料为 45 钢，可选用圆钢为毛坯，为保证数控加工时工件能可靠地定位，可在数控加工前将左侧端面、ϕ95mm 外圆加工，同时将 ϕ55mm 内孔钻 ϕ53mm 孔。

二、选择设备

根据被加工零件的外形和材料等条件，选定 Vturn-20 型数控车床。

三、确定定位基准和装夹方式

（1）定位基准。以已加工出的 ϕ95mm 外圆及左端面为定位基准。

（2）装夹方法。采用三爪自定心卡盘夹紧方式。

四、制定加工方案

根据图纸要求、毛坯及前道工序加工情况，确定工艺方案及加工路线。

（1）粗车外圆及端面。

（2）粗车内孔。

（3）精车外轮廓及端面。

（4）精车内孔。

五、刀具选择及刀位号

选择刀具及刀位号，如图7-6所示。

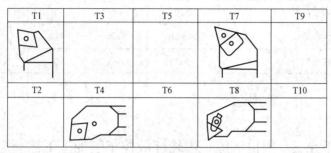

T1	T3	T5	T7	T9
T2	T4	T6	T8	T10

图7-6　刀具及刀位号

将所选定的刀具参数填入表7-1数控加工刀具卡片中。

表7-1

数 控 加 工 刀 具 卡 片

产品名称或代号		×××	零件名称	带孔圆盘	零件图号	×××
序号	刀具号	刀具规格名称	数量	加工表面		备注
1	T01	硬质合金外圆车刀	1	粗车端面、外圆		
2	T04	硬质合金内孔车刀	1	粗车内孔		
3	T07	硬质合金外圆车刀	1	精车端面、外轮廓		
4	T08	硬质合金内孔车刀	1	精车内孔		
编制	×××	审核	×××	批准	×××	年　月　日

共　页	第　页

六、确定切削用量（略）

七、确定数控加工工序卡片

以工件右端面为工件原点，换刀点定为（x200、z200）。数控加工工序卡片见表7-2。

表7-2

数 控 加 工 工 序 卡 片

单位名称	×××	产品名称或代号	零件名称	零件图号
		×××	带孔圆盘	×××
工序号	程序编号	夹具名称	使用设备	车间
×××	×××	三爪自定心卡盘	Vturn-20数控车床	数控中心

工步号	工步内容	刀具号	刀具规格/mm	主轴转速/(r/min)	进给速度/(mm/min)	背吃刀量/mm	备注
1	粗车端面	T01	20×20	400	80		
2	粗车外圆	T01	20×20	400	80		
3	粗车内孔	T04	$\phi 20$	400	60		
4	精车外轮廓及端面	T07	20×20	1100	110		
5	精车内孔	T08	$\phi 32$	1000	100		
编制	×××	审核	×××	批准	×××	年 月 日	共 页　第 页

任务三　项目训练：齿轮坯数控车削加工工艺制定

一、实训目的与要求

（1）学会齿轮坯零件数控车削加工工艺的制定方法。

（2）熟悉数控车削加工工艺的制定流程。

二、实训内容

编制如图 7-7 所示齿轮坯零件的数控车削加工工艺，材料为 45 钢。

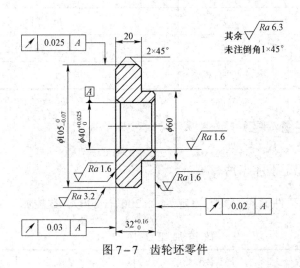

图 7-7　齿轮坯零件

编制配合件加工工艺

任务一 学习配合件加工知识

车削配合件是切削加工知识的综合运用。车削配合件的关键技术是加工工艺方案的编制、基准零件的选择及切削过程中的配车和配研。合理安排配合件的加工顺序和加工工艺，能保证配合件的加工精度和装配精度，而配合件的装配精度与各零件的加工精度密切相关，其中基准零件加工精度对配合精度的影响尤为突出。因此，在制定配合件的加工工艺方案和进行组合加工时，应注意以下要点：

（1）应认真分析配合件的装配关系，确定基准零件（即直接影响配合件装配后各零件相互位置精度的主要零件）。

（2）加工配合件时，应先车削基准零件，然后根据装配关系的顺序，依次车削配合件中的其余零件。

（3）车削基准零件时应注意以下几点：

1）影响配合件配合精度的尺寸，应尽量加工至两极限尺寸的中间值，且加工误差应控制在图纸允许误差的 1/2；各表面的几何形状误差和表面间的相互位置误差应尽可能小。

2）有锥体配合的配合件，车削时车刀刀尖应与锥体轴线等高，以避免产生圆锥素线的直线度误差。

3）有偏心配合时，偏心部分的偏心量应一致，加工误差应控制在图纸允许误差的1/2，且偏心部分的轴线应平行于零件轴线。

4）有螺纹时，螺纹应车制成形，一般不允许使用板牙、丝锥加工，以防工件位移影响工件的同轴度。螺纹中径尺寸，对于外螺纹应控制在最小极限尺寸范围，对于内螺纹则应控制在最大极限尺寸范围，使配合间隙尽量大些。

5）配合件各表面的锐边应倒钝，毛刺应清除。

（4）根据各零件的技术要求和结构特点，以配合件装配的技术要求，分别确定各零件的加工方法，各主要表面的加工次数（粗、半精、精加工的选择）和加工顺序。通常应先加工基准表面，后加工零件上的其他表面。

（5）配合件中其余零件的车削，一方面应按基准零件车削时的要求进行，另一方面也应按已加工的基准零件及其他零件的实测结果相应调整，充分使用配车、配研、配合加工等手段以保证配合件的装配精度要求。

任务二 编 制 工 艺

配合件如图 8-1 所示，材料为 45 钢，试编制其加工工艺。

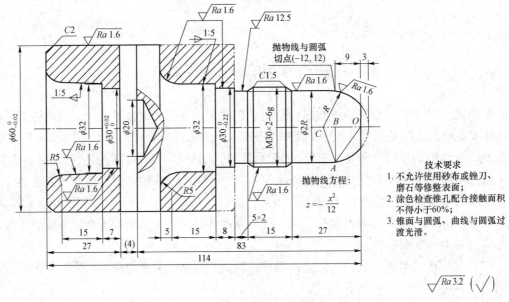

抛物线方程：

$$z = -\frac{x^2}{12}$$

技术要求
1. 不允许使用砂布或锉刀、磨石等修整表面；
2. 涂色检查锥孔配合接触面积不得小于 60%；
3. 锥面与圆弧、曲线与圆弧过渡光滑。

图 8-1 配合件

一、零件图工艺分析

从图 8-1 可以看出，该零件表面由内圆柱、外圆柱、圆锥面、圆弧面、抛物面和螺纹等组成。其中 $R5$mm 圆弧面、锥度 1:5 的小头 $\phi32$mm 锥孔配合接触面积要求不少于 60%，孔 $\phi30_{0}^{+0.02}$mm 与轴 $\phi30_{-0.02}^{0}$mm 间隙配合，要求三处径向、两处轴向共五处在两个方向同时配合，属于"过定位"问题，达到加工要求几乎不可能。在分析配合要求后，提出两处轴肩自由尺寸配合完全可以放空不接触，办法首先是保证内锥面锥度 1:5 后，将 $\phi32$mm 小头加工至 $\phi32.5$mm，总深 20mm 的圆柱孔加工至 21.5mm；其次是待孔加工完毕后，左端面车去 0.1mm 长，这样就可以解除两处轴向配合，大大降低加工难度；最后 $\phi20$mm 内孔是为加工孔 $\phi30_{0}^{+0.02}$mm 设计的工艺孔，考虑到镗杆直径太细，将其加工成 $\phi26$mm。此外，圆弧面、抛物面相切，计算比较繁琐，要防止出错；主要表面粗糙度要求均是 $Ra1.6\mu$m；尺寸标注完整，轮廓描述清楚。

二、确定装夹方案

圆钢外形规整，用三爪自定心卡盘夹紧毛坯外圆，轴向外露长度为：$27+$（$114-83-27$）$+$（$83-27-15-5-8-15-5$）$+21$（空出长度）$=60$（mm）。先加工左端 $\phi60_{-0.02}^{0}$mm 外圆，左端完工后，包铜皮夹 $\phi60_{-0.02}^{0}$mm 外圆加工右端，铜皮要铺平，不要有重叠，工件要夹正，必要时，打表找正。零件经两次装夹完成全部加工工序。如果先加工右端，掉头

加工将没有合适的装夹部位，故没有采用。

三、确定加工方案

根据零件形状及加工精度要求，以一次装夹所能进行的加工作为一道工序，这样先夹毛坯外圆加工左端即为一道工序，内外轮廓各分粗、精加工两个工步完成，精车轮廓采用恒线速度功能。外轮廓粗、精加工合用一把刀，内轮廓粗、精加工合用另一把刀，内轮廓通过测量控制孔 $\phi30^{+0.02}_{0}$ mm 的尺寸来保证其精度，使孔 $\phi30^{+0.02}_{0}$ mm 尽量深至 30mm，以放置内径表头，方便测量。左端完工后，掉头装夹加工右端作为另一道工序，粗、精加工两个工步合用上述外圆车刀，精加工时，通过测量控制轴 $\phi30^{0}_{-0.02}$ mm 的尺寸来保证外轮廓精度，保证切断后的两件配合精度。这里要特别指出的是，圆锥面、圆弧面配合，两件互检，不再另外配备量具，这也意味着无法修配，而要通过直接加工保证配合精度。

四、确定加工顺序及进给路线

夹毛坯外圆加工左端→车端面、钻孔→粗、精车 $\phi60^{0}_{-0.02}$ mm 外圆→粗、精车内轮廓→掉头装夹 $\phi60^{0}_{-0.02}$ mm 外圆→粗、精车外轮廓、车螺纹大径→车螺纹空刀槽及其倒角→粗、精车螺纹→切断。

五、选择刀具

选择加工圆弧曲面、圆锥面的刀具要特别注意两点：一是应始终保证让选定大小的刀尖圆弧与被加工表面相切，使刀具半径偏置不失真，加工非圆柱配合面更应如此；二是防止主、负切削刃与工件干涉。该加工零件没有批量，粗、精加工合用一把刀，选择的刀具型号规格见表 8-1。

六、确定切削用量

确定的切削用量见表 8-1。

七、填写工序卡片

数控加工工序卡片见表 8-2。

表 8-1　　　　　　　　　数 控 加 工 刀 具 卡 片

单位名称	×××	产品名称或代号		零件名称	材料	零件图号
		×××		配合件	45 钢	×××
工序号	程序编号	夹具名称	夹具编号	使用设备		车间
×××	×××	铜皮	×××	CK7525A 数控车床		数控中心
序号	刀　具			刀　片			备注
	刀具号	刀具规格名称	型号	名称	型号	刀尖半径/mm	
1		莫氏变径套	M4-3	锥柄麻花钻头	$\phi26$ 莫氏 No.3		机床尾座锥孔 莫氏 No.4

续表

序号	刀具			刀片			备注
	刀具号	刀具规格名称	型号	名称	型号	刀尖半径/mm	
2	T01	95° 复合压紧式可转位左手外圆车刀	MCLNL2525M16W	80° 菱形刀片	CNHM160604	0.4	
3	T02	93° 螺钉压紧式左手内孔车刀	S20K-SDUCL11-D	55° 菱形刀片	DCNHM11T304	0.4	
4	T03	宽 4mm 左手切断刀	QA2525L4	切断刀片	Q04YB415	0.3	
5	T04	左手外螺纹车刀	CEL2525M16L	60° 外螺纹刀片	16EL2ISO		刀片反装
编制	×××	审核	×××	批准	×××	年 月 日	共 页 第 页

表 8-2　　　　数 控 加 工 工 序 卡 片

单位名称	×××		产品名称或代号		零件名称	材料	零件图号
			×××		配合件	45 钢	×××
工序号	程序编号	夹具名称	夹具编号	使用设备			车间
×××	×××	铜皮	×××	CK7525A 数控车床			数控中心

工步号	工步内容	刀具号	刀具规格/mm	主轴转速/(r/min)	进给量/(mm/r)	背吃刀量/mm	量具	备注
	备料 ϕ62mm×120mm 圆钢，共 1 件						游标卡尺	
	夹右端，外露 60mm						钢板尺	
1	车工件左端面，钻孔 ϕ20mm 至 ϕ26mm，深 35mm		ϕ26mm 钻头	120		13		手动
2	用 LCYC95 粗车 C2、$\phi60_{-0.02}^{0}$ mm 外轮廓，长 45mm，留精加工余量 0.2mm	T01	95° 外圆车刀	700	0.2	0.9	外径千分尺	自动
3	精车 C2、$\phi60_{-0.02}^{0}$ mm 外轮廓，长 45mm，Ra1.6μm	T01		1000	0.05	0.1		自动
4	用 LCYC95 粗车 R5mm 圆弧面、1:5 锥孔、ϕ32mm 孔，总深 20.1mm，$\phi30_{0}^{+0.02}$ mm 孔深 30mm，留精加工余量 0.2mm	T02	93° 内孔车刀	1000	0.13	1		自动
5	用 LCYC95 精车 R5mm 圆弧面、1:5 锥孔、ϕ32mm 孔至尺寸，总深 20.1mm，精车 $\phi30_{0}^{+0.02}$ mm 孔，深 30mm，Ra1.6μm	T02		1200	0.05	0.1	内径百分表	自动
6	左端面切去 0.1mm 长，防配合时与右大端面接触	T01		1000	0.2	0.1		手动
	防夹伤已加工表面，包铜皮掉头夹 $\phi60_{-0.02}^{0}$ mm 外圆，外露 90mm							
7	车右端面至长度尺寸要求 114mm	T01		600				手动
8	用 LCYC95 粗车右端所有外轮廓，留精加工余量 0.2mm	T01		1000	0.13	1.5		自动

续表

工步号	工步内容	刀具号	刀具规格/mm	主轴转速/(r/min)	进给量/(mm/r)	背吃刀量/mm	量具	备注
9	用 LCYC95 精车右端所有外轮廓，大端面、$R5$mm 圆弧面、圆锥面、$\phi 30_{-0.02}^{0}$ mm、$\phi 2R$ 圆柱面、R 圆弧面、抛物面至图纸要求，螺纹大径加工至$\phi 29.64$mm	T01		1200	0.05	0.1 0.18		自动
10	用 LCYC93 粗、精车螺纹退刀槽并倒螺纹左角 $C1.5$	T03	宽 4mm 左手切断刀	800	0.3	粗 1 精 0.1		自动
11	用 LCYC97 粗、精车螺纹	T04	左手外螺纹车刀	450	0.13	精 0.05	螺纹环规	自动
12	按图切断	T03		600	0.2	0.2		手动
13	配合检验							
14	清理、防锈、入库							
编制	×××	审核	×××	批准	×××	年 月 日	共 页	第 页

任务三　项目训练：配合件数控车削加工工艺制定

一、实训目的与要求

（1）学会配合件数控车削加工工艺的制定方法。
（2）熟悉数控车削加工工艺的制定流程。

二、实训内容

编制如图 8-2 所示配合件的数控车削加工工艺，材料为 45 钢。

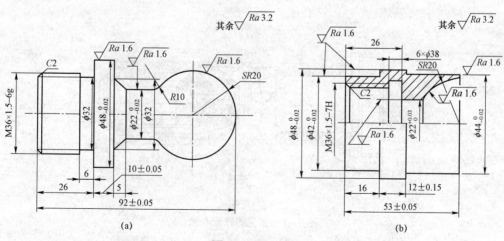

图 8-2　配合件

（a）件 1 零件图；（b）件 2 零件图

59

项目九

编制异形件加工工艺

任务一　学习异形件装夹知识

　　异形件是指形状不规则的复杂零件。由于异形件的形状不规则且比较复杂，导致在数控车床上加工异形件时装夹困难，所以加工时常采用专用夹具。专用夹具使用是否合理，将直接影响产品质量和生产效率。下面将介绍专用夹具的典型结构与特点。

一、专用夹具的典型结构

1. 心轴类车床夹具

　　图9-1所示为几种常见的弹簧心轴。图9-1（a）所示为前推式弹簧心轴，转动螺母1，弹簧筒夹2前移，使工件定心夹紧。这种结构不能进行轴向定位。图9-1（b）所示为带强制退出的不动式弹簧心轴，转动螺母3，推动滑条4后移，使锥形拉杆5移动而将工件定

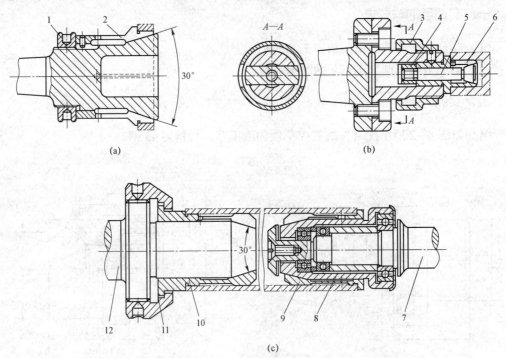

(a)　　　　　　　　　　　　　　　　(b)

(c)

图9-1　常见的弹簧心轴

（a）前推式弹簧心轴；（b）不动式弹簧心轴；（c）分开式弹簧心轴

1、3、11—螺母；2、6、9、10—筒夹；4—滑条；5—拉杆；7、12—心轴体；8—锥套

心夹紧；反转螺母，滑条前移而使筒夹 6 松开，此处筒夹元件不动，依靠其台阶端面对工件实现轴向定位。该结构常用于以不通孔作为定位基准的工件。图 9-1（c）所示为加工长薄壁工件用的分开式弹簧心轴，心轴体 12 和 7 分别置于车床主轴和尾座中，用尾座顶尖套顶紧时，锥套 8 撑开筒夹 9，使工件右端定心夹紧；转动螺母 11，使筒夹 10 移动，依靠心轴体 12 的 30°锥角将工件另一端定心夹紧。

图 9-2 所示为顶尖式心轴，工件以孔口 60°角定位车削外圆表面，当旋转螺母 6，活动顶尖套 4 左移，从而使工件定心夹紧。顶尖式心轴结构简单、夹紧可靠、操作方便，适用于加工内、外圆无同轴度要求或只需加工外圆的套筒类零件。被加工工件的内径 d_s 一般在 32～110mm 范围内，长度 L_s 在 120～780mm 范围内。

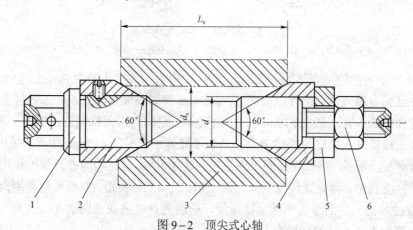

图 9-2　顶尖式心轴

1—心轴；2—固定顶尖套；3—工件；4—活动顶尖套；5—快换垫圈；6—螺母

2. 角铁式车床夹具

角铁式车床夹具的结构特点是具有类似角铁的夹具体。角铁又叫弯板，是铸铁材料。它有两个相互垂直的平面，表面粗糙度 $Ra < 1.6\mu m$，并有较高的垂直精度。在角铁式车床夹具上加工的工件形状都较复杂。角铁式车床夹具常用于加工壳体、支座、接头类零件上的圆柱面及端面。当被加工工件的主要定位基准是平面，被加工面的轴线对主要定位基准平面保持一定的位置关系（平行或成一定的角度）时，相应地夹具上的平面定位件设置在与车床主轴轴线相平行或成一定角度的位置上。

图 9-3 所示为一种典型的角铁式车床夹具，工件 7 以两孔在圆柱定位销 2 和削边定位销 1 上定位，底面直接在支承板 4 上定位，两螺旋压板分别在两定位销孔旁把工件夹紧。导向套 8 用来引导刀杆，平衡块 9 用以消除夹具在回转时的不平衡现象。夹具上还设置有轴向定位基面 3，它与圆柱定位销保持确定的轴向距离，可以利用它来控制刀具的轴向行程。

3. 花盘式车床夹具

花盘式车床夹具的夹具体为圆盘形。花盘是铸铁材料，用螺纹或定位形式直接装在车床主轴上。它的工作平面与主轴轴线垂直，平面度误差小，表面粗糙度 $Ra < 1.6\mu m$。在花盘式车床夹具上加工的工件一般形状都较复杂，多数情况下工件的定位基准为与加工圆柱面垂直的端面。夹具上的平面定位件与车床主轴的轴线相垂直。

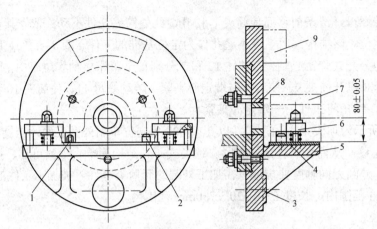

图 9-3 典型的角铁式车床夹具

1—削边定位销；2—圆柱定位销；3—定位基面；4—支承板；5—夹具体；6—压板；7—工件；8—导向套；9—平衡块

图 9-4 所示为齿轮泵壳体的工序图，图 9-5 所示为加工齿轮泵壳体上两个 ϕ35mm 孔所使用的花盘式专用夹具。工件以端面 A、ϕ70mm 外圆表面及小孔 ϕ9mm 内圆表面为定位基准，在转盘 2 的 N 面、圆孔 ϕ70mm 和削边销 4 上定位，用两副螺旋压板 5 夹紧。转盘 2 则由两副螺旋压板 6 压紧在夹具体 1 上。当加工好其中的一个 ϕ35mm 孔后，拔出对定销 3 并松开两副螺旋压板 6，将转盘连同工件一起回转 180°，对定销即在弹簧力作用下插入夹具体上另一分度孔中，再夹紧转盘后即可加工第二个 ϕ35mm 孔。专用夹具利用夹具体上的止口 E 通过过渡盘上的凸缘与车床主轴连接，安装夹具时按找正圆 K（代表夹具的回转轴线）校正夹具与车床主轴的同轴度。

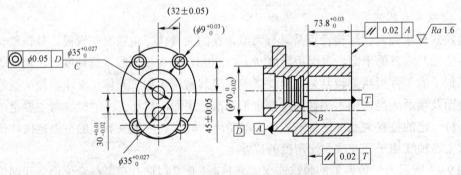

图 9-4 齿轮泵壳体的工序图

4. 组合夹具

组合夹具是采用预先制造好的标准夹具元件，根据设计好的定位夹紧方案组装而成的专用夹具。它既有专用夹具的优点，又具有标准化、通用化的优点。产品变换后，夹具的组成元件可以拆开清洗入库，不会造成浪费，适用于新产品试制和多品种小批量的生产。在大量采用数控机床、应用 CAD/CAM/CAPP 技术的现代企业机械产品生产过程中具有独特的优点。图 9-6 所示是一个典型的车床组合夹具。

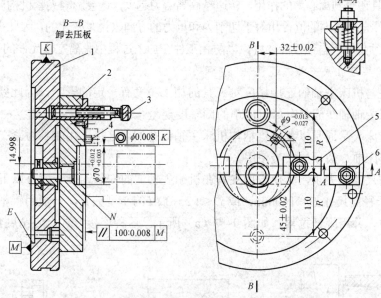

图9-5　加工齿轮泵壳体两孔的花盘式专用夹具
1—夹具体；2—转盘；3—对定销；4—削边销；5、6—压板

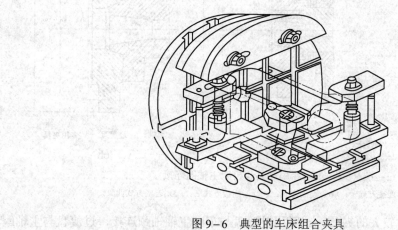

图9-6　典型的车床组合夹具

二、车床夹具的结构特点

1. 定位元件

在车床上加工回转表面时，要求工件加工面的轴线与车床主轴的旋转轴线重合，夹具上定位元件的结构和布置，必须保证这一点。因此对于同轴的轴套类和盘类工件，要求夹具定位元件工作表面的中心轴线与夹具的回转轴线重合。对于壳体、接头或支座类工件，被加工的回转面轴线与工序基准之间有尺寸联系或相互位置精度要求时，则应以夹具轴线为基准确定定位元件工作表面的位置。

2. 夹紧装置

由于车削时工件和夹具一起随主轴做旋转运动，故在加工过程中工件除受切削扭矩的作用外，整个夹具还受到离心力的作用，转速越高离心力越大，这会影响夹紧机构产生的夹紧效果。此外，工件定位基准的位置相对于切削力和重力的方向来说是变化的，因此夹紧机构所产生的夹紧力必须足够，自锁性能要好，以防止工件在加工过程中脱离定位元件的工作表面。

3. 车床夹具与机床主轴的连接

车床夹具与机床主轴的连接精度对夹具的加工精度有一定的影响，因此要求夹具的回转轴线与车床主轴轴线应具有尽可能小的同轴度误差。

心轴类车床夹具通常以莫氏锥柄与机床主轴锥孔配合连接，用螺杆拉紧；有的心轴则以中心孔与车床前、后顶尖安装使用。

根据径向尺寸的大小，其他专用夹具在机床主轴上的安装连接一般有以下两种方式：

（1）对于径向尺寸 $D<140mm$，或 $D<(2\sim3)d$ 的小型夹具，一般用锥柄安装在车床主轴的锥孔中，并用螺杆拉紧，如图 9-7（a）所示。这种连接方式定心精度较高。

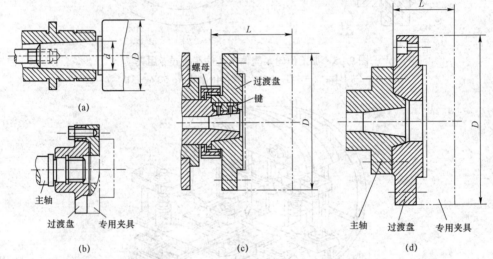

图 9-7　车床专用夹具与机床主轴的连接

（a）连接方式一；（b）连接方式二；（c）连接方式三；（d）连接方式四

（2）对于径向尺寸较大的夹具，一般用过渡盘与车床主轴轴颈连接，过渡盘与主轴配合处的形状取决于主轴前端的结构。

图 9-7（b）所示的过渡盘，其上有一个定位圆孔按 H7/h6 或 H7/js6 与主轴轴颈相配合，并用螺纹和主轴连接，为防止停车和倒车时因惯性作用而使两者松开，可用压板将过渡盘压在主轴上。专用夹具则以其定位止口按 H7/h6 或 H7/js6 装配在过渡盘的凸缘上，用螺钉紧固。这种连接方式的定心精度受配合间隙的影响。为了提高定心精度，可按找正圆校正夹具与机床主轴的同轴度。

对于车床主轴前端为圆锥体并有凸缘的结构，如图 9-7（c）所示，过渡盘在其长锥面上配合定心，用活套在主轴上的螺母锁紧，由键传递扭矩。这种安装方式的定心精度较高，但端面要求紧贴，制造上较困难。

图 9-7（d）所示是以主轴前端短锥面与过渡盘连接的方式。过渡盘推入主轴后，其端

面与主轴端面只允许有 0.05~0.10mm 的间隙，用螺钉均匀拧紧后，即可保证端面与锥面全部接触，以使定心准确、刚度好。

过渡盘常作为车床附件备用，设计夹具时应按过渡盘凸缘来确定专用夹具体的止口尺寸。过渡盘的材料通常为铸铁。各种车床主轴前端的结构尺寸，可查阅有关手册。

4. 找正孔或找正圆

在车床夹具的夹具体上一般应设置有找正孔或找正圆。找正孔或找正圆既是车床夹具在车床主轴上安装时保证车床夹具与车床主轴同轴度的找正基准，又是车床夹具装配时的装配基准，还常常是夹具体本身加工过程中的工艺基准。

5. 平衡措施

车床夹具应消除回转不平衡所引起的振动现象。平衡措施有两种：一种是在较轻的一侧加平衡块（配重块），其位置距离回转中心越远越好；另一种是在较重的一侧加工减重孔，其位置距离回转中心越近越好。平衡块的位置和质量最好可以调节。

为使操作安全，夹具上应尽可能避免有尖角或突出夹具体圆形轮廓之外的元件，必要时回转部分外面应加防护罩。

任务二　编制工艺

异形零件如图 9-8 所示，试编制其加工工艺。

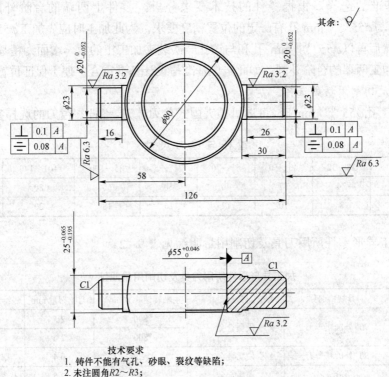

技术要求
1. 铸件不能有气孔、砂眼、裂纹等缺陷；
2. 未注圆角 $R2~R3$；
3. 未注公差按 IT11~IT12 加工。

图 9-8　异形零件

一、零件的结构特点及技术要求分析

图 9-8 所示零件属于异形零件，需要加工的部位有：$\phi 55^{+0.046}_{0}$ mm 孔及两端面，其中孔的精度要求较高；工件两端的台阶外圆 $\phi 20^{\ 0}_{-0.052}$ mm、$\phi 23$mm 及端面，要求两台阶外圆要同心，其轴线的连线通过 $\phi 55^{+0.046}_{0}$ mm 孔中心（即与孔中心对称）并且与该孔轴线垂直。

二、零件加工工艺分析与工艺编制

1. 异形零件的加工工艺过程分析

（1）选择毛坯。根据零件材料（ZG45）及零件的结构特点，批量生产时宜选择铸造毛坯。

（2）选择机床及表面加工方法。根据零件上加工部位表面的形状特点，选择数控车床（如 CK6140）进行加工。主要表面加工安排如下：

1）粗车、半精车、精车 $\phi 55^{+0.046}_{0}$ mm 孔；

2）粗车、精车 $\phi 20^{\ 0}_{-0.052}$ mm 外圆面。

（3）定位基准的选择。定位基准选择是工艺规程设计中的重要工作之一。基准选择的是否合理直接影响零件的加工质量和生产效率。

1）粗基准的选择。为了保证 $\phi 55^{+0.046}_{0}$ mm 孔加工后与 $\phi 80$mm 外圆同心，根据粗基准选择原则，则应以 $\phi 80$mm 的不加工外圆球面为粗基准定位加工 $\phi 55^{+0.046}_{0}$ mm 孔。采用三爪自定心卡盘装夹工件。

2）精基准的选择。根据零件的技术要求分析，零件上两端的台阶外圆 $\phi 23$mm、$\phi 20^{\ 0}_{-0.052}$ mm 与 $\phi 55^{+0.046}_{0}$ mm 孔有一定的位置精度要求，为此加工时应先加工 $\phi 55^{+0.046}_{0}$ mm 孔及其端面，然后再以 $\phi 55^{+0.046}_{0}$ mm 孔和与该孔一次装夹加工出的第一端面为精基准，装夹在专用夹具上加工两端的台阶外圆，如此定位基准与设计基准重合，便于保证位置精度要求。

2. 刀具及切削用量的选择

（1）加工孔 $\phi 55^{+0.046}_{0}$ mm 时，可选机械夹固式单刃镗刀。镗杆和镗刀的选择参考表 9-1。

表 9-1   镗杆与镗刀尺寸   mm

工件孔径	28~32	40~50	51~70	71~85	85~100	101~140	141~200
镗杆直径	24	32	40	50	60	80	100
镗刀头直径	8	10	12	16	18	20	24

（2）加工异形零件所用刀具及切削用量明细见表 9-2。

表 9-2   加工异形零件所用刀具及切削用量明细

加工部位	刀具规格名称	刀具材料	主轴转速/(r/min)	背吃刀量/mm	进给速度/(mm/min)
车端面	90°外圆粗车刀	硬质合金	800	2.5	120
粗车外圆		硬质合金	800	2.0	160
精车外圆	90°外圆精车刀	硬质合金	1200	0.4	120
粗车内孔	内孔粗车刀	硬质合金	260	2.5	50
精车内孔	内孔精车刀	硬质合金	300	0.1	3

3. 异形零件的加工工艺过程

该异形零件的加工工艺过程见表9-3，适用于批量生产。

表9-3 异形零件加工工艺过程卡片

产品名称或代号	零件名称		零件图号	材料
×××	异形零件		×××	45 铸钢
单位名称	工序简图			加工夹具
×××				三爪自定心卡盘
				设备
				CA6140

工序号	工序名称	工序内容及要求
05	铸造	按铸造工艺要求
10	热处理	退火
15	车 $\phi55^{+0.046}_{0}$ mm 孔及端面	1）车端面； 2）粗车内孔至尺寸 $\phi53^{+0.19}_{0}$ mm； 3）半精车内孔至尺寸 $\phi54.5^{+0.074}_{0}$ mm； 4）精车内孔至尺寸 $\phi55^{+0.046}_{0}$ mm； 5）掉头，车另一端面，保证尺寸 $25^{-0.065}_{-0.195}$ mm 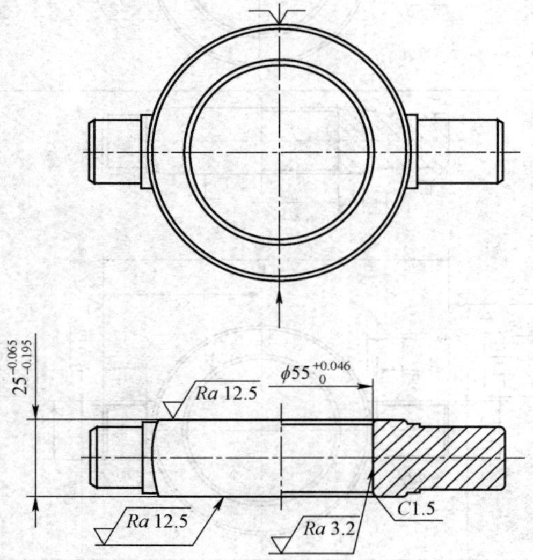

工序简图尺寸：$\phi55^{+0.046}_{0}$ ， $25^{-0.065}_{-0.195}$ ， C1.5， Ra 3.2， Ra 12.5

数控加工工艺编制一体化教程

工序号	工序名称	工序内容及要求	工序简图	设备	加工夹具
20	车两端外圆	1）车端面； 2）粗、精车外圆 $\phi23$mm、$\phi20_{-0.052}^{\ 0}$ mm 至尺寸； 3）掉头，车另一端面； 4）粗、精车外圆 $\phi23$mm、$\phi20_{-0.052}^{\ 0}$ mm 至尺寸	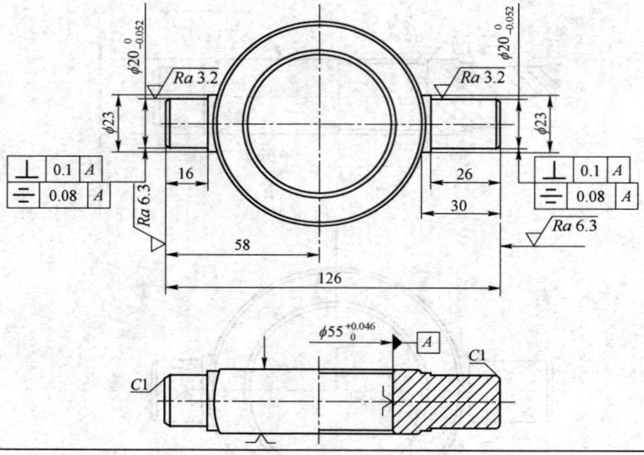 （工序简图）	CA6140	专用夹具（花盘、角铁）
25	检验	1）尺寸精度（分别与右边工序简图中圈码对应）： ① 孔径 $\phi55_{\ 0}^{+0.046}$ mm； ② 尺寸 $25_{-0.065}^{\ 0}$ mm； ③ 尺寸 $\phi20_{-0.052}^{\ 0}$ mm； ④ 尺寸 $\phi23$mm； ⑤ 尺寸 16mm； ⑥ 尺寸 26mm； ⑦ 尺寸 30mm； ⑧ 尺寸 126mm。 2）位置精度。 3）表面粗糙度：Ra3.2μm 三处，Ra6.3μm 两处，Ra12.5μm 两处。 4）其他：倒角 C1、C2，铸件应无气孔、砂眼、裂纹	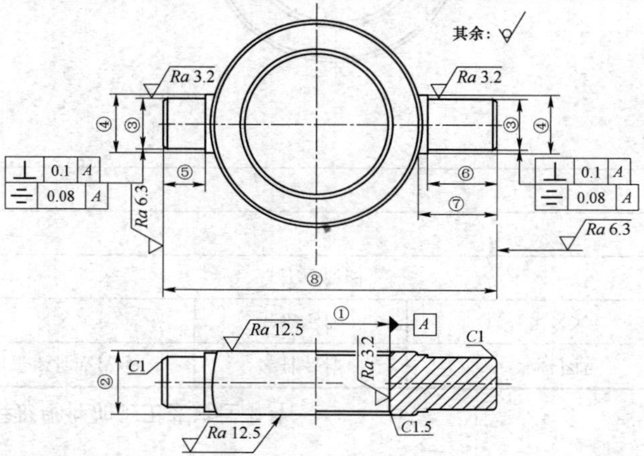 （工序简图）	检验平台	通用量具、V 形架、心轴、百分表座等
编制	×××	审核 ×××	批准 ×××	年 月 日	共 页 第 页

任务三　项目训练：U形插架数控车削加工工艺制定

一、实训目的与要求

（1）学会U形插架数控车削加工工艺的制定方法。

（2）熟悉数控车削加工工艺的制定流程。

二、实训内容

编制如图9-9所示U形插架的数控车削加工工艺，材料为45钢。

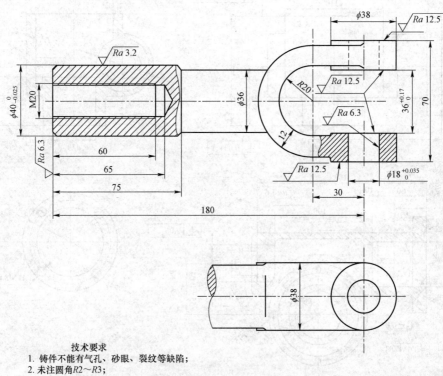

技术要求

1. 铸件不能有气孔、砂眼、裂纹等缺陷；
2. 未注圆角R2～R3；
3. 未注公差按IT11～IT12加工。

图9-9　U形插架

编制蜗轮壳体加工工艺

蜗轮壳体零件如图 10-1 所示，工件材料为 HT200，毛坯为铸造件，要求加工 200 件，试编制其加工工艺。

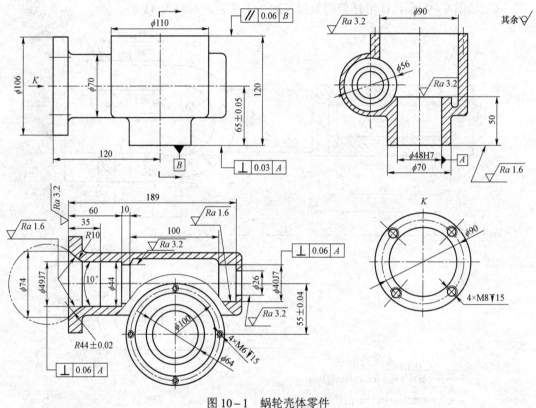

图 10-1　蜗轮壳体零件

任务一　学习蜗轮壳体夹具设计

一、蜗轮壳体夹具的结构及夹紧方法

蜗轮壳体夹具的结构如图 10-2 所示，它主要由可调支承、过渡盘、平衡铁、紧固压板、定位心轴、角铁座和紧固螺栓等元件组成。过渡盘 2 安装在数控车床主轴上，角铁座 7 由螺栓和螺母固定在过渡盘 2 上。根据工件的 $\phi49J7$ 和 $\phi40J7$ 孔轴线与 $\phi48H7$ 孔底部端

面的距离为（65±0.05）mm，用高度尺结合主轴心轴调节好角铁座 7 底面至机床主轴轴线的高度尺寸为（65±0.02）mm，并找正定位心轴 5 的轴线相对于主轴轴线的中心距为（55±0.02）mm。工件的定位由定位心轴 5 和角铁座 7 完成，用可调支承 1 辅助支承 ϕ70mm 外圆表面以提高工件安装刚度来满足安装要求，工件的夹紧则由紧固压板 4 和紧固螺母来实现。

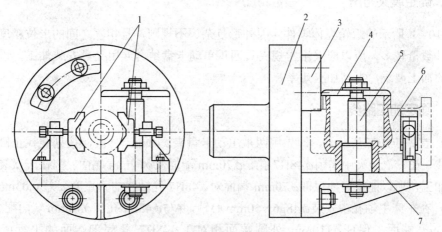

图 10-2　蜗轮壳体夹具的结构

1—可调支承；2—过渡盘；3—平衡铁；4—紧固压板；5—定位心轴；6—工件；7—角铁座

二、蜗轮壳体夹具的制造和使用注意事项

（1）为了降低夹具的安装误差，必须先安装过渡盘 2，且过渡盘 2 平面最好在本机床上精车出来；角铁座 7 必须经过精削，且垂直度误差不得超过 0.02mm；定位心轴 5 可选用 T8 钢制作，与角铁座的垂直度误差不超过 0.02mm。

（2）由于车削的回转速度高，惯性较大，而该夹具偏重现象又较严重，因此必须要有平衡铁 3，在制造时要根据具体工件而定；夹具必须在车床上进行静平衡试验，以避免车床主轴因载荷不均匀而被损坏。

任务二　编　制　工　艺

一、零件图工艺分析

根据图 10-1 可知，该蜗轮壳体零件需机械加工的部位包括 ϕ48H7 内孔直径及 ϕ70mm 端面、ϕ64mm 圆端面、ϕ110mm 外圆端面、ϕ106mm 外圆端面及其内部型腔所包含的 R（44±0.02）mm、R10mm 的圆弧表面，锥角为 10° 的内锥面和 ϕ49J7、ϕ44mm、ϕ40J7 台阶孔。其余表面由铸造直接得到。

ϕ110mm 外圆端面相对于 ϕ48H7 孔底部端面的平行度公差为 0.06mm，ϕ48H7 孔轴线与底部端面的垂直度公差为 0.03mm，ϕ49J7、ϕ40J7 台阶孔轴线与 ϕ48H7 孔轴线的垂直度公差都为 0.06mm。ϕ49J7 和 ϕ40J7 孔轴线与 ϕ48H7 孔底部端面的距离为（65±0.05）mm，ϕ49J7 和 ϕ40J7 孔轴线与 ϕ48H7 孔轴线距离为（55±0.04）mm。

加工部位中的 ϕ48H7 孔、R（44±0.02）mm、R10mm、10°的内锥面、ϕ49J7、ϕ40J7 台阶的表面粗糙度为 Ra 1.6μm，其余各处表面粗糙度为 Ra 3.2μm。

二、确定装夹方法

图 10-1 所示的蜗轮壳体零件，因外形复杂、不规则，且相互之间的形位精度要求较高，工件数量较多，所以应采用常规夹具四爪单动卡盘结合专用夹具安装加工，以满足零件图纸的加工要求，提高加工效率。

三、确定加工路线

（1）首先应加工基准面，即先用四爪单动卡盘夹 ϕ10mm 外圆，按划线找正侧母线和孔中心线，在一次装夹中车削 ϕ48H7 孔、ϕ70mm 端面及 ϕ64mm 端面。因在一次装夹中完成上述加工，所以能很好地保证 ϕ70mm 端面对 ϕ48H7 孔轴线的垂直度公差 0.03mm。

（2）在车床主轴孔中安装 ϕ48g6×50mm 心轴，并与 ϕ48H7 孔和 ϕ70mm 端面配合定位，车 ϕ110mm 端面。保证 ϕ110mm 外圆端面相对于 ϕ48H7 孔底部端面的平行度公差为 0.06mm。

（3）在图 10-2 所示的专用夹具上，以 ϕ48H7 孔和 ϕ70mm 端面定位，ϕ70mm 外圆用可调辅助支承并找正 ϕ106mm 外圆母线。车削 ϕ106mm 外圆端面及其内部型腔所包含的 R（44±0.02）mm、R10mm 的圆弧表面，锥角为 10°的内锥面以及 ϕ49J7、ϕ44mm、ϕ40J7 台阶孔。保证 ϕ49J7、ϕ40J7 台阶孔轴线与 ϕ48H7 孔轴线的垂直度公差都为 0.06mm；ϕ49J7 和 ϕ40J7 孔轴线与 ϕ48H7 孔底部端面的距离为（65±0.05）mm，ϕ49J7 和 ϕ40J7 孔轴线与 ϕ48H7 孔轴线距离为（55±0.04）mm。

四、确定数控加工工艺卡片

数控加工刀具卡片见表 10-1，数控加工工序卡片见表 10-2。

表 10-1 　　　　　　　　　数 控 加 工 刀 具 卡 片

单位名称	×××	产品名称或代号	×××	机床型号	CK6150
零件名称	蜗轮壳体	零件图号	×××	系统型号	FANUC－oi
刀具表				量具表	
刀具号	刀补号	刀具规格名称		量具名称	规格
T01	01	93°菱形外圆车刀		游标卡尺	0～150mm/0.02mm
T02	02	内孔粗车刀		内径量表	
T03	03	内孔精车刀		内径量表	
T04	04	内沟槽刀			
编制	×××	审核	×××	批准	×××	年 月 日	共 页	第 页

表 10-2　　　　　　　　数控加工工序卡片

生产名称	×××	产品名称或代号		×××		机床型号	CK6150	
零件名称	蜗轮壳体	零件图号		×××		系统型号	FANUC-oi	
工步	工艺内容		刀具号	切削用量				加工性质
				主轴转速/ (r/min)	进给量/ (mm/r)	背吃刀量 /mm		
1	车削φ70mm 端面		T01	400	0.1~0.2	2.0		
	车削φ48H7 孔		T02	400~600	0.1~0.2	2.0		
	车削φ64mm 端面		T04	600	0.1	2.0		
2	车φ110mm 端面至要求		T01	600	0.1~0.2	2.0		
3	粗车φ106mm 外圆端面及其内部型腔各部分尺寸		T02	400	0.2	2.0		
	精车φ106mm 外圆端面及其内部型腔各部分尺寸		T03	600	0.1~0.2	0.5		
编制	×××	审核	×××	批准	×××	年　月　日	共　页	第　页

任务三　项目训练：连接件数控车削加工工艺制定

一、实训目的与要求

（1）学会连接件数控车削加工工艺的制定方法。
（2）熟悉数控车削加工工艺的制定流程。

二、实训内容

编制如图 10-3 所示连接件的数控车削加工工艺，材料为 45 钢。

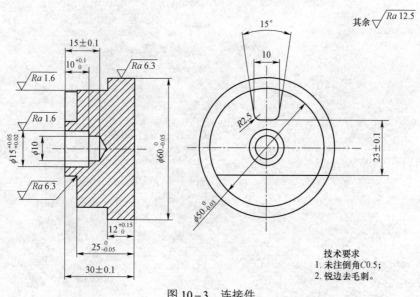

图 10-3　连接件

73

第二篇

数控铣削工艺编制

项目十一

认识数控铣削工艺系统

任务一 认识数控铣床

一、数控铣床的分类

（1）按机床主轴的布置形式及机床的布局特点分类，数控铣床可分为数控立式铣床、数控卧式铣床和数控龙门铣床等。

1）数控立式铣床。如图 11-1 所示，数控立式铣床的主轴与机床工作台面垂直，工件安装方便，加工时便于观察，但不便于排屑。一般采用固定式立柱结构，工作台不升降。主轴箱做上下运动，并通过立柱内的重锤平衡主轴箱的重量。为保证机床的刚性，主轴中心线距立柱导轨面的距离不能太大，因此这种结构主要用于中小尺寸的数控铣床。

2）数控卧式铣床。如图 11-2 所示，数控卧式铣床的主轴与机床工作台面平行，加工时不便观察，但排屑顺畅。一般配有数控回转工作台，便于加工零件的不同侧面。单纯的数控卧式铣床现在已比较少，而更多是在配备自动换刀装置后成为卧式加工中心。

图 11-1　数控立式铣床

图 11-2　数控卧式铣床

3）数控龙门铣床。对于大尺寸的数控铣床，一般采用对称的双立柱结构，以保证机床的整体刚性和强度，这种铣床即为数控龙门铣床（见图 11-3），其有工作台移动和龙门架移动两种类型。它适用于加工飞机整体结构零件、大型箱体零件和大型模具等。

图 11-3　数控龙门铣床

（2）按数控系统的功能分类，数控铣床可分为经济型数控铣床、全功能数控铣床和高速铣削数控铣床等。

1）经济型数控铣床。一般采用经济型数控系统，如 SIEMENS 802S 等，采用开环控制，可以实现三坐标联动。这种数控铣床成本较低，功能简单，加工精度不高，适用于一般复杂零件的加工。这种数控铣床一般有工作台升降式和床身式两种类型。

2）全功能数控铣床。采用半闭环控制或闭环控制，数控系统功能丰富，一般可以实现四坐标以上联动，加工适应性强，应用最广泛。

3）高速铣削数控铣床。高速铣削是数控加工的一个发展方向，技术已经比较成熟，并逐渐得到广泛的应用。这种数控铣床采用全新的机床结构、功能部件和功能强大的数控系统并配以加工性能优越的刀具系统，加工时主轴转速一般在 8000～40000r/min，切削进给速度可达 10～30m/min，可以对大面积的曲面进行高效率、高质量的加工。但目前这种机床价格昂贵，使用成本比较高。

二、数控铣床的组成

数控铣床形式多样，不同类型的数控铣床在组成上有所差别，但都有许多相似之处。下面以 XK5040A 型数控立式升降台铣床为例介绍其组成情况。

XK5040A 型数控立式升降台铣床，配有 FANUC-3MA 数控系统，采用全数字交流伺服驱动。图 11-4 所示为该数控铣床的组成结构。

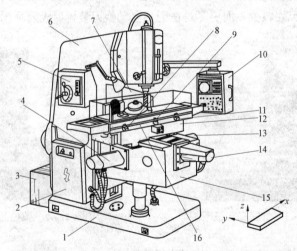

图 11-4　XK5040A 型数控立式升降台铣床的组成结构

1—底座；2—强电柜；3—变压器箱；4—垂直升降（z 轴）进给伺服电动机；5—主轴制动手柄和按钮板；6—床身；
7—数控柜；8、11—保护开关（控制纵向行程硬限位）；9—挡铁（用于纵向参考点设定）；10—操纵台；
12—横向溜板；13—纵向（x 轴）进给伺服电动机；14—横向（y 轴）进给伺服电动机；
15—升降台；16—纵向工作台

该机床由五个主要部分组成，即床身部分、铣头部分、工作台部分、升降台部分（横向进给部分）、冷却与润滑部分。

1. 床身部分

床身内部布筋合理，具有良好的刚性，底座上设有 4 个调节螺栓，便于机床调整水平，冷却液储液池设在机床底座内部。

2. 铣头部分

铣头部分由有级（或无级）变速箱和铣头两个部件组成。

铣头主轴支承在高精度轴承上，以保证主轴具有高回转精度和良好的刚性。主轴装有快速换刀螺母，前端锥孔采用 ISO50 锥度。主轴采用机械无级变速，调节范围宽，传动平稳，操作方便。刹车机构能使主轴迅速制动，节省辅助时间，刹车时通过制动手柄撑开制动环使主轴立即制动。启动主电动机时，应注意松开主轴制动手柄。铣头部分还装有伺服电动机、内齿带轮、滚珠丝杠副及主轴套筒，它们形成垂向（z 向）进给传动链，使主轴做垂向直线运动。

3. 工作台部分

工作台与床鞍支承在升降台较宽的水平导轨上，工作台的纵向进给是由安装在工作台右端的伺服电动机驱动的。通过内齿带轮带动精密滚珠丝杠副，从而使工作台获得纵向进给。工作台左端装有手轮和刻度盘，以便进行手动操作。

床鞍的纵横向导轨面均采用了 TURCTTE-B 贴塑面，提高了导轨的耐磨性、运动的平稳性和精度的保持性，消除了低速爬行现象。

4. 升降台部分（横向进给部分）

升降台前方装有交流伺服电动机，驱动床鞍做横向进给运动，其传动原理与工作台的纵向进给相同。此外，在横向滚珠丝杠前端还装有进给手轮，可实现手动进给。升降台左侧装有锁紧手柄，轴的前端装有长手柄，可带动锥齿轮及升降台丝杠旋转，从而获得升降台的升降运动。

5. 冷却与润滑部分

（1）冷却系统。机床的冷却系统是由冷却泵、出水管、回水管、开关及喷嘴等组成，冷却泵安装在机床底座的内腔里，冷却泵将冷却液从底座内储液池打至出水管，然后经喷嘴喷出，对切削区进行冷却。

（2）润滑系统。机床的润滑系统是由手动润滑油泵、分油器、节流阀、油管等组成。机床采用周期润滑的方式，用手动润滑油泵，通过分油器对主轴套筒、纵横向导轨及三向滚珠丝杠进行润滑，以提高机床的使用寿命。

三、数控铣床的工艺范围

数控铣床能够铣削各种平面、斜面轮廓和立体轮廓零件，如各种形状复杂的凸轮、样板、模具、叶片、螺旋桨等。此外，配上相应的刀具还可进行钻孔、扩孔、铰孔、锪孔、镗孔和攻螺纹等。数控铣床可以加工的零件类型如下：

1. 平面类零件

平面类零件（见图 11-5）是数控铣削加工中最简单的一类零件，一般只用数控铣床的两坐标联动（即两轴半坐标联动）就可以把它们加工出来。

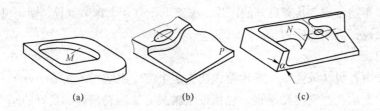

图 11－5　平面类零件
（a）带平面轮廓的平面类零件；（b）带斜平面的平面类零件；
（c）带正台和斜肋的平面类零件

2．空间曲面轮廓零件

空间曲面轮廓零件（见图 11－6）的加工面为空间曲面，如模具、叶片、螺旋桨等。空间曲面轮廓零件不能展开为平面，加工时铣刀与加工面始终为点接触，一般采用球头刀在三坐标（三轴）数控铣床上加工，当曲面较复杂、通道较窄、会伤及相邻表面及需要刀具摆动时，要采用四坐标或五坐标铣床加工。

3．变斜角类零件

加工面与水平面的夹角呈连续变化的零件称为变斜角类零件，如飞机上的变斜角横梁条（见图 11－7）。加工变斜角类零件最好采用四轴或五轴数控铣床进行摆角加工，若没有上述机床，也可以在三轴数控铣床上采用两轴半控制的行切法进行近似加工，但精度稍差。

图 11－6　空间曲面轮廓零件

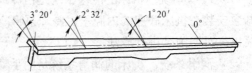

图 11－7　飞机上的变斜角横梁条

4．孔及孔系零件

孔及孔系零件的加工可以在数控铣床上进行，如钻孔、扩孔、铰孔和镗孔等。孔加工多采用定尺寸刀具，需要频繁换刀，当加工孔的数量较多时，应采用加工中心加工，更加方便、快捷。

5．螺纹

内、外圆柱螺纹、圆锥螺纹都可以在数控铣床上加工。

数控铣床加工产品示例如图 11－8 所示。

图 11-8 数控铣床加工产品示例

任务二 数控铣削刀具选用

一、认识数控铣削刀具

图 11-9 所示为数控铣床常用的铣刀。

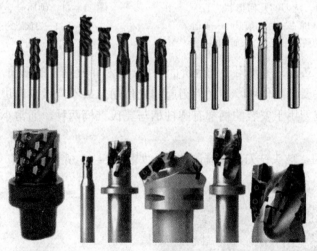

图 11-9 常用铣刀

1. 铣刀各部分的名称和作用

铣刀的几何形状见图 11-10，其各部分名称和定义如下：

（1）前面。刀具上切屑流过的表面。

（2）主后面。刀具上同前面相交形成主切削刃的后面。

（3）副后面。刀具上同前面相交形成副切削刃的后面。

（4）主切削刃。起始于切削刃上主偏角为零的点，并至少有一段切削刃拟用来在工件上切出过渡表面的那个整段切削刃。

（5）副切削刃。切削刃上除主切削刃以外的刃，也起始于主偏角为零的点，但它向背离主切削刃的方向延伸。

（6）刀尖。主切削刃与副切削刃的连接处相当少的那一部分切削刃。

2. 常用铣刀及其用途

铣刀是一种多刃刀具，其几何形状较复杂，种类较多。铣刀切削部分的材料一般由高速钢或硬质合金制成。

（1）面铣刀。面铣刀主要用于铣平面，应用较多的为硬质合金面铣刀。图 11-11 所示为硬质合金可转位面铣刀。

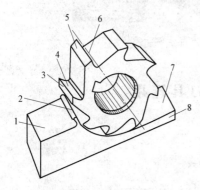

图 11-10　铣刀的几何形状

1—待加工表面；2—切屑；3—主切削刃；4—前面；
5—主后面；6—铣刀棱；7—已加工表面；8—工件

图 11-11　硬质合金可转位面铣刀

1—刀盘；2—刀片

（2）立铣刀。立铣刀主要用于铣台阶面、小平面和相互垂直的平面，如图 11-12 所示。它的圆柱刀刃起主要切削作用，端面刀刃起修光作用，故不能做轴向进给。刀齿分为细齿与粗齿两种。立铣刀用于安装的柄部有圆柱柄与莫氏锥柄两种，通常小直径为圆柱柄，大直径为锥柄。

（3）球头铣刀。球头铣刀用于铣削曲面，如图 11-13 所示。

图 11-12　立铣刀

图 11-13　球头铣刀

（4）键槽铣刀。键槽铣刀用于铣键槽，如图 11－14 所示。键槽铣刀与立铣刀外形相似，与立铣刀的主要区别在于其只有两个螺旋刀齿，且端面刀刃延伸至中心，故可做轴向进给，直接切入工件。

(a)　　　　　　　　　　　　　　　(b)

图 11－14　键槽铣刀

（a）直柄键槽铣刀；（b）半圆键槽铣刀

3. 铣刀的规格

为便于识别与使用各种类型的铣刀，铣刀刀体上均刻有标记，包括铣刀的规格、材料、制造厂家等。铣刀的规格与尺寸已标准化，使用时可查阅有关手册。其规格与尺寸的分类为：圆柱铣刀、三面刃铣刀、锯片铣刀等，用外圆直径×宽度（厚度）（$d×L$）表示；立铣刀、面铣刀和键槽铣刀，只标注外圆直径（d）。

二、选择数控铣床刀具

应根据数控铣床的加工能力、工件材料的性能、加工工序、切削用量以及其他相关因素进行综合考虑来选用刀具及刀柄。

1. 铣刀刀柄的选择

铣刀刀具是通过刀柄与数控铣床或加工中心主轴连接的，数控铣床或加工中心刀柄一般采用 7:24 锥面与主轴锥孔配合定位，通过拉钉使刀柄与其尾部的拉刀机构固定连接，常用的刀柄规格有 BT30、BT40、BT50 等，在高速加工中心则使用 HSK 刀柄。目前，常用的刀柄按其夹持形式及用途可分为钻夹头刀柄、侧固式刀柄、面铣刀刀柄、莫氏锥度刀柄、弹簧夹刀柄、强力夹刀柄、特殊刀柄等，如图 11－15 所示。

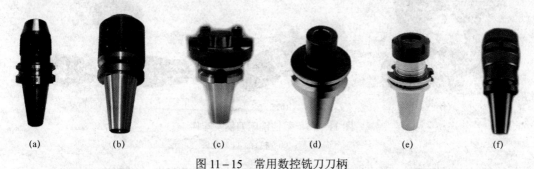

(a)　　　　(b)　　　　(c)　　　　(d)　　　　(e)　　　　(f)

图 11－15　常用数控铣刀刀柄

（a）钻夹头刀柄；（b）侧固式刀柄；（c）面铣刀刀柄；（d）莫氏锥度刀柄；

（e）弹簧夹刀柄；（f）强力夹刀柄

2. 铣刀刀具的选择

加工性质不同，刀具的选择重点也不同。粗加工时，要求刀具有足够的切削能力快速去除材料；而在精加工时，由于加工余量较小，重点是要保证加工精度和形状，因此要使用较小的刀具，以保证加工到每个角落。当工件的硬度较低时，可以使用高速钢刀具；而切削高硬度材料时，就必须用硬质合金刀具。在加工中要保证刀具及刀柄不会与工件相碰撞或者挤擦，以避免造成刀具或工件的损坏。

生产中，平面铣削应选用不重磨硬质合金面铣刀、立铣刀或可转位面铣刀；平面零件周边轮廓的加工，常选用立铣刀；加工凸台、凹槽时，选用平底立铣刀；加工毛坯表面或粗加工时，可选用镶硬质合金的波纹立铣刀；对一些立体型面和变斜角轮廓外形的加工，常选用球头铣刀、环形铣刀、锥形铣刀和盘形铣刀；当曲面形状复杂时，为了避免干涉，建议使用球头刀，调整好加工参数也可以达到较好的加工效果；钻孔时，要先用中心钻或球头刀打中心孔，以引导钻头。钻孔可分两次钻削，先用小一点型号的钻头钻孔至所需深度，再用所需的钻头进行加工，以保证孔的精度。在进行较深的孔加工时，特别要注意钻头的冷却和排屑问题，一般利用深孔钻削循环指令进行编程，可以工进一段后，钻头快速退出工件，进行排屑和冷却再工进，再进行冷却和排屑，直至孔深钻削完成。

三、数控铣床刀具的装夹

数控铣床刀柄及配件如图 11－16 所示，组装数控铣床工具系统时要先将拉钉旋入刀柄上端螺纹孔中，然后将刀具装入对应规格的夹头中，最后再装入刀柄中。拉钉有几种规格，所选拉钉的规格要和数控铣床配套。

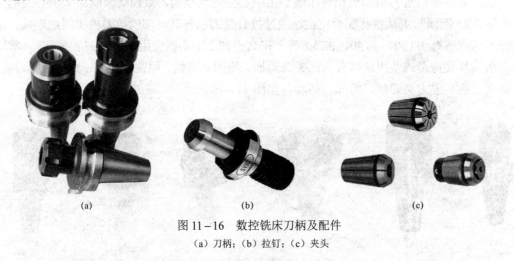

图 11－16　数控铣床刀柄及配件
（a）刀柄；（b）拉钉；（c）夹头

装刀时，要把刀柄放在图 11－17 所示的锁刀座上，锁刀座上的键对准刀柄上的键槽，使刀柄无法转动，然后用图 11－18 所示的扳手锁紧螺母。

图 11－19 所示为安装好刀具和拉钉后的刀柄。

图 11-17　锁刀座

图 11-18　扳手

图 11-19　安装好刀具和拉钉后的刀柄

任务三　认识铣削三要素

一、铣削三要素的定义

数控加工中的铣削三要素包括背吃刀量 a_p、主轴转速 n 或切削速度 v_c（用于恒线速度切削）、进给速度 v_f 或进给量 f。

粗加工时，应尽量保证较高的金属切除率和必要的刀具耐用度，选择三要素时应首先选取尽可能大的背吃刀量 a_p；其次根据机床动力和刚度的限制条件，选取尽可能大的进给量 f；最后根据刀具耐用度要求，确定合适的切削速度 v_c。增大背吃刀量 a_p 可使进给次数减少，增大进给量 f 有利于断屑。

精加工时，对加工精度和表面质量要求较高，加工余量不大且较均匀，故一般选用较小的进给量 f 和背吃刀量 a_p，而尽可能选用较高的切削速度 v_c。

二、铣削三要素的选取方法

1. 背吃刀量的确定

背吃刀量是指在通过切削刃基点并垂直于工作平面（通过切削刃选定点并同时包含主运动方向和进给运动方向的平面）的方向上测量的吃刀量。

背吃刀量应根据工件的加工余量来确定。粗加工时，除留下精加工余量外，一次进给应尽可能切除全部余量。当加工余量过大，工艺系统刚度较低，机床功率不足，刀具强度不够或断续切削的冲击振动较大时，可分多次进给。切削表面层有硬皮的铸、锻件时，应尽量使 a_p 大于硬皮层的厚度，以保护刀尖。半精加工和精加工的加工余量一般较小，可一次切除，但有时为了保证工件的加工精度和表面质量，也可采用两次进给。

多次进给时，应尽量将第一次进给的背吃刀量取大些，一般为总加工余量的 2/3～3/4。在中等功率的机床上，粗加工时的背吃刀量可达 8～10mm；半精加工（表面粗糙度为 Ra 6.3～3.2μm）时，背吃刀量取为 0.5～2.0mm；精加工（表面粗糙度为 Ra1.6～0.8μm）时，背吃刀量取为 0.1～0.4mm。

背吃刀量根据机床、工件和刀具的刚度来确定，在刚度允许的条件下，应尽可能使背吃刀量等于工件的加工余量，这样可以减少进给次数，提高生产效率。为了保证工件的表面质量，可留少量的精加工余量，一般为 0.2～0.5mm。

当侧吃刀量 $a_e < d/2$（d 为铣刀直径）时，取 $a_p = (1/3～1/2)d$；

当侧吃刀量 $d/2 \leq a_e < d$ 时，取 $a_p = (1/4～1/3)d$；

当侧吃刀量 $a_e = d$ 时，取 $a_p = (1/5～1/4)d$。

一般切削宽度 L 与刀具直径 d 成正比，与背吃刀量成反比。经济型数控加工中，一般 L 的取值范围为 $L = (0.6～0.9)d$。

2. 进给量的确定

进给量是指刀具在进给运动方向上相对于工件的位移量，用刀具或工件每转或每分钟的位移量来表述和度量，单位为 mm/r 或 mm/min。进给速度是指切削刃上选定点相对于工件的进给运动的瞬时速度，主要根据零件的加工精度和表面粗糙度要求以及刀具、工件的材料性质选取。最大进给速度受机床刚度和进给系统的性能限制。背吃刀量选定后，接着就应尽可能选用较大的进给量 f。

（1）当工件的质量要求能够得到保证时，为提高生产效率，可选择较高的进给速度。

（2）在加工深孔或用高速钢刀具加工时，宜选择较低的进给速度。

（3）当加工精度、表面质量要求较高时，宜选择较小的进给速度。

（4）刀具空行程时，可以选择该机床数控系统设定的最高进给速度。

对于铣床而言，进给速度与每齿进给量、铣刀齿数、主轴转速的关系为：

$$v_f = f_z Z n \tag{11-1}$$

式中　v_f——进给速度，mm/min；

　　　f_z——每齿进给量，毫米/齿；

　　　Z——铣刀齿数，齿；

　　　n——主轴转速，r/min。

3. 切削速度 v_c 的确定

切削速度 v_c 是指切削刃上选定点相对于工件的主运动的瞬时速度。提高 v_c 也是提高生产效率的一个措施，但 v_c 与刀具耐用度的关系比较密切。随着 v_c 的增大，刀具耐用度急剧下降，故 v_c 的选择主要取决于刀具耐用度。另外，切削速度与加工材料也有很大关系。例如，用立铣刀铣削合金钢 30CrNi2MoVA 时，v_c 可采用 8m/min 左右；而用同样的立铣刀铣削铝合金时，v_c 可选 200m/min 以上。

在 a_p 和 f 选定以后，可在保证刀具合理耐用度的条件下，用计算的方法或查表法确定切削速度 v_c 的值。在具体确定 v_c 值时，一般应遵循下述原则：

（1）粗加工时，背吃刀量和进给量均较大，故选择较低的切削速度；精加工时，背吃刀量和进给量均较小，则选择较高的切削速度。

（2）硬度和强度较高的工件材料，其切削性能较差时，应选较低的切削速度，故加工灰铸铁的切削速度应比加工中碳钢低，而加工铝合金和铜合金的切削速度比加工钢高得多；其切削性能较好时，宜选用较高的切削速度。

（3）刀具材料的切削性能越好时，切削速度也可选得越高。因此，硬质合金刀具采用较高的切削速度；高速钢刀具采用较低的切削速度；而涂层硬质合金、陶瓷、金刚石和立方氮化硼刀具的切削速度又可选得比硬质合金刀具的高许多。

　　此外，在确定精加工、半精加工的切削速度时，应注意避开积屑瘤和鳞刺产生的区域；在易产生振动的情况下，切削速度应避开自激振动的临界速度；在加工带硬皮的铸、锻件，加工大件、细长件和薄壁件以及断续切削时，应选用较低的切削速度。

　　4. 主轴转速的确定

　　主轴转速应根据允许的切削速度和工件（或刀具）直径来选择，其计算公式为：

$$n = 1000v_c/\pi d \qquad (11-2)$$

式中　v_c——切削速度，由刀具的耐用度决定，m/min；

　　　　n——主轴转速，r/min；

　　　　d——铣刀的直径，mm。

　　计算出的主轴转速 n 最后要根据机床说明书选取机床有的或较接近的转速。硬质合金刀具切削用量推荐表见表 11-1，常用工件材料切削用量推荐表见表 11-2。

表 11-1　　　　　　　　　　硬质合金刀具切削用量推荐表

刀具材料	工件材料	粗加工			精加工		
		切削速度/ （m/min）	进给量/ （mm/r）	背吃刀量/mm	切削速度/ （m/min）	进给量/ （mm/r）	背吃刀量/mm
硬质合金 或涂层 硬质合金	碳钢	220	0.2	3	260	0.1	0.4
	低合金钢	180	0.2	3	220	0.1	0.4
	高合金钢	120	0.2	3	160	0.1	0.4
	铸铁	80	0.2	3	120	0.1	0.4
	不锈钢	80	0.2	2	60	0.1	0.4
	钛合金	40	0.2	1.5	150	0.1	0.4
	灰铸铁	120	0.2	2	120	0.15	0.5
	球墨铸铁	100	0.2 0.3	2	120	0.15	0.5
	铝合金	1600	0.2	1.5	1600	0.1	0.5

表 11-2　　　　　　　　　　常用工件材料切削用量推荐表

工件材料	加工内容	背吃刀量/ mm	切削速度/ （m/min）	进给量/ （mm/r）	刀具材料
碳素钢抗拉强度大 于 600MPa	粗加工	5～7	60～80	0.2～0.4	P 类（YT） 硬质合金
	粗加工	2～3	80～120	0.2～0.4	
	精加工	2～6	120～150	0.1～0.2	
	钻中心孔	—	500～800	钻中心孔	高速钢 W18Cr4V
	钻孔	—	25～30	钻孔	
	切断 （宽度小于 5mm）	70～110	0.1～0.2	切断 （宽度小于 5mm）	P 类（YT） 硬质合金
铸铁硬度低于 200HBW	粗加工	—	50～70	0.2～0.4	K 类（YG） 硬质合金
	精加工	—	70～100	0.1～0.2	

项目十二

编制平面凸轮加工工艺

任务一 学习数控铣削加工工艺知识

工艺制定是编程之前的一项重要工作，会直接影响零件的加工质量、生产效率等。数控铣削加工中的所有工序、工步，每道工序的切削用量、进给路线、加工余量、所用刀具的类型和尺寸等都要预先确定好并编入程序中。这就要求一个合格的编程人员首先应该是一个很好的工艺人员，只有对数控铣床的性能特点、应用、切削规范和刀具等都非常熟悉，才能做到全面、周到地考虑零件加工的全过程，并正确、合理地编制数控铣削的加工程序。编写程序前首先要认真地进行加工工艺设计。

一、分析零件图纸

工艺设计的第一步是分析零件图纸，在搞清零件材料、零件全部的加工内容、工艺过程和技术要求的基础上，确定和明确数控铣床的加工内容和要求，并确定加工方案。

二、选择合适的数控机床

与加工中心相比，数控铣床除了缺少自动换刀功能及刀库外，其他方面均与加工中心类同，可以对零件进行铣、钻、铰、锪、镗孔与攻丝等。一般说来，数控立式铣床适于加工平面凸轮、样板、形状复杂的平面或立体零件，以及模具的内、外型腔等；数控卧式铣床适于加工复杂的箱体类零件、泵体、阀体、壳体等。总之，与一般铣床相比，加工形状复杂的零件，数控铣床具有明显的优越性。但由于数控铣床的成本较高，用于零件的粗加工很不经济，所以一般都是先在普通机床上对零件进行粗加工，再转到数控铣床上进行半精加工和精加工，粗加工后不但有了已加工的基准平面、定位面，而且加工余量均匀，从而可使切削稳定。这样既有利于发挥数控铣床的特点，又利于数控铣床保持精度，延长使用寿命，降低使用成本。

一般情况下，数控铣床只适用于单件小批量生产，但根据数控铣床性能、功能和成本核算情况，也可用于大批量生产。

三、合理安排加工顺序

加工顺序（又称工序）通常包括切削加工工序、热处理工序和辅助工序等，工序安排得科学与否将直接影响零件的加工质量、生产效率和加工成本。切削加工工序通常按以下原则安排：

（1）先粗后精。当加工零件精度要求较高时都要经过粗加工、半精加工、精加工阶段，如果精度要求更高，还包括光整加工等阶段。

（2）基准面先行。用作精基准的表面应先加工。任何零件的加工过程总是先对定位基准进行粗加工和精加工。例如，轴类零件总是先加工中心孔，再以中心孔为精基准加工外圆和端面；箱体类零件总是先加工定位用的平面及两个定位孔，再以平面和定位孔为精基准加工孔系和其他平面。

（3）先面后孔。对于箱体、支架等零件，平面尺寸轮廓较大，用平面定位比较稳定，而且孔的深度尺寸又是以平面为基准的，故应先加工平面，然后加工孔。

（4）先主后次。即先加工主要表面，然后加工次要表面。

四、选择夹具与零件的装夹方法

1. 定位基准的选择

选择定位基准时，应注意减少装夹次数，尽量做到在一次安装中能把零件上所有待加工表面都加工出来。应多选择工件上不需数控铣削的平面和孔做定位基准。对薄板件，选择的定位基准应有利于提高工件的刚性，以减小切削变形。定位基准应尽量与设计基准重合，以减少定位误差对尺寸精度的影响。

2. 数控铣床常用夹具

数控铣床应尽量采用组合夹具和标准化通用夹具。单件小批量生产零件的常用夹具是机用虎钳和压铁，这两种夹具适用范围广、应用灵活、开放性好，缺点是装夹调整比较费时，但在数控铣床上因工序比较集中，该缺点不是十分明显。当工件批量较大、精度要求较高时，为了平衡生产节拍，可以设计专用夹具，但结构应尽可能简单。

3. 零件装夹方法

数控铣床加工零件时的装夹方法要考虑以下几点：

（1）零件定位、夹紧的部位应不妨碍各部位的加工、刀具更换以及重要部位的测量，尤其要避免刀具与工件、夹具及机床部件相撞。

（2）夹紧力尽量通过或靠近主要支承点或在支承点所组成的三角形内，尽量靠近切削部位并在工件刚性较好的地方，不要作用在被加工的孔径上，以减少零件变形。

（3）零件的重复装夹、定位一致性要好，以减少对刀时间，提高零件加工的一致性。

五、确定加工工艺路线

加工路线是数控机床在加工过程中刀具中心的运动轨迹和方向。编写加工程序主要在于编写刀具的运动轨迹和方向。在确定加工工艺路线之前，要确定加工方案。

1. 数控铣削加工方案的选择

（1）平面轮廓的加工方法。这类零件的表面多由直线和圆弧或各种曲线构成，通常采用三坐标数控铣床进行两轴半坐标加工。图 12-1 所示为由直线和圆弧构成的平面轮廓 $ABCDEA$，采用刀具半径为 R 的立铣刀沿周向加工，双点划线 $A'B'C'D'E'A'$ 为刀具中心的运动轨迹。为保证加工面光滑，刀具沿 PA' 切入，沿 $A'K$ 切出，让刀沿 KL 及 LP 返回程序起点。在编程时应尽量避免切入和进给中途停顿，以防止在零件表面留下划痕。

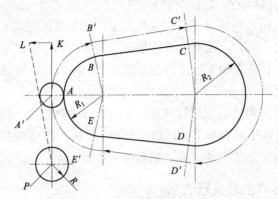

图 12-1　平面轮廓的铣削加工方法

（2）固定斜角平面的加工方法。固定斜角平面是与水平面成一固定夹角的斜面，常用的加工方法如下：

1）当零件尺寸不大时，可用斜垫板垫平后加工；如果机床主轴可以摆角，则可以摆成适当的定角，用不同的刀具来加工（见图 12-2）。当零件尺寸很大，斜面斜度又较小时，常用行切法加工，但加工后会在加工面上留下残留面积，需要用钳修方法加以清除，用三坐标数控立铣加工飞机整体壁板零件时常用此法。当然，加工斜面的最佳方法是采用五坐标数控铣床，主轴摆角后加工，可以不留残留面积。

2）对于正圆台和斜筋表面，一般可用专用的角度成形铣刀加工，其效果比采用五坐标数控铣床摆角加工好。

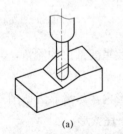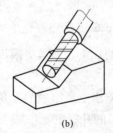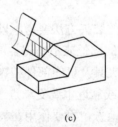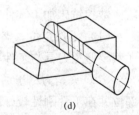

(a)　　　　(b)　　　　(c)　　　　(d)

图 12-2　主轴摆角加工固定斜面
（a）主轴垂直端刃加工；（b）主轴摆角后侧刃加工；（c）主轴摆角后端刃加工；（d）主轴水平侧刃加工

（3）变斜角面的加工。常用的加工方法如下：

1）对曲率变化较大的变斜角面，用四坐标联动加工难以满足加工要求，最好用 x、y、z、A 和 B（或 C 轴）的五坐标联动数控铣床，以圆弧插补方式摆角加工，如图 12-3（a）所示。图中夹角 A 和 B 分别是零件斜面母线与 z 坐标轴夹角 α 在 zOy 平面上和 xOy 平面上的分夹角。

2）对曲率变化较小的变斜角面，选用 x、y、z 和 A 的四坐标联动的数控铣床，采用立铣刀（但当零件斜角过大、超过机床主轴摆角范围时，可用角度成形铣刀加以弥补）以插补方式摆角加工，如图 12-3（b）所示。加工时，为保证刀具与零件型面在全长上始终贴合，刀具绕 A 轴摆动角度 α。

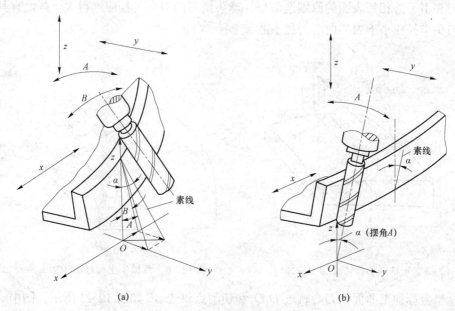

(a)　　　　　　　　　　(b)

图 12-3　四、五坐标数控铣床加工零件变斜角面
（a）曲率变化较大；（b）曲率变化较小

3）采用三坐标数控铣床进行两坐标联动，利用球头铣刀和鼓形铣刀，以直线或圆弧插补方式进行分层铣削加工，加工后的残留面积用钳修方法清除。图 12-4 所示是用鼓形铣刀铣削变斜角面的情形。由于鼓形铣刀的鼓径可以做得比球头铣刀的球径大，所以加工后的残留面积高度小，加工效果比球头铣刀好。

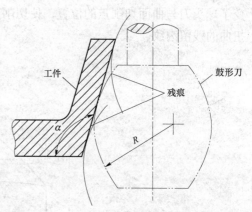

图 12-4　用鼓形铣刀分层铣削加工变斜角面

（4）曲面轮廓的加工方法。立体曲面的加工应根据曲面形状、刀具形状（球状、柱状、端齿）以及精度要求采用不同的铣削方法，如两轴半、三轴、四轴、五轴等联动加工。

1）对曲率变化较大和精度要求较高的曲面的精加工，常用 x、y、z 三坐标联动插补的行切法加工。如图 12-5 所示，P_{yz} 平面为平行于坐标平面的一个行切面，它与曲面的交线为 ab。由于是三坐标联动，球头刀与曲面的切削点始终处在平面曲线 ab 上，从而可获得较规则的残留沟纹，但这时的刀心轨迹 O_1O_2 不在 P_{yz} 平面上，而是一条空间曲线。

2）对曲率变化不大和精度要求不高的曲面的粗加工，常用两轴半坐标的行切法加工，即 x、y、z 三轴中任意两轴做联动插补，第三轴做单独的周期进给。如图 12-6 所示，将 x

向分成若干段，球头铣刀沿 yz 面所截的曲线进行铣削，每一段加工完后进给Δx，再加工另一相邻曲线，如此依次切削即可加工出整个曲面。在行切法中，要根据轮廓表面粗糙度的要求及刀头不干涉相邻表面的原则选取Δx。球头铣刀的刀头半径应选得大一些，有利于散热，但刀头半径应小于内凹曲面的最小曲率半径。

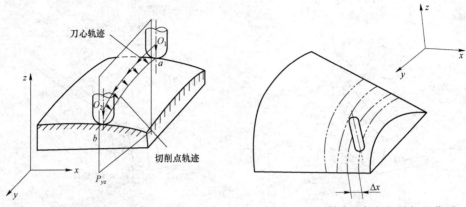

图 12-5　三轴联动行切法加工曲面　　　　图 12-6　两轴半坐标行切法加工曲面

两轴半坐标加工曲面的刀心轨迹 O_1O_2 和切削点轨迹 ab 如图 12-7 所示。图中 $ABCD$ 为被加工曲面，P_{yz} 平面为平行于 yz 坐标平面的一个行切面，刀心轨迹 O_1O_2 为曲面 $ABCD$ 的等距面 $IJKL$ 与行切面 P_{yz} 的交线，显然 O_1O_2 是一条平面曲线。由于曲面的曲率变化，改变了球头刀与曲面切削点的位置，使切削点的连线成为一条空间曲线，从而在曲面上形成扭曲的残留沟纹。

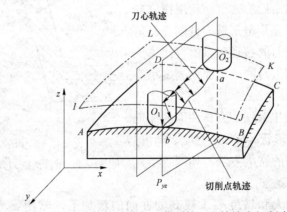

图 12-7　两轴半坐标行切法加工曲面的刀心轨迹和切削点轨迹

3）对叶轮、螺旋桨之类的零件，因其叶片形状复杂，刀具容易与相邻表面干涉，常用五坐标联动加工，其加工原理如图 12-8 所示。半径为 R_i 的圆柱面与叶面的交线 AB 为螺旋线的一部分，螺旋角为 ψ_i，叶片的径向叶形线（轴向割线）EF 的倾角 α 为后倾角，螺旋线 AB 用极坐标加工方法，并且以折线段逼近。逼近段 mn 是由 C 坐标旋转$\Delta\theta$ 与 z 坐标位移Δz 的合成。当 AB 加工完后，刀具径向位移Δx（改变 R_i），再加工相邻的另一条叶形线，依次加工即可形成整个叶面。由于叶面的曲率半径较大，所以常采用立铣刀加工，以提高生产率并简化程序。为保证铣刀端面始终与曲面贴合，铣刀还应做由坐标 A 和坐标 B 形成的 θ_1 和 α_1 的摆角运动。在摆角的同时，还应做直角坐标的附加运动，以保证铣刀端面中心始终位于编程值所规定的位置上，所以需要五坐标加工。这种加工的编程计算相当复杂，一般采用自动编程。

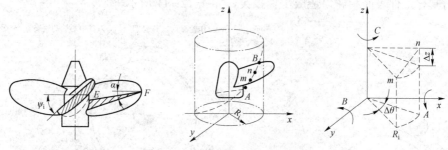

图 12-8　曲面的五坐标联动加工

2. 进给路线的确定

数控铣削加工中进给路线对零件的加工精度和表面质量有直接的影响。进给路线的确定与被加工工件的材料、余量、刚度、加工精度要求、表面粗糙度要求，机床的类型、刚度、精度，夹具的刚度，刀具的状态、刚度、耐用度等因素有关。合理的进给路线，是指能保证零件加工精度、表面粗糙度要求，数值计算简单，程序段少，编程量小，进给路线最短，空行程最少的高效率路线。下面针对铣削方式和常见的几种轮廓形式来分析进给路线。

（1）顺铣和逆铣的选择。铣削有顺铣和逆铣两种方式，如图 12-9 所示。当工件表面无硬皮，机床进给机构无间隙时，应选用顺铣，按照顺铣安排进给路线。因为采用顺铣加工后，零件已加工表面质量好，刀齿磨损小。精铣时，尤其是被加工的零件材料为铝镁合金、钛合金或耐热合金时，应尽量采用顺铣。当工件表面有硬皮，机床的进给机构有间隙时，应选用逆铣，按照逆铣安排进给路线。因为逆铣时，刀齿是从已加工表面切入，不会崩刀，且机床进给机构的间隙不会引起振动和爬行。

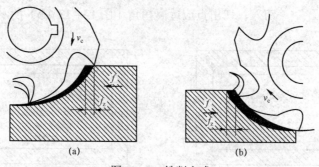

图 12-9　铣削方式
（a）顺铣；（b）逆铣

（2）铣削外轮廓的进给路线。铣削外轮廓的不同进给路线如下：

1）铣削平面零件外轮廓时，一般采用立铣刀侧刃切削。刀具切入工件时，应避免沿零件外轮廓的法向切入，而应沿切削起始点的延伸线逐渐切入工件，以保证零件曲线的平滑过渡；同理，在切离工件时，也应避免在切削终点处直接抬刀，而应沿着切削终点延伸线逐渐切离工件，如图 12-10 所示。

2）当用圆弧插补方式铣削外整圆时，要安排刀具从切向进入圆周铣削加工，当整圆加工完毕后，不要在切点处直接退刀，而应让刀具沿切线方向多运动一段距离，以免取消刀补时，刀具与工件表面相碰，造成工件报废，如图 12-11 所示。

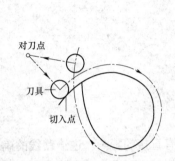

图 12-10　平面零件外轮廓加工刀具的切入和切出

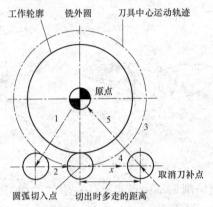

图 12-11　用圆弧插补方式铣削外整圆时刀具的切入和切出

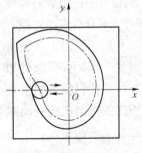

图 12-12　内轮廓加工刀具的切入和切出

（3）铣削内轮廓的进给路线。铣削内轮廓的不同进给路线如下：

1）铣削封闭的内轮廓表面时，同铣削外轮廓一样，刀具同样不能沿轮廓曲线的法向切入和切出。此时若内轮廓曲线允许外延，则应沿延伸线或切线方向切入、切出。若内轮廓曲线不允许外延（图 12-12 所示），刀具只能沿内轮廓曲线的法向切入、切出，此时刀具的切入、切出点应尽量选在内轮廓曲线两几何元素的交点处。当内部几何元素相切无交点时（图 12-13 所示），为防止刀补取消时在轮廓拐角处留下凹口 [图 12-13（a）]，刀具切入、切出点应远离拐角 [图 12-13（b）所示]。

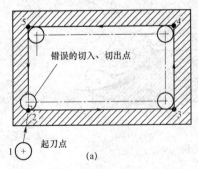
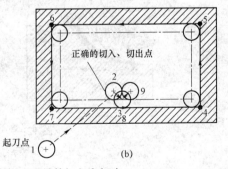

图 12-13　无交点内轮廓加工刀具的切入和切出
（a）刀补取消时在轮廓拐角处留下凹口；（b）刀具切入、切出点应远离拐角

2）当用圆弧插补方式铣削内圆弧时也要遵循从切向切入、切出的原则，最好安排从圆弧过渡到圆弧的加工路线，如图12-14所示，这样可以提高内孔表面的加工精度和加工质量。

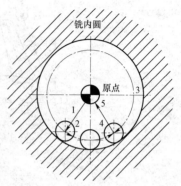

图12-14　用圆弧插补方式铣削内圆弧时刀具的切入和切出

（4）铣削内槽的进给路线。所谓内槽是指以封闭曲线为边界的平底凹槽。内槽加工一律采用平底立铣刀，刀具圆角半径应符合内槽的图纸要求。图12-15所示为加工内槽的三种进给路线，其中图12-15（a）和图12-15（b）分别为用环切法和行切法加工内槽。这两种进给路线的共同点是都能切净内腔中的全部面积，不留死角，不伤轮廓，同时尽量减少重复进给的搭接量。不同点是行切法的进给路线比环切法短，但行切法将在每两次进给的起点与终点间留下残留面积，而达不到所要求的表面粗糙度；用环切法获得的表面粗糙度要好于行切法，但环切法需要逐次向外扩展轮廓线，刀位点计算要稍微复杂一些。采用图12-15（c）所示的进给路线，即先用行切法切去中间部分余量，最后用环切法环切一刀光整轮廓表面，既能使总的进给路线较短，又能获得较好的表面粗糙度。

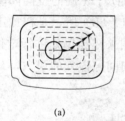

(a)

(b)

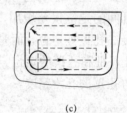

(c)

图12-15　凹槽加工进给路线
（a）环切法；（b）行切法；（c）行切+环切法

（5）铣削曲面轮廓的进给路线。铣削曲面时，常用球头刀采用"行切法"进行加工。所谓行切法，就是刀具与零件轮廓的切点轨迹是一行一行的，而行间的距离是按零件加工精度的要求确定的。

对于边界敞开的曲面，其加工可采用两种加工路线，如图12-16所示。对于发动机的叶片，当采用图12-16（a）所示的加工方案时，每次沿直线加工，刀位点计算简单，程序少，加工过程符合直纹面的形成，可以准确保证母线的直线度；当采用图12-16（b）所示的加工方案时，符合这类零件的数据给出情况，便于加工后的检验，叶形的准确度较高，但程序较多。由于曲面零件的边界是敞开的，没有其他表面限制，所以曲面边界可以延伸，球头刀应由边界外开始加工。当边界不敞开时，确定进给路线要另行处理。

此外，轮廓加工中应避免进给停顿，否则会在轮廓表面留下刀痕；若在被加工表面范围内垂直下刀和抬刀，也会划伤表面。

为提高工件表面的精度和减小粗糙度，可以采用多次进给的方法，精加工余量一般以0.2～0.5mm为宜。

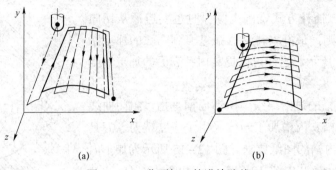

图 12-16 曲面加工的进给路线

(a) 加工方案一；(b) 加工方案二

在生产实际中，应选择工件在加工后变形小的进给路线；对横截面积小的细长零件或薄板零件，应采用多次进给加工达到最后尺寸，或采用对称去余量法安排进给路线。

（6）孔系加工的进给路线。孔系加工的不同进给路线如下：

1）加工位置精度要求较高的孔系。加工位置精度要求较高的孔系时，镗孔路线安排不当就有可能把某坐标轴上的传动反向间隙带入，直接影响孔的位置精度。图 12-17 所示是在一个零件上精镗 4 个孔的两种加工路线示意图。从图 12-17（a）中不难看出，刀具从孔Ⅲ向孔Ⅳ运动的方向与从孔Ⅰ向孔Ⅱ运动的方向相反，x 向的反向间隙会使孔Ⅳ与孔Ⅲ间的定位误差增加，从而影响位置精度。图 12-17（b）所示是在加工完孔Ⅲ后不直接在孔Ⅳ处定位，而是多运动了一段距离，然后折回来在孔Ⅳ处进行定位，这样孔Ⅰ、Ⅱ、Ⅲ和孔Ⅳ的定位方向是一致的，就可以避免反向间隙误差的引入，从而提高了孔Ⅲ与孔Ⅳ的孔距精度。

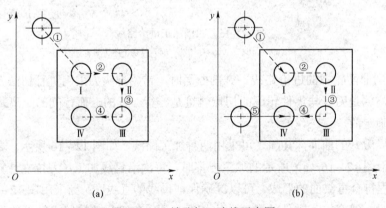

图 12-17 镗孔加工路线示意图

(a) 不合理的加工路线；(b) 合理的加工路线

2）加工孔数量较多的孔系。加工孔数量较多的孔系时，应使进给路线最短，减少刀具空行程时间，提高加工效率。图 12-18 所示为正确选择钻孔加工路线的例子。按照一般习惯，总是先加工均布于同一圆周上的八个孔，再加工另一圆周上的孔 [见图 12-18（a）]。但是对点位控制的数控机床而言，要求定位精度高，定位过程尽可能快，因此这类机床应按空行程最短的原则来安排进给路线 [见图 12-18（b）]，以节省加工时间。

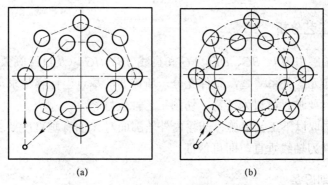

图 12-18 最短加工路线选择

（a）一般习惯下的进给路线；（b）按空行程最短来安排进给路线

任务二 编 制 工 艺

图 12-19 所示为槽形凸轮零件，在铣削加工前，该零件是一个经过加工的圆盘，圆盘直径为 $\phi 280mm$，带有两个基准孔 $\phi 35mm$ 及 $\phi 12mm$。$\phi 35mm$ 及 $\phi 12mm$ 为两个定位孔。凸轮零件的底面在图 12-19 中已标注为 X 面，该面已在前面加工完毕，本工序是在铣床上加工槽。该零件的材料为 HT200，试编制其加工工艺。

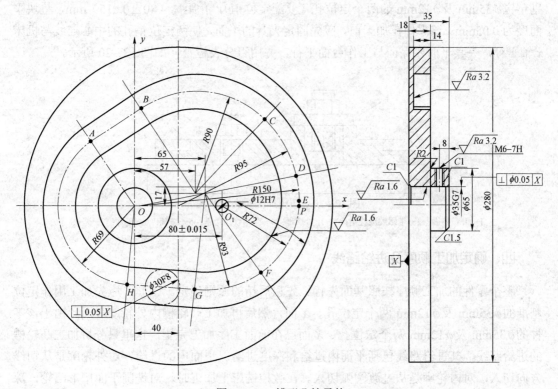

图 12-19 槽形凸轮零件

一、零件图工艺分析

该零件凸轮轮廓由 *HA*、*BC*、*DE*、*FG* 和直线 *AB*、*HG* 以及过渡圆弧 *CD*、*EF* 所组成。组成轮廓的各几何元素关系清楚，条件充分，所需要的基点坐标容易求得。凸轮内外轮廓面对 *X* 面有垂直度要求；材料为铸铁，切削工艺性较好。

根据分析，采取以下工艺措施：凸轮内外轮廓面对 *X* 面有垂直度要求，只要提高装夹精度，使 *X* 面与铣刀轴线垂直，即可保证。

二、选择铣削设备

平面凸轮的数控铣削，一般采用两轴以上联动的数控铣床，因此首先要考虑的是零件的外形尺寸和质量，使其在机床的允许范围内；其次考虑数控机床的精度是否能满足凸轮的设计要求；最后凸轮的最大圆弧半径应在数控系统允许的范围内。根据以上三条即可确定所要使用的数控机床为两轴以上联动的数控铣床。

三、确定零件的定位基准和装夹方式

（1）定位基准。采用"一面两孔"定位，即用圆盘 *X* 面和两个基准孔作为定位基准。

（2）装夹方式。根据工件特点，用一块 320mm×320mm×40mm 的垫块，在垫块上分别精镗 ϕ35mm 及 ϕ12mm 的两个定位孔（要配定位销），孔距离（80±0.015）mm，垫块平面度为 0.05mm。该零件在加工前，应先固定夹具的平面，使两定位销孔的中心连线与机床 *x* 轴平行，夹具平面要保证与工作台面平行，并用百分表检查，如图 12-20 所示。

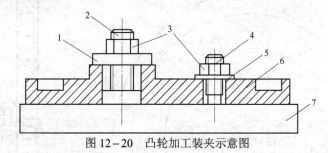

图 12-20　凸轮加工装夹示意图

1—开口垫圈；2—带螺纹圆柱销；3—压紧螺母；4—带螺纹削边销；5—垫圈；6—工件；7—垫块

四、确定加工顺序及进给路线

整个零件的加工顺序按照基面先行、先粗后精的原则确定。因此，应先加工用作定位基准的 ϕ35mm 及 ϕ12mm 两个定位孔、*X* 面，然后再加工凸轮槽内外轮廓表面。由于该零件的 ϕ35mm 及 ϕ12mm 两个定位孔、*X* 面已在前面工序加工完毕，这里只分析加工凸轮槽的进给路线，其进给路线包括平面内进给和深度进给。平面内的进给，对外轮廓是从切线方向切入，对内轮廓是从过渡圆弧切入。在数控铣床上加工时，对铣削平面槽形凸轮，深度进给有两种方法：一种是在 *xz*（或 *yz*）平面内来回铣削逐渐进刀到既定深度；另一种是先打一个工艺孔，然后从工艺孔进刀至既定深度。

进刀点选在 P（150，0）点，刀具往返铣削，逐渐加深铣削深度，当达到要求深度后，刀具在 xy 平面内运动，铣削凸轮轮廓。为了保证凸轮的轮廓表面有较高的表面质量，采用顺铣方式，即从 P 点开始，对外轮廓按顺时针方向铣削，对内轮廓按逆时针方向铣削。

五、刀具的选择

根据零件的结构特点，铣削凸轮槽内、外轮廓（即凸轮槽两侧面）时，铣刀直径受槽宽限制，同时考虑铸铁属于一般材料，加工性能较好，选用 $\phi18$mm 硬质合金立铣刀，见表 12-1。

表 12-1　　　　　数 控 加 工 刀 具 卡 片

产品名称或代号		×××		零件名称	槽形凸轮	零件图号	×××
序号	刀具号	刀具规格名称	数量		加工表面		备注
1	T01	$\phi18$mm 硬质合金立铣刀	1		粗铣凸轮槽内、外轮廓		
2	T02	$\phi18$mm 硬质合金立铣刀	2		精铣凸轮槽内、外轮廓		
编制	×××	审核	×××	批准	×××	年　月　日　　共　页	第　页

六、切削用量的选择

凸轮槽内、外轮廓精加工时留 0.2mm 铣削量，确定主轴转速与进给速度时，先查阅切削用量手册，确定切削速度与每齿进给量，然后利用公式 $v_c = \pi dn/1000$ 计算主轴转速 n，利用 $v_f = nZf_z$ 计算进给速度。

七、填写数控加工工序卡片

数控加工工序卡片见表 12-2。

表 12-2　　　　　数 控 加 工 工 序 卡 片

单位名称		×××	产品名称或代号		零件名称		零件图号	
			×××		槽形凸轮		×××	
工序号		程序编号	夹具名称		使用设备		车间	
×××		×××	螺旋压板		XK5025		数控中心	
工步号	工步内容		刀具号	刀具规格/mm	主轴转速/（r/min）	进给速度/（mm/min）	背吃刀量/mm	备注
1	来回铣削，逐渐加深铣削深度		T01	$\phi18$	800	60		分两层铣削
2	粗铣凸轮槽内轮廓		T01	$\phi18$	700	60		
3	粗铣凸轮槽外轮廓		T01	$\phi18$	700	60		
4	精铣凸轮槽内轮廓		T02	$\phi18$	1000	100		
5	精铣凸轮槽外轮廓		T02	$\phi18$	1000	100		
编制	×××	审核	×××	批准	×××	年　月　日	共　页	第　页

任务三　项目训练：凸台零件数控铣削加工工艺制定

一、实训目的与要求

（1）学会凸台零件数控铣削加工工艺的制定方法。

（2）熟悉数控铣削加工工艺的制定流程。

二、实训内容

编制如图 12-21 所示凸台零件的数控铣削加工工艺，材料为 45 钢。

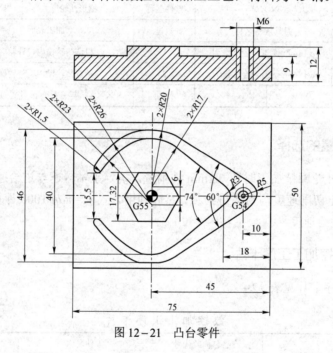

图 12-21　凸台零件

项目 十三

编制盘类零件加工工艺

任务一 学习孔加工知识

一、孔加工及其技术要求

孔加工是最常见的零件结构加工类型之一，是制造工艺中的重要组成部分。孔加工工艺内容广泛，包括使用标准中心钻、点钻和标准钻钻削、扩孔、铰孔、攻丝、镗孔、成组刀具钻孔、锪孔等孔加工工艺方法。

在加工单件产品或模具上某些孔径不常出现的孔时，为节约定型刀具成本，常利用铣刀进行铣削加工。铣孔也适合于加工尺寸较大的孔，对于高精度机床，铣孔可以代替铰削或镗削。

孔加工可在 CNC 铣床和加工中心上完成。在 CNC 铣床和加工中心上加工孔时，孔的形状和直径由刀具选择来控制，孔的位置和加工深度则由程序来控制。

圆柱孔在整个机械零件中起着支承、定位和保持装配精度的重要作用，因此对圆柱孔有一定的技术要求。孔加工的主要技术要求有如下几个方面：

（1）尺寸精度。配合孔的尺寸精度要求控制在 IT6～IT8，精度要求较低的孔一般控制在 IT11。

（2）形状精度。孔的形状精度主要是指圆度、圆柱度及孔轴心线的直线度，一般应控制在孔径公差以内，对于精度要求较高的孔，其形状精度应控制在孔径公差的 1/2～1/3。

（3）位置精度。一般有各孔距间误差、各孔的轴心线对端面的垂直度和平行度等要求。

（4）表面粗糙度。孔的表面粗糙度要求一般在 $Ra12.5～0.4\mu m$。

加工一个精度要求不高的孔很简单，往往只需一把刀具一次切削即可完成；对精度要求高的孔则需要几把刀具多次加工才能完成。

二、钻孔

1. 钻孔的特点

钻孔是用钻头在工件实体材料上加工孔的方法。麻花钻是钻孔最常用的刀具，一般用高速钢制造。钻孔精度一般可达到 IT10～11 级，表面粗糙度为 $Ra50～12.5\mu m$，钻孔直径范围为 0.1～100.0mm，钻孔深度变化范围也很大。钻孔广泛应用于孔的粗加工，也可作为不重要孔的最终加工。

2. 钻孔刀具及其选择

钻孔刀具较多，有普通麻花钻、可转位浅孔钻及扁钻等，应根据工件材料、加工尺寸及加工质量要求等合理选用。在数控铣床上钻孔，大多是采用普通麻花钻。麻花钻有高速钢麻花钻和硬质合金麻花钻两种。麻花钻的组成如图 13-1 所示，它主要由工作部分和柄部组成。

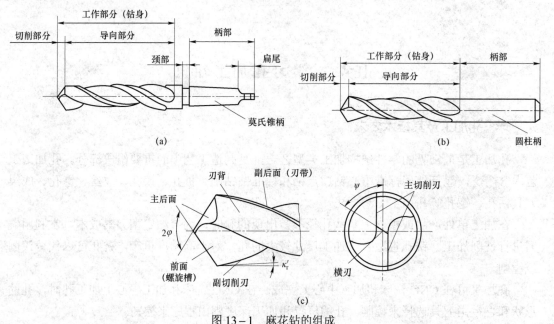

图 13-1　麻花钻的组成
(a) 莫氏锥柄麻花钻；(b) 圆柱柄麻花钻；(c) 数控铣床用麻花钻

麻花钻工作部分包括切削部分和导向部分。麻花钻的切削部分有两个主切削刃、两个副切削刃和一个横刃。两个螺旋槽是切屑流经的表面，为前面；与工件过渡表面（即孔底）相对的端部两曲面为主后面；与工件已加工表面（即孔壁）相对的两条刃带为副后面。前面与主后面的交线为主切削刃，前面与副后面的交线为副切削刃，两个主后面的交线为横刃。横刃与主切削刃在端面上投影之间的夹角称为横刃斜角，横刃斜角 $\Psi = 50° \sim 55°$；主切削刃上各点的前角、后角是变化的，外缘处前角约为 30°，钻心处前角接近 0°，甚至是负值；两条主切削刃在与其平行的平面内的投影之间的夹角为顶角，标准麻花钻的顶角 $2\varphi = 118°$。麻花钻的导向部分起导向、修光、排屑和输送切削液的作用，也是切削部分的后备。

根据柄部不同，麻花钻有莫氏锥孔和圆柱柄两种。直径为 8~80mm 的麻花钻多为莫氏锥柄，可直接装在带有莫氏锥孔的刀柄内，刀具长度不能调节；直径为 0.1~20.0mm 的麻花钻多为圆柱柄，可装在钻夹头刀柄上。中等尺寸的麻花钻两种形式均可选用。

麻花钻有标准型和加长型两种，为了提高钻头刚性，应尽量选用较短的钻头，但麻花钻的工作部分应大于孔深，以便排屑和输送切削液。

在数控铣床上钻孔，因无夹具钻模导向，受两切削刃上切削力不对称的影响，容易引起钻孔偏斜，故要求钻头的两切削刃必须有较高的刃磨精度（两刃长度一致，顶角 2φ 对称于钻头中心线）。

钻削直径在 20～60mm、孔的深径比小于等于 3 的中等浅孔时，可选用图 13-2 所示的可转位浅孔钻，其结构是在带排屑槽及内冷却通道钻体的头部装一组刀片（多为凸多边形、菱形和四边形），多采用深孔刀片。靠近钻心的刀片用韧性较好的材料，靠近钻头外径的刀片选用较为耐磨的材料，这种钻头具有切削效率高、加工质量好的特点，最适于箱体零件的钻孔加工。为了提高刀具的使用寿命，可以在刀片上涂镀碳化钛涂层。使用这种钻头钻箱体孔，比普通麻花钻可提高效率 4～6 倍。

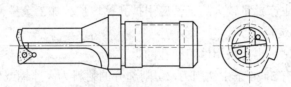

图 13-2　可转位浅孔钻

钻削大直径孔时，可采用刚性较好的硬质合金扁钻。扁钻切削部分磨成一个扁平体，主切削刃磨出顶角与后角并形成横刃，副切削刃磨出后角与副偏角并控制钻孔的直径。扁钻没有螺旋槽，制造简单，成本低，其结构与参数如图 13-3 所示。

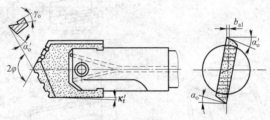

图 13-3　扁钻的结构与参数

3. 选择钻削用量的原则

在实体上钻孔时，背吃刀量由钻头直径确定，所以只需选择切削速度和进给量。

对钻孔生产率的影响，切削速度和进给量是相同的；对钻头寿命的影响，切削速度比进给量大；对孔粗糙度的影响，进给量比切削速度大。综合以上的影响因素，钻孔时选择切削用量的基本原则是：在保证表面粗糙度的前提下，在工艺系统强度和刚度的承受范围内，尽量先选较大的进给量，然后考虑刀具耐用度、机床功率等因素选用较大的切削速度。

（1）切削深度的选择。直径小于 30mm 的孔一次钻出；直径为 30～80mm 的孔可分为两次钻削，先用（0.5～0.7）D 的钻头钻底孔（D 为要求的孔径），然后用直径为 D 的钻头将孔扩大，这样可减小切削深度和工艺系统轴向受力，并有利于提高钻孔加工质量。

（2）进给量的选择。孔的精度要求较高和粗糙度值要求较小时，应取较小的进给量；钻孔较深、钻头较长、刚度和强度较差时，也应取较小的进给量。

（3）钻削速度的选择。当钻头的直径和进给量确定后，钻削速度应按钻头的寿命选取合理的数值，孔深较大时，钻削条件差，应取较小的切削速度。

三、扩孔

1. 扩孔的特点

扩孔是用扩孔钻对工件上已有的孔进行扩大加工。扩孔钻有 3～4 个主切削刃，没有横刃，刚性及导向性好。扩孔加工精度一般可达到 IT9～IT10 级，表面粗糙度为 Ra6.3～3.2μm。扩孔常用于已铸出、锻出或钻出孔的扩大，可作为精度要求不高孔的最终加工或铰孔、磨孔前的预加工，常用于直径在 10～100mm 范围内的孔加工。一般工件的扩孔使用麻花钻，对于精度要求较高或生产批量较大的工件应用扩孔钻，扩孔加工余量为 0.4～0.5mm。

2. 扩孔刀具及其选择

扩孔多采用扩孔钻，也有采用镗刀扩孔的。

标准扩孔钻一般有 3～4 条主切削刃，切削部分的材料为高速钢或硬质合金，结构形式有直柄式、锥柄式和套式等。图 13-4（a）、（b）、（c）所示分别为锥柄式高速钢扩孔钻、套式高速钢扩孔钻和套式硬质合金扩孔钻。在小批量生产时，常用麻花钻扩孔。

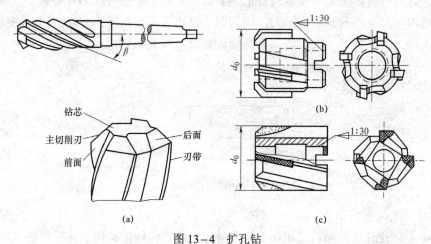

图 13-4　扩孔钻

（a）锥柄式高速钢扩孔钻；（b）套式高速钢扩孔钻；（c）套式硬质合金扩孔钻

扩孔直径较小时，可选用直柄式扩孔钻；扩孔直径中等时，可选用锥柄式扩孔钻；扩孔直径较大时，可选用套式扩孔钻。

扩孔钻的加工余量较小，主切削刃较短，因而容屑槽浅，刀体的强度和刚度较好。它无麻花钻的横刃，加之刀齿多，所以导向性好，切削平稳，加工质量和生产率都比麻花钻高。

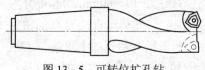

图 13-5　可转位扩孔钻

扩孔直径在 20～60mm 之间，且机床刚性好、功率大时，可选用图 13-5 所示的可转位扩孔钻。这种扩孔钻的两个可转位刀片的外刃位于同一个外圆直径上，并且刀片径向可做微量（±0.1mm）调整，以控制扩孔直径。

3. 扩孔余量与切削用量

扩孔的余量一般为孔径的 1/8 左右，对于小于 ϕ25mm 的孔，扩孔余量为 1～3mm，较大的孔为 3～9mm。扩孔时的进给量大小主要受表面质量要求的限制，切削速度受刀具耐用度的限制。

四、锪孔

1. 锪孔的特点

锪孔是指用锪钻或锪刀刮平孔的端面或切出沉孔的加工方法，通常用于加工沉头螺钉的沉头孔、锥孔、小凸台面等。锪孔时切削速度不宜过高，以免产生径向振纹或出现多棱形等质量问题。

2. 锪孔刀具

锪孔通常用锪钻，锪钻一般分柱形锪钻、锥形锪钻和端面锪钻 3 种。

（1）柱形锪钻。锪圆柱形埋头孔的锪钻称为柱形锪钻，如图 13-6（a）所示。柱形锪钻起主要切削作用的是端面刀刃，螺旋槽的斜角就是它的前角（$\gamma_o = \beta_o = 15°$），后角 $\alpha_o = 8°$。锪钻前端有导柱，导柱直径与工件已有孔为紧密的间隙配合，以保证良好的定心和导向。一般导柱是可拆的，也可以把导柱和锪钻做成一体。

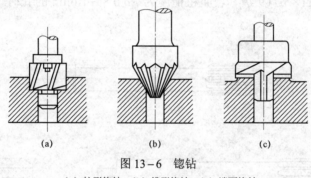

图 13-6　锪钻

（a）柱形锪钻；（b）锥形锪钻；（c）端面锪钻

（2）锥形锪钻。锪锥形埋头孔的锪钻称为锥形锪钻，如图 13-6（b）所示。锥形锪钻的锥角按工件锥形埋头孔的要求不同，有 60°、75°、90°、120° 4 种，其中 90° 的用得最多。锥形锪钻直径在 12～60mm 之间，齿数为 4～12 个，前角 $\gamma_o = 0°$，后角 $\alpha_o = 6°～8°$。为了改善钻尖处的容屑条件，每隔一齿将刀刃切去一块。

（3）端面锪钻。专门用来锪平孔口端面的锪钻称为端面锪钻，如图 13-6（c）所示。端面锪钻的端面刀齿为切削刃，前端导柱用来导向定心，以保证孔端面与孔中心线的垂直度。

3. 锪孔注意事项

锪孔时存在的主要问题是所锪的端面或锥面出现振痕，使用麻花钻改制的锪钻，振痕尤其严重。为此在锪孔时应注意以下事项：

（1）锪孔时，进给量为钻孔的 2～3 倍，切削速度为钻孔的 1/3～1/2。精锪时，往往用更小的主轴转速来锪孔，以减少振动而获得光滑表面。

（2）尽量选用较短的钻头来改磨锪钻，并注意修磨前面，减小前角，以防止扎刀和振动；还应选用较小后角，防止多角形。

（3）锪钢件时，因切削热量大，应在导柱和切削表面加切削液。

五、铰孔

1. 铰孔的特点

铰孔是利用铰刀从工件孔壁上切除微量金属层，以提高其尺寸精度和表面粗糙度值的加工方法。铰孔精度等级可达到 IT7～IT8 级，表面粗糙度为 $Ra1.6～0.8\mu m$，适用于孔的半精加工及精加工。铰刀是定尺寸刀具，有 6～12 个切削刃，刚性和导向性比扩孔钻更好，适于加工中小直径孔。铰孔之前，工件应经过钻孔、扩孔等加工。

2. 铰孔刀具及其选择

加工中心上使用的铰刀多是通用标准铰刀。此外，还有机械夹固式硬质合金刀片单刃铰刀和浮动铰刀等。

通用标准铰刀如图 13-7 所示，有直柄、锥柄和套式三种。直柄铰刀直径为 6～20mm，小孔直柄铰刀直径为 1～6mm，锥柄铰刀直径为 10～32mm，套式铰刀直径为 25～80mm。在加工精度要求为 IT8～IT9 级、表面粗糙度为 $Ra 0.8～1.6\mu m$ 的孔时，多选用通用标准铰刀。

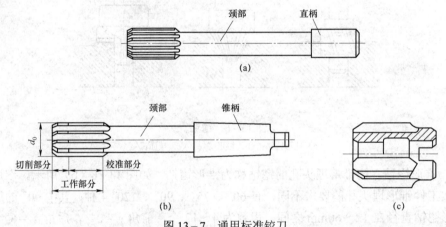

图 13-7   通用标准铰刀

（a）直柄机用铰刀；（b）锥柄机用铰刀；（c）套式机用铰刀

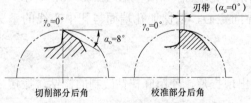

图 13-8   切削、校准部分几何角度

铰刀工作部分包括切削部分与校准部分，其几何角度见图 13-8。切削部分为锥形，担负主要切削工作。切削部分的主偏角为 5°～15°，前角一般为 0°，后角一般为 5°～8°。校准部分的作用是校正孔径、修光孔壁和导向。为此，这部分带有很窄的刃带（$\gamma_o=0°$，$\alpha_o=0°$）。校准部分包括圆柱部分和倒锥部分。圆柱部分保证铰刀直径和便于测量，倒锥部分可减少铰刀与孔壁的摩擦和减小孔径扩大量。

标准铰刀有 4～12 齿。铰刀的齿数除了与铰刀直径有关外，主要根据加工精度的要求选择。齿数对加工表面粗糙度的影响并不大。齿数过多，刀具的制造、重磨都比较麻烦，而且会因齿间容屑槽减小而造成切屑堵塞和划伤孔壁以致使铰刀折断的后果。齿数过少，则铰削时的稳定性差，刀齿的切削负荷增大，且容易产生几何形状误差。铰刀齿数可参考表 13-1 进行选择。

表 13-1　　　　　　　　　　　铰刀齿数的选择

	铰刀直径/mm	1.5～3.0	3～14	14～40	>40
齿数	一般加工精度	4	4	6	8
	高加工精度	4	6	8	10～12

加工 IT5～IT7 级、表面粗糙度为 Ra 0.7μm 的孔时，可采用机械夹固式硬质合金刀片的单刃铰刀。这种铰刀的结构如图 13-9 所示，刀片 3 通过楔套 4 用螺钉 1 固定在刀体上，通过螺钉 7、销子 6 可调节铰刀尺寸，导向块 2 可采用黏结和铜焊固定。机械夹固式单刃铰刀应有很高的刃磨质量。因为精密铰削时，半径上的铰削余量是在 10μm 以下，所以刀片的切削刃口要磨得异常锋利。

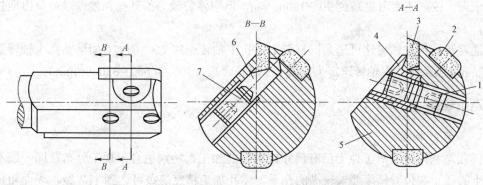

图 13-9　机械夹固式硬质合金单刃铰刀的结构
1、7—螺钉；2—导向块；3—刀片；4—楔套；5—刀体；6—销子

3. 铰削用量的选择

（1）铰削余量。铰削余量是留作铰削加工的切深的大小。一方面，通常铰孔余量比扩孔或镗孔的余量要小，铰削余量太大会增大切削压力而损坏铰刀，导致加工表面粗糙度很差。余量过大时可采取粗铰和精铰分开的方式进行，以保证技术要求。另一方面，如果毛坯余量太小会使铰刀过早磨损，不能正常切削，也会使表面粗糙度差。一般铰削余量为 0.10～0.25mm，对于较大直径的孔，余量不能大于 0.3mm。有一种经验建议留出铰刀直径 1%～3% 大小的厚度作为铰削余量（直径值），如 φ20mm 的铰刀加 φ19.6mm 左右的孔直径比较合适，即：$20-(20×2/100)=19.6$（mm）。

对于硬材料和一些航空材料，铰孔余量通常取得更小。表 13-2 所示为铰孔余量参考值。

表 13－2　　　　　　　　　　铰孔余量（直径值）参考值

孔的直径/mm	＜φ8	φ8～φ20	φ21～φ32	φ33～φ50	φ51～φ70
铰孔余量/mm	0.1～0.2	0.15～0.25	0.2～0.3	0.25～0.35	0.25～0.35

（2）铰孔的进给量。铰孔的进给量比钻孔要大，通常为钻孔的 2～3 倍。取较高进给量的目的是使铰刀切削材料而不是摩擦材料，但铰孔的粗糙度值也会随进给量的增加而增大。

进给量过小时，会导致刀具径向摩擦力增大，铰刀会迅速磨损而引起铰刀颤动，使孔的表面粗糙度增大。

标准高速钢铰刀加工钢件时，要得到表面粗糙度 $Ra0.63\mu m$，则进给量不能超过 0.5mm/r；对于铸铁件，可增加至 0.85mm/r。

（3）铰孔的主轴转速。铰削用量各要素对铰孔的表面粗糙度均有影响，其中以铰削速度影响最大。如果采用高速钢铰刀铰孔，要获得较好的粗糙度 $Ra0.63\mu m$，对中碳钢工件来说，铰削速度不应超过 5m/min，因为此时不易产生积屑瘤，且速度也不高；而铰削铸铁工件时，因切屑断为粒状，不会形成积屑瘤，故速度可以提高到 8～10m/min。如果采用硬质合金铰刀，铰削速度可提高到 90～130m/min，但应修整铰刀的某些角度，以避免出现打刀现象。

通常铰孔的主轴转速可选为同材料上钻孔主轴转速的 2/3。例如，如果钻孔主轴转速为 500r/min，那么铰孔主轴转速定为它的 2/3 比较合理：500×0.660＝330（r/min）。

六、镗孔

1. 镗孔的特点

镗孔是利用镗刀对工件上已有尺寸较大孔的加工，特别适合于加工分布在同一或不同表面上的孔距和位置精度要求较高的孔系。镗孔加工精度等级可达到 IT7 级，表面粗糙度为 $Ra1.6～0.8\mu m$，应用于高精度加工场合。镗孔时，要求镗刀和镗杆必须具有足够的刚性；镗刀夹紧牢固，装卸和调整方便；镗刀具有可靠的断屑和排屑措施，确保切屑顺利折断和排出；精镗孔的余量一般单边小于 0.4mm。

2. 镗孔刀具及其选择

镗孔所用刀具为镗刀。镗刀种类很多，按切削刃数量可分为单刃镗刀和双刃镗刀。

（1）镗削通孔、阶梯孔和盲孔可分别选用图 13－10（a）、（b）、（c）所示的单刃镗刀。单刃镗刀头结构类似车刀，用螺钉装夹在镗杆上。在图 13－10 中，螺钉 1 用于调整尺寸，螺钉 2 起锁紧作用。单刃镗刀刚性差，切削时易引起振动，所以镗刀的主偏角选得较大，以减小径向力。镗铸铁孔或精镗时，一般取 $\kappa_r＝90°$；粗镗钢件孔时，取 $\kappa_r＝60°～75°$，以提高刀具的耐用度。所镗孔径的大小要靠调整刀具的悬伸长度来保证，调整麻烦，效率低，只能用于单件小批量生产。但单刃镗刀结构简单，适应性较广，粗、精加工都适用。

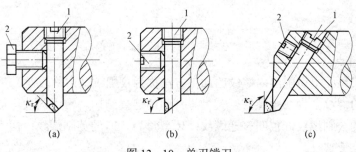

图 13－10　单刃镗刀
（a）镗削通孔；（b）镗削阶梯孔；（c）镗削盲孔
1—调节螺钉；2—紧固螺钉

在孔的精镗中，目前较多地选用精镗微调镗刀。这种镗刀的径向尺寸可以在一定范围内进行微调，调节方便，且精度高，其结构如图 13－11 所示。调整尺寸时，先松开拉紧螺钉 6，然后转动带刻度盘的调整螺母 3，待调至所需尺寸，再拧紧螺钉 6，使用时应保证锥面靠近大端接触（即镗杆 90° 锥孔的角度公差为负值），且与直孔部分同心。键与键槽配合间隙不能太大，否则微调时就不能达到较高的精度。

（2）镗削大直径的孔可选用图 13－12 所示的双刃镗刀。这种镗刀头部可以在较大范围内进行调整，且调整方便，最大镗孔直径可达 1000mm。双刃镗刀的两端有一对对称的切削刃同时参加切削，与单刃镗刀相比，每转进给量可提高一倍左右，生产效率高，同时可以消除切削力对镗杆的影响。

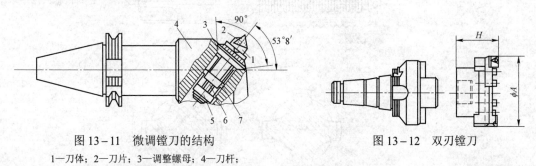

图 13－11　微调镗刀的结构
1—刀体；2—刀片；3—调整螺母；4—刀杆；
5—螺母；6—拉紧螺钉；7—导向键

图 13－12　双刃镗刀

3. 镗削用量的选择

在数控铣床上加工时，总的加工余量要比普通机床上加工时的余量少 20%～40%。加工余量通常是根据实际经验分配到每一个工步中去。例如在镗削加工中，粗镗加工余量占总余量的 70%，半精镗占 20%，最后精镗所剩部分。

进给量是根据刀尖半径和加工表面粗糙度确定的。刀片的选择与所加工零件的材料、硬度以及进给量有关。切削速度的确定与刀具的工作耐用度有关。对每种切削速度和刀具的工作耐用度来说有一个相应的加工费用，相对于费用最少的切削参数就是最优的。

最后要校验所选用的切削用量，如果检验结果满意，就可以认为得到的优化切削用量是可用的。

七、攻丝

1. 攻丝的特点

用丝锥在工件孔中切削出内螺纹的加工方法称为攻螺纹（俗称攻丝）。

攻丝加工的螺纹多为三角螺纹，其为零件间的连接结构。常用的攻丝加工的螺纹有：牙型角为 60° 的公制螺纹，也叫普通螺纹；牙型角为 55° 的英制螺纹；用于管道连接的英制管螺纹和圆锥管螺纹。

攻丝加工的实质是用丝锥进行成形加工，丝锥的牙型、螺距、螺旋槽形状、倒角类型、丝锥的材料、切削的材料和刀套等因素影响着内螺纹孔的加工质量。

2. 丝锥及其选用

丝锥是攻丝并能直接获得螺纹尺寸的刀具，一般由合金工具钢或高速钢制成。丝锥的基本结构如图 13−13 所示，丝锥的形状是一个轴向开槽的外螺纹。丝锥前端切削部分制成圆锥，有锋利的切削刃；中间为导向校正部分，起修光和引导丝锥轴向运动的作用；工具尾部通过夹头和标准锥柄与机床上轴锥孔连接。

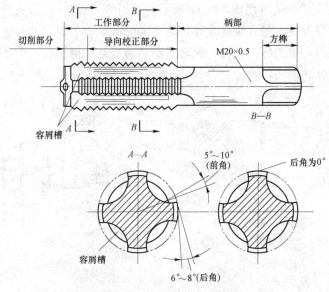

图 13−13　丝锥的基本结构

（1）根据丝锥适用类型的不同，常用的丝锥分为手用丝锥和机用丝锥两种，其中手用丝锥由两支或三支（头锥、二锥和三锥）组成一种规格，机用丝锥每种规格只有一支。

（2）根据丝锥倒角长度的不同，丝锥可分为锥形丝锥、插丝丝锥和平底丝锥。丝锥倒角长度影响 CNC 加工中的编程深度数据。

丝锥的倒角长度可以用螺纹线数来表示，锥形丝锥的常见线数为 8～10，插丝丝锥为 3～5，平底丝锥为 1.0～1.5。各种丝锥的倒角角度也不一样，通常锥形丝锥为 4°～5°，插丝丝锥为 8°～13°，平底丝锥为 25°～35°。

盲孔加工通常需要使用平底丝锥，通孔加工大多数情况下选用插丝丝锥，极少数情况下也使用锥形丝锥。总体说来，倒角越大，钻孔留下的深度间隙就越大。

（3）根据连接刀套的不同，丝锥可分两种类型：刚性丝锥，如图 13-14 所示；浮动丝锥（张力补偿型丝锥），如图 13-15 所示。

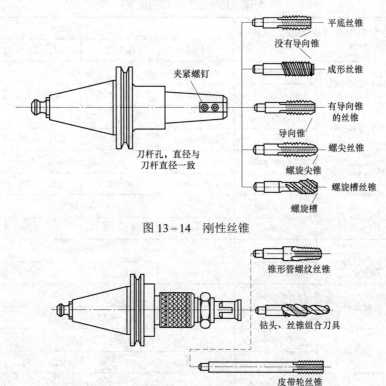

图 13-14　刚性丝锥

图 13-15　浮动丝锥

浮动丝锥刀套的设计给丝锥一个和手动攻丝所需的类似的"感觉"，这种类型的刀套允许丝锥在一定的范围内缩进或伸出，而且浮动刀套的可调扭矩可以改变丝锥的张紧力。使用刚性丝锥则要求 CNC 机床控制器具有同步攻丝功能，攻丝时必须保持丝锥导程和主轴转速之间的同步关系：丝锥每转一周，丝锥沿轴线方向进给一个导程的距离。除非 CNC 机床具有同步运行功能，支持刚性攻丝，否则应选用浮动丝锥，但浮动丝锥较为昂贵。

浮动丝锥攻丝时，可将进给量适当下调 5%，将有更好的攻丝效果，当给定的 z 向进给速度略小于螺旋运动的轴向速度时，锥丝切入孔中几个牙后将被螺旋运动向下引拉到攻丝深度，有利于保护浮动丝锥，一般攻丝刀套的拉伸要比刀套的压缩更为灵活。

八、孔加工的常用切削用量

在孔加工中，切削用量的简易选取法是估算法。如果采用国产硬质合金刀具粗加工，切削速度一般选取 70m/min，进给速度可根据主轴转速和被加工孔径的大小，取每转或每齿 0.1mm 进给量加以换算。如果采用国产硬质合金刀具精加工，切削速度可取 80m/min，进给速度取每转或每齿 0.06~0.08mm 左右，材质好的刀具切削用量还可加大。刀杆细长时，为防止切削中产生振动，切削速度要大大降低。使用高速钢刀具时，切削速度在 20~

25m/min 左右。

表 13-3～表 13-6 所示为推荐的孔加工常用的切削用量，供参考使用。

表 13-3　　　　　　　　　　　　高速钢钻头钻孔的切削用量

工件材料	工件材料牌号或硬度	切削用量	钻头直径 d/mm			
			1～6	6～12	12～22	22～50
铸铁	160～200HBS	v_c/（mm/min）	16～24			
		f/（mm/r）	0.07～0.12	0.12～0.20	0.2～0.4	0.4～0.8
	200～240HBS	v_c/（mm/min）	10～18			
		f/（mm/r）	0.05～0.10	0.10～0.18	0.18～0.25	0.25～0.40
	300～400HBS	v_c/（mm/min）	5～12			
		f/（mm/r）	0.03～0.08	0.08～0.15	0.15～0.20	0.2～0.3
钢	35、45 钢	v_c/（mm/min）	8～25			
		f/（mm/r）	0.05～0.10	0.1～0.2	0.2～0.3	0.30～0.45
	15Cr、20Cr	v_c/（mm/min）	12～30			
		f/（mm/r）	0.05～0.10	0.1～0.2	0.2～0.3	0.30～0.45
	合金钢	v_c/（mm/min）	8～15			
		f/（mm/r）	0.03～0.08	0.08～0.15	0.15～0.25	0.25～0.35
铝	铝合金	v_c/（mm/min）	20～50			
		f/（mm/r）	0.02～0.20	0.1～0.3	0.20～0.35	0.3～1.0
铜	青铜、黄铜	v_c/（mm/min）	60～90			
		f/（mm/r）	0.05～0.10	0.1～0.2	0.20～0.35	0.35～0.75

表 13-4　　　　　　　　　　　　高速钢铰刀铰孔的切削用量

工件材料	切削用量	钻头直径 d/mm				
		6～10	10～15	15～25	25～40	40～60
铸铁	v_c/（mm/min）	2～6				
	f/（mm/r）	0.3～0.5	0.5～1.0	0.8～1.5		1.2～1.8
钢及合金钢	v_c/（mm/min）	1.2～5.0				
	f/（mm/r）	0.3～0.4	0.4～0.5	0.5～0.6		
铜、铝及其合金	v_c/（mm/min）	8～12				
	f/（mm/r）	0.3～0.5	0.5～1.0	0.8～1.5		1.5～2.0

表 13-5　　　　　　　　　　　　攻螺纹的切削用量

工件材料	铸铁	钢及合金钢	铝及其合金
v_c/（mm/min）	2.5～5.0	1.5～5.0	5～15

表 13-6　　　　　　　　　　　　镗孔的切削用量

工序及刀具材料		铸铁		钢及合金钢		铜、铝及其合金	
工件材料及切削用量		v_c（mm/min）	f（mm/r）	v_c（mm/min）	f（mm/r）	v_c（mm/min）	f（mm/r）
粗镗	高速钢	20～25	0.4～1.5	15～30	0.35～0.70	100～150	0.5～1.5
	硬质合金	30～35		50～70		100～250	
半精镗	高速钢	20～25	0.15～0.45	15～50	0.15～0.45	100～200	0.2～0.5
	硬质合金	50～70		95～130			
精镗	高速钢	70～90	0.08～0.10	100～135	0.12～0.15	150～400	0.06～0.10
	硬质合金		0.12～0.15				

九、孔加工方案的选择

孔的加工方法比较多，有钻、扩、铰、镗和攻丝等。大直径孔还可采用圆弧插补方式进行铣削加工。孔的加工方式及所能达到的精度见表 13-7。

表 13-7　　　　　　　　H13～H7 孔加工方案（孔长度≤直径 5 倍）

孔的精度	孔的毛坯性质	
	在实体材料上加工孔	预先铸出或热冲出的孔
H13　H12	一次钻孔	用扩孔钻钻孔或镗刀镗孔
H11	孔径≤10mm：一次钻孔；孔径为 10～30mm：钻孔及扩孔；孔径为 30～80mm：钻孔、扩孔或钻孔、扩孔、镗孔	孔径≤80mm：粗扩、精扩；或用镗刀粗镗、精镗；或根据余量一次镗孔或扩孔
H10　H9	孔径≤10mm：钻孔及铰孔；孔径为 10～30mm：钻孔、扩孔及铰孔；孔径为 30～80mm：钻孔、扩孔、铰孔或钻孔、扩孔、镗孔（或铣孔）	孔径≤80mm；用镗刀粗镗（一次或两次，根据余量而定）及铰孔（或精镗孔）
H8　H7	孔径≤10mm：钻孔、扩孔及铰孔；孔径为 10～30mm：钻孔、扩孔及一次或两次铰孔；孔径为 30～80mm：钻孔、扩孔（或用镗刀分几次粗镗）、一次或两次铰孔（或精镗孔）	孔径≤80mm；用镗刀粗镗（一次或两次，根据余量而定）及半精镗、精镗（或精铰）

孔的具体加工方案可按下述方法制定：

（1）所有孔系一般先完成全部粗加工后，再进行精加工。

（2）对于直径大于 $\phi30mm$ 的已铸出或锻出毛坯孔的孔加工，一般先在普通机床上进行毛坯粗加工，直径上留 4～6mm 的余量，然后再由加工中心按"粗镗—半精镗—孔口倒角—精镗"四个工步的加工方案完成；有空刀槽时可用锯片铣刀在半精镗之后、精镗之前用圆弧插补方式铣削完成，也可用单刃镗刀镗削加工，但加工效率较低；孔径较大时可用立铣刀用圆弧插补方式通过"粗铣—精铣"加工方案完成。

（3）对于直径小于$\phi 30mm$的孔，毛坯上一般不铸出或锻出预制孔，这就需要在加工中心上完成其全部加工。为提高孔的位置精度，在钻孔前必须锪（或铣）平孔口端面，并钻出中心孔做导向孔，即通常采用"锪（或铣）平端面—钻中心孔—钻—扩—孔口倒角—铰"的加工方案；有同轴度要求的小孔，须采用"锪（或铣）平端面—钻中心孔—钻—半精镗—孔口倒角—精镗（或铰）"的加工方案。孔口倒角安排在半精加工之后、精加工之前进行，以防孔内产生毛刺。

（4）在孔系加工中，先加工大孔，再加工小孔，特别是在大小孔相距很近的情况下更要采取这一措施。

（5）对于同轴孔系，若相距较近，用穿镗法加工；若跨距较大，应尽量采用调头镗的方法加工，以缩短刀具的悬伸，减小其长径比，增加刀具刚性，提高加工质量。

（6）对于螺纹孔，要根据其孔径的大小选择不同的加工方式。直径在（M6～M20）mm之间的螺纹孔，一般在加工中心上用攻螺纹的方法加工；直径在M6mm以下的螺纹，则只在加工中心上加工出底孔，然后通过其他手段攻螺纹，因为加工中心自动换刀并按数控程序自动加工，在攻小螺纹时不能随机控制加工状态，小丝锥容易扭断，从而产生废品；直径在M20mm以上的螺纹，只在加工中心上钻中心孔或钻出螺纹底孔，一般采用镗刀镗削或铣螺纹的方法加工。螺纹铣削具有如下优点：

1）螺纹铣削免去了采用大量不同类型丝锥的必要性；

2）可加工具有相同螺距的任意直径螺纹；

3）加工始终产生的都是短切屑，因此不存在切屑处置方面的问题；

4）刀具破损的部分可以很容易地从零件中去除；

5）不受加工材料限制，那些无法用传统方法加工的材料可以用螺纹铣刀进行加工；

6）采用螺纹铣刀，可以按所需公差要求进行加工，螺纹尺寸是由加工循环控制的；

7）与传统HSS（高速钢）攻丝相比，采用硬质合金螺纹铣削可以提高生产率。

（7）在确定加工方法时，要注意孔系加工余量的大小。加工余量的大小，对零件的加工质量和生产效率及经济性均有较大的影响，正确规定加工余量的数值，是制定加工中心加工工艺的重要工作之一。加工余量过小，会由于上道工序与加工中心工序的安装找正误差，不能保证切去金属表面的缺陷层而产生废品，有时还会使刀具处于恶劣的工作条件，如切削很硬的夹砂表层会导致刀具迅速磨损等。如果加工余量过大，则浪费工时，增加刀具损耗，浪费金属材料。

确定加工余量的基本原则是在保证加工质量的前提下，尽量减少加工余量。最小加工余量数值，应保证能将具有各种缺陷和误差的金属层切去，从而提高加工表面的精度和表面质量。

在具体确定工序间的加工余量时，应根据下列条件选择其大小：

1）对最后的工序，加工余量应能保证得到图纸上所规定的表面粗糙度和精度要求；

2）考虑加工方法、设备的刚性以及零件可能发生的变形；

3）考虑零件热处理时引起的变形；

4）考虑被加工零件的大小，零件越大，由于切削力、内应力引起的变形也会越大，因此要求加工余量也相应大一些。

确定工序间加工余量的原则、数据等很多出版物中都有刊出，使用时可查阅。但须指出的是：国内外一切推荐数据都要结合本单位工艺条件先试用，然后得出结论，因为这些数据常常是在机床刚性、刀具、工件材质等的理想状况下确定的。

任务二　编　制　工　艺

图 13-16 所示为凸块零件，材料为 45 钢，运用数控铣床加工该零件，试编制其加工工艺。

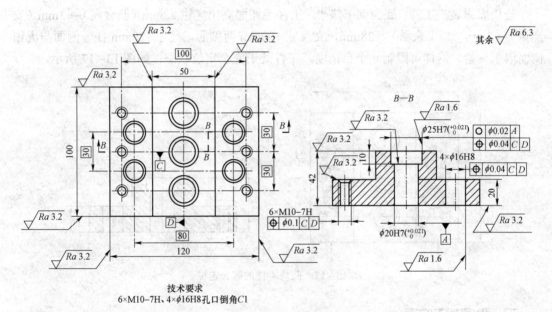

技术要求
6×M10-7H、4×φ16H8孔口倒角C1

图 13-16　凸块零件

一、零件图工艺分析

如图 13-16 所示，该零件外形尺寸为 120mm×100mm×42mm（长×宽×高），属于盘类小零件。100mm 尺寸两侧面、宽 50mm 凸台两侧面和上下面要求 Ra3.2μm，120mm 两侧面不要求加工。孔分布在上、中两个平面上且中平面中间有凸台不连续，中平面上有 6×M10-7H 螺纹孔、4×φ16H8 孔，上平面上有 φ25H7、φ20H7 同轴孔。螺纹孔的位置精度是 φ0.1mm、所有光孔的位置精度是 φ0.04mm，光孔的孔径精度 H7、H8、φ25H7 和 φ20H7 的同轴精度为 φ0.02mm，光孔的表面粗糙度为 Ra1.6μm，光孔孔径较小，精度要求较高。该零件以孔加工为主，面加工尺寸精度要求不高。

二、选定加工内容

底平面、尺寸 120mm 和尺寸 100mm 的四侧面在普通机床上加工完成后上加工中心加工顶面、凸台及所有孔，以保证孔的位置精度等。

三、选用毛坯或明确来料状况

现有零件半成品，其外形尺寸为 120mm×100mm×45mm，六面全部加工过，且除 45mm 高度尺寸的一侧面表面粗糙度未达 $Ra3.2\mu m$ 外，其余各面均已达图纸所注表面粗糙度要求。

四、确定装夹方案

选用虎钳装夹工件，底面朝下垫平，工件毛坯面高出虎钳 22mm（凸台高）+3mm（安全量）+3mm（加工余量）=28mm，夹尺寸 100mm 两侧面，尺寸 120mm 任一侧面与虎钳侧面取平夹紧，这样可限制 6 个自由度，工件处于完全定位状态，如图 13-17 所示。

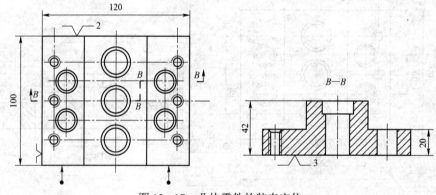

图 13-17　凸块零件的装夹定位

五、确定加工方案

加工方案见表 13-8。

表 13-8　　　　　　　　　加　工　方　案

加工部位	加工方案				
顶面	粗铣	精铣			
凸台	粗铣	精铣			
6×M10-7H	钻中心孔	钻底孔	倒角	攻丝	
4×ϕ16H8	钻中心孔	钻底孔	扩孔	倒角	铰孔
3×ϕ20H7	钻中心孔	钻底孔	扩孔	粗镗	精镗
3×ϕ25H7	粗镗	精镗			

六、确定加工顺序、选择加工刀具

加工顺序及加工刀具见表 13-9。

表 13-9 加工顺序及加工刀具

序号	加工顺序	加工刀具	刀具编号
1	粗铣顶面	φ125mm 面铣刀	T01
2	精铣顶面		
3	粗铣凸台	φ40mm 立铣刀	T02
4	精铣凸台		
5	钻 6×M10-7H 中心孔	φ16mm 定心钻	T03
6	钻 4×φ16H8 中心孔		
7	钻 3×φ20H7 中心孔		
8	钻 3×φ20H7 底孔	φ8.6mm 钻头	T04
9	钻 4×φ16H8 底孔		
10	钻 6×M10-7H 底孔		
11	扩 4×φ16H8 孔	φ15.8mm 钻头	T05
12	扩 3×φ20H7 孔	φ19mm 钻头	T06
13	4×φ16H8 倒角		
14	6×M10-7H 倒角		
15	粗镗 3×φ20H7	φ19.9mm 镗刀	T07
16	粗镗 3×φ25H7	φ24.9mm 平底镗刀	T08
17	精镗 3×φ25H7	φ25H7 平底镗刀	T09
18	精镗 3×φ20H7	φ20H7 镗刀	T10
19	铰 4×φ16H8 孔	φ16H8 铰刀	T11
20	攻 6×M10-7H 螺纹	M10-Ⅱ 丝锥	T12

七、确定加工路线

面铣刀铣削凸台顶面的进给路线如图 13-18 所示，立铣刀铣削凸台侧面的进给路线如图 13-19 所示，孔加工进给路线如图 13-20 所示。

八、填写工艺卡片

数控加工刀具卡片见表 13-10，数控加工工序卡片见表 13-11。

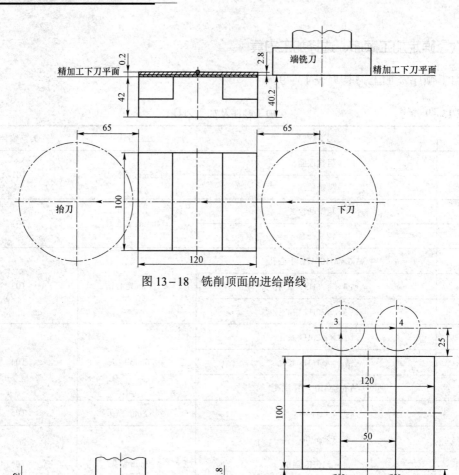

图 13-18 铣削顶面的进给路线

图 13-19 铣削凸台侧面的进给路线

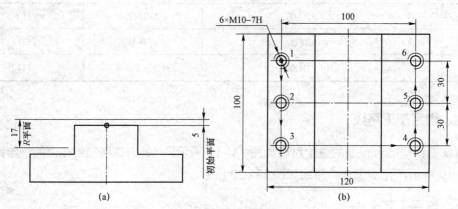

图 13-20 孔加工的进给路线（一）

（a）所有孔；（b）加工螺纹孔

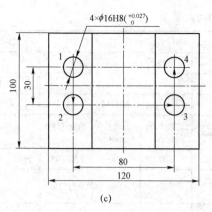
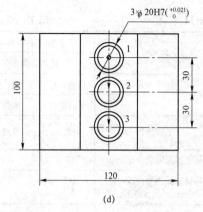

图 13-20　孔加工的进给路线（二）

（c）加工 ϕ16H8 孔；（d）加工 ϕ20H7、ϕ25H7 孔

表 13-10　　　　　　　　　　　数 控 加 工 刀 具 卡 片

单位名称		×××	产品名称或代号		零件名称	材料	零件图号
			镗铣盘类零件		凸块	45 钢	×××
工序号		程序编号	夹具名称	夹具编号	使用设备		车间
×××		×××	平口虎钳	虎钳 200	XH714		数控中心

序号	刀具号	刀具规格名称	刀具型号	刀杆			备注
				名称	型号	规格	
1	T01	ϕ125mm 波形刀片可转位面铣刀	刀体：FM90-125LD15 刀片：LDMT1504PDSR-29	套式立铣刀刀柄	BT40-XM32-75	XM32	
2	T02	ϕ40mm 高速钢锥柄立铣刀	莫氏 4 号	无扁尾莫氏圆锥孔刀柄	BT40-MW4-103	MW4	
3	T03	ϕ16mm 定心钻	Z04.1600.120	弹簧夹头刀柄	BT40-ER32-60	ER32	
4	T04	ϕ8.6mm 高速钢直柄麻花钻头		莫氏短圆锥钻夹头刀柄	BT40-Z16-45	B16	
5	T05	ϕ15.8mm 高速钢锥柄麻花钻头		有扁尾莫氏圆锥孔刀柄	BT40-M2-120	M2	
6	T06	ϕ19mm 高速钢锥柄麻花钻头		有扁尾莫氏圆锥孔刀柄	BT40-M3-135	M3	
7	T07	SBJ-16 镗刀（ϕ19.9mm）	SBJ-1616-68	小孔径单刃微调精镗刀	BT40-SBJ-16	8-50	
8	T08	平底镗刀（ϕ24.9mm）	TQW1	倾斜型微调镗刀杆	BT40-TQW22-90	22-29	
9	T09	SBJ-16 平底镗刀（ϕ25H7）	SDJ-1620-83	小孔径单刃微调精镗刀	BT40-SDJ-16	8-50	
10	T10	SBJ-16 镗刀（ϕ20H7）	SDJ-1616-68	小孔径单刃微调精镗刀	BT40-SBJ-16	8-50	
11	T11	ϕ16H8 整体硬质合金铣铰刀	ϕ16H8×40×77-60	强力铣夹头刀柄铰刀	BT40-C32-105	C32	
12	T12	丝锥	M10-II	攻丝夹头刀柄	BT40-G3-90	M3-M12	
编制	×××	审核	×××	批准	×××	年 月 日	共 页　第 页

表 13-11   数 控 加 工 工 序 卡 片

单位名称	×××		产品名称或代号		零件名称	材料		零件图号
			镗铣盘类零件		凸块	45 钢		×××
工序号	程序编号		夹具名称	夹具编号	使用设备			车间
×××	×××		平口虎钳	虎钳 200	XH714			数控中心
工步号	工步内容	刀具号	刀具规格/mm	主轴转速/(r/min)	进给量/(mm/r)	背吃刀量/mm	量具	备注
1	粗铣顶面留余量 0.2mm	T01	ϕ125	500	200	2.8,100	游标卡尺	
2	精铣顶面控制高度尺寸 42mm,达 Ra3.2μm	T01		500	150	0.2,100		
3	粗铣凸台留侧余量 0.5mm,底余量 0.2mm	T02	ϕ40	180	50	21.8,34.5		
4	精铣凸台成	T02		200	40	0.2,0.5		
5	钻 6×M10-7H、4×ϕ16H8、3×ϕ20H7 中心孔	T03	ϕ16	800	70	1		
6	钻 3×ϕ20H7、4×ϕ16H8、6×M10-7H 至ϕ8.6mm	T04	ϕ8.6	700	70	4.3		
7	扩 4×ϕ16H8 至ϕ15.8mm	T05	ϕ15.8	300	60	3.6		
8	扩 3×ϕ20H7 至ϕ19mm	T06	ϕ19	300	50	5.2		
9	倒 4×ϕ16H8、6×M10-7H 角	T06		200	40			
10	粗镗 3×ϕ20H7 至ϕ19.9mm	T07	ϕ19.9	1200	120	0.4		
11	粗镗 3×ϕ25H7 至ϕ24.9mm,深 9.9mm	T08	ϕ24.9	1000		2.5		
12	精镗 3×ϕ25H7($^{+0.021}_{0}$),深 10mm 成	T09	ϕ25H7	1000	80	0.1	内径表,千分尺	
13	精镗 3×ϕ20H7($^{+0.021}_{0}$)成	T10	ϕ20H7	1200	100	0.1	内径表,千分尺	
14	铰 4×ϕ16H8($^{+0.027}_{0}$)成	T11	ϕ16H8	150	70	0.1	内径表,千分尺	
15	攻 6×M10-7H 螺纹成	T12	M10-Ⅱ	200	300		螺纹规	
16	清理、防锈、入库							
编制	×××	审核	×××	批准	×××	年 月 日	共 页	第 页

任务三 项目训练：槽轮板数控铣削加工工艺制定

一、实训目的与要求

（1）学会槽轮板数控铣削加工工艺的制定方法。

（2）熟悉数控铣削加工工艺的制定流程。

二、实训内容

编制如图 13-21 所示槽轮板零件的数控铣削加工工艺，材料为 45 钢。

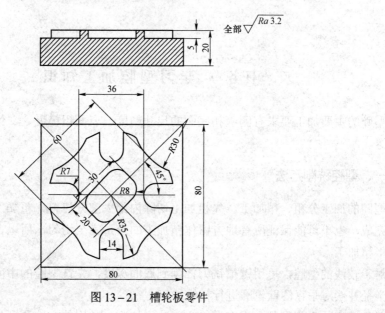

图 13-21 槽轮板零件

项目十四

编制支架加工工艺

任务一 学习型腔加工知识

型腔的主要加工要求有侧壁和底面的尺寸精度、表面粗糙度、二维平面内轮廓的尺寸精度等。

一、型腔铣削方法

型腔的加工分粗、精加工。先粗加工切除内部大部分材料，粗加工不可能都在顺铣模式下完成，也不可能保证所有地方留作精加工的余量完全均匀，所以在精加工之前通常要进行半精加工。

对于较浅的型腔，可用键槽铣刀插削到底面深度，先铣型腔的中间部分，然后再利用刀具半径补偿对垂直侧壁轮廓进行精铣加工。

对于较深的内部型腔，宜在深度方向分层切削，常用的方法是预先钻削一个所需深度孔，然后再使用比孔尺寸小的平底立铣刀从 z 向进入预定深度，随后进行侧面铣削加工，将型腔扩大到所需的尺寸、形状。

型腔铣削时有两个重要的工艺要考虑：① 刀具切入工件的方法；② 刀具粗、精加工的刀路设计。

二、刀具选用

适于型腔铣削的刀具有平底立铣刀、键槽铣刀，型腔的斜面、曲面区域要用 R 刀或球头刀加工。

型腔铣削时，立铣刀是在封闭边界内进行加工。立铣刀加工方法受型腔内部结构特点的限制。

在立铣刀对内轮廓的精铣削加工中，其刀具半径一定要小于零件内轮廓的最小曲率半径，刀具半径一般取内轮廓最小曲率半径的 0.8～0.9 倍。粗加工时，在不干涉内轮廓的前提下，尽量选用直径较大的刀具，直径大的刀具比直径小的刀具的抗弯强度大，加工中不容易引起受力弯曲和振动。

在刀具切削刃（螺旋槽长度）满足最大深度的前提下，尽量缩短刀具从主轴伸出的长度和立铣刀从刀柄夹持工具的工作部分中伸出的长度。立铣刀的长度越长，抗弯强度就越小，受力弯曲程度就越大，从而会影响加工的质量，并容易产生振动，加速切削刃的磨损。

三、型腔铣削的工艺路线设计

1. 刀具切入工件实体的方法

与外轮廓加工不同，型腔铣削时要考虑如何 z 向切入工件实体的问题。通常刀具 z 向切入工件实体有如下几种方法：

（1）插铣法。插铣法又称为 z 轴铣削法或轴向铣削法，就是利用铣刀端面刃进行垂直下刀铣削的加工方法。采用这种方法开始铣削内槽（型腔）时，铣刀端部切削刃必须有一刃经过铣刀中心（端面刃主要用来加工与侧面相垂直的底平面），并且开始切削时切削进给速度要慢一些，待铣刀切削进工件表面后，再逐渐提高切削进给速度，否则开始切削内槽（型腔）时容易损坏铣刀。当加工任务要求刀具轴向长度较大时（如铣削大凹腔或深槽）适合采用插铣法，这是由于采用插铣法可有效减小径向切削力，因此与侧铣法（利用铣刀侧面进行铣削）相比具有更高的加工稳定性，能够有效解决大悬深问题。

（2）预钻削起始孔法。预钻削起始孔法就是在实体材料上先钻出比铣刀直径大的起始孔，铣刀先沿着起始孔下刀，再按行切法、环切法或行切+环切法侧向铣削出内槽（型腔）的加工方法。一般不采用这种加工方法，因为采用这种加工方法，钻头的钻尖凹坑会残留在内槽（型腔）内，还需采用另外的铣削方法铣去该钻尖凹坑，且增加一把钻头。另外，铣刀通过预钻削孔时因切削力突然变化产生振动，常常会导致铣刀损坏。

（3）坡走铣法。坡走铣法是开始铣削内槽（型腔）的最佳方法之一，它是采用 x、y、z 三轴联动线性坡走下刀切削加工，以达到全部轴向深度的铣削方法，如图 14-1 所示。

（4）螺旋插补铣。螺旋插补铣是开始铣削内槽（型腔）的最佳方法，它是采用 x、y、z 三轴联动以螺旋插补形式下刀进行铣削内槽（型腔）的加工方法，如图 14-2 所示。螺旋插补铣是一种非常好的开始铣削内槽（型腔）的加工方法，铣削的内槽（型腔）表面粗糙度值较小，表面光滑，切削力较小，刀具耐用度较高，并且只要求很小的开始铣削空间。

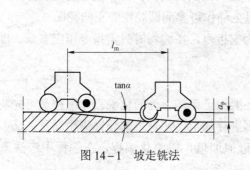

图 14-1 坡走铣法

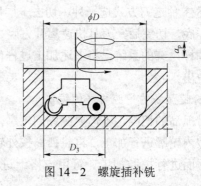

图 14-2 螺旋插补铣

2. 圆腔挖腔程序的编制

圆腔挖腔一般从圆心开始，根据所用刀具也可先预钻一孔，以便进刀。挖腔加工多用立铣刀或键槽铣刀。

如图 14-3 所示，挖腔时刀具快速定位到 R 点，从 R 点转入切削进给，先铣一层，切

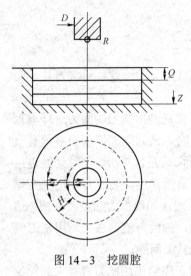

图 14-3 挖圆腔

深为 Q，在一层中刀具按宽度（行距）H 进刀，按圆弧走刀，H 值的选取应小于刀具直径，以免留下残留，在实际加工中，根据情况选取。依次进刀，直至孔的尺寸。加工完一层后，刀具快速回到孔中心，再轴向进刀（层距），加工下一层，直至到达孔底尺寸 Z。最后，快速退刀，离开孔腔。

3. 方腔挖腔程序的编制

方腔挖腔与圆腔挖腔相似，但走刀路径可以有以下三种，如图 14-4 所示。

图 14-4（a）所示的走刀，是从角边起刀，按 z 字形排刀。这种走刀方法编程简单，但行间在两端有残留。

图 14-4（b）所示的走刀，是从中心起刀，或长边从（长-宽）/2 处起刀，按逐圈扩大的路线走刀，因每圈需变换终点位置尺寸，所以编程复杂，但腔中无残留。

图 14-4（c）所示的走刀，结合图 14-4（a）、图 14-4（b）两种方法的优点，先以 z 字形排刀，最后沿腔周走一刀，切去残留。

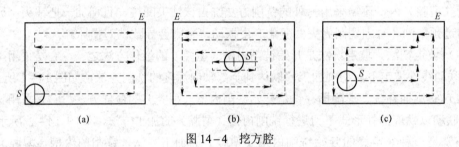

图 14-4 挖方腔

(a) 从角边起刀；(b) 从中心起刀；(c) 先以 z 字形排刀，最后沿腔周走一刀

编程时，刀具先快速定位在 S 点，纵向快速定位在 R 点，再切削进给至第一层切深，按上述 3 种走刀方式选一种，切去一层后，刀具回到出发点；再纵向进刀，切除第二层，直到腔底，切完后，刀具快速离开方腔，以上动作可参阅圆腔挖腔正向视图。

同样，有的系统已将上述加工过程作为宏指令，在编程时只需指令相应参量，即可将方腔挖出。

4. 带孤岛的挖腔程序的编制

带孤岛的挖腔，不但要照顾到轮廓，还要保证孤岛。为简化编程，编程员可先将腔的外形按内轮廓进行加工，再将孤岛按外轮廓进行加工，使剩余部分远离轮廓及孤岛，再按无界平面进行挖腔加工。可用方格纸进行近似取值，以简化编程。在编程中应注意如下问题：

（1）刀具要足够小，尤其用改变刀具半径补偿的方法进行粗、精加工时，要保证刀具不碰型腔外轮廓及孤岛轮廓。

（2）有时可能会在孤岛和边槽或 2 个孤岛之间出现残留，可用手动方法除去。

（3）为下刀方便，有时要先钻出下刀孔。

例如，带孤岛的挖腔如图 14-5 所示。

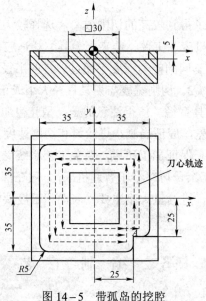

图 14-5　带孤岛的挖腔

因型腔内角为 R5mm，所以选择 φ10mm 立铣刀。为走刀方便，下刀点选在 A(20，−20)点并预钻 φ10mm 的孔。铣削程序如下：

……

N10　G90　G00　x20.0　y − 20.0；//快进到 A 点

N20　G00　z3.0；

N30　G01　z − 5.0　F100；

N40　x30.0　F50；　　　　　　//N40～N80 铣腔内轮廓，用刀心编程

N50　y30.0；

N60　x − 30.0；

N70　y − 30.0；

N80　x20.0；

N90　y 20.0；　　　　　　　//N90～N120 铣孤岛

N100　x − 20.0；

N110　y − 20.0；

N120　x25；

N130　y25.0；　　　　　　　//N130～N150 去残留

N140　x − 25.0；

N150　x18.0；

N160　G00　z200.0　M05；

……

四、型腔铣削用量

型腔铣削粗加工时，为了得到较高的切削效率，选择较大的切削用量，但刀具的切削深度与宽度应与加工条件（机床、工件、装夹、刀具）相适应。

在实际应用中，一般让 z 向的吃刀深度不超过刀具的半径；直径较小的立铣刀，切削深度一般不超过刀具直径的 1/3。切削宽度与刀具直径大小成正比，与切削深度成反比，一般切削宽度取 0.6～0.9 倍刀具直径。值得注意的是：型腔粗加工开始第一刀，刀具为全宽切削，切削力大，切削条件差，应适当减小进给量和切削速度。

型腔铣削精加工时，为了保证加工质量，避免工艺系统受力变形和减小振动，精加工切深应小，数控机床的精加工余量可略小于普通机床，一般在深度、宽度方向留 0.2～0.5mm 余量进行精加工。精加工时，进给量大小主要受表面粗糙度要求限制，切削速度大小主要取决于刀具耐用度。

任务二 编 制 工 艺

图 14-6 所示为薄板状的支架零件，材料为 LD5，其结构形状较复杂，是适合数控铣削加工的一种典型零件，试编制其加工工艺。

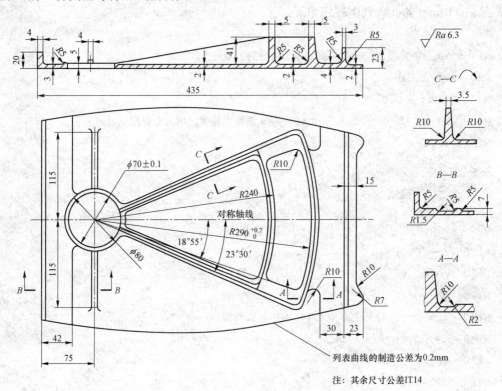

图 14-6 支架零件

一、零件图工艺分析

由图 14-6 可知，该零件的加工轮廓由列表曲线、圆弧及直线构成，形状复杂，加工、检验都比较困难，除底平面宜在普通铣床上铣削外，其余各加工部位均需采用数控机床铣削加工。

该零件的尺寸公差为 IT14，表面粗糙度均为 $Ra6.3\mu m$，一般不难保证。但其腹板厚度只有 2mm，且面积较大，加工时极易产生振动，可能会导致其壁厚公差及表面粗糙度要求难以达到。

支架的毛坯与零件相似，各处均有单边加工余量 5mm（毛坯图略）。零件在加工后各处厚薄尺寸相差悬殊，除扇形框外，其他各处刚性较差，尤其是腹板两面切削余量相对值较大，故该零件在铣削过程中及铣削后都将产生较大变形。

该零件被加工轮廓表面的最大高度 $H=41mm-2mm=39mm$，转接圆弧为 $R10mm$，R 略小于 0.2H，故该处的铣削工艺性尚可。圆角分别为 $R10mm$、$R5mm$、$R2mm$ 及 $R1.5mm$，圆角不统一，故需多把不同刀尖圆角半径的铣刀。

零件尺寸的标注基准（对称轴线、底平面、70mm 孔中心线）较统一，且无封闭尺寸；构成该零件轮廓形状的各几何元素条件充分，无相互矛盾之处，有利于编程。

分析其定位基准，只有底面及 $\phi70mm$ 孔（可先制成 $\phi20H7$ 的工艺孔）可做定位基准，由于尚缺一孔，因此需要在毛坯上制作一辅助工艺基准。

根据上述分析，针对提出的主要问题，采取如下工艺措施：

（1）安排粗、精加工及钳工矫形；

（2）先铣加强筋，后铣腹板，有利于提高刚性，防止振动；

（3）采用小直径铣刀加工，减小切削力；

（4）在毛坯右侧对称轴线处增加一工艺凸耳，并在该凸耳上加工一工艺孔，以解决缺少的定位基准，同时设计真空夹具，以提高薄板件的装夹刚性；

（5）腹板与扇形框周缘相接处的底圆角半径 $R10mm$，采用底圆为 $R10mm$ 的球头成形铣刀（带 7° 斜角）补加工完成，将半径为 $R2mm$ 和 $R1.5mm$ 的圆角利用圆角制造公差统一为 $R1.5^{+0.5}_{0}mm$，省去一把铣刀。

二、制定加工工艺

根据前述的工艺措施，制定的支架加工工艺过程为：

（1）钳工划两侧宽度线。

（2）普通铣床铣两侧宽度。

（3）钳工划底面铣切线。

（4）普通铣床铣底平面。

（5）钳工矫平底平面、划对称轴线、制定位孔。

（6）数控铣床粗铣腹板厚度型面轮廓。

（7）钳工矫平底面。

（8）数控铣床精铣腹板厚度、型面轮廓及内外形。

（9）普通铣床铣去工艺凸耳。

（10）钳工矫平底面、表面光整、尖边倒角。

（11）表面处理。

三、确定装夹方案

在数控铣削加工工序中，选择底面、$\phi70$mm孔位置上预制的$\phi20$H7工艺孔以及工艺凸耳上的工艺孔作为定位基准，即"一面两孔"定位，相应的夹具定位元件为"一面两销"。

图14-7所示为支架零件数控铣削工序中使用的专用过渡真空平台。其利用真空吸紧

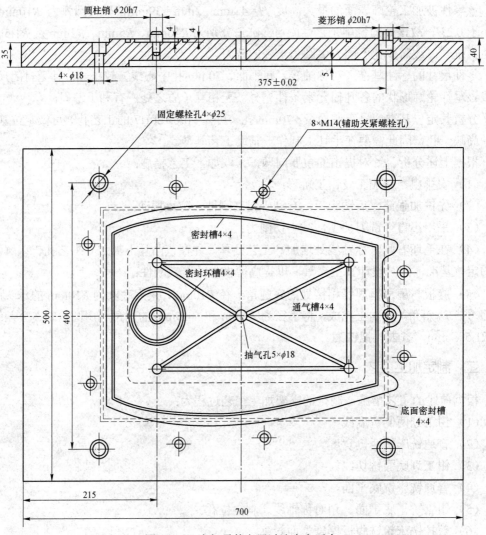

图14-7 支架零件专用过渡真空平台

工件，夹紧面积大，刚性好，铣削时不易产生振动，尤其适用于薄板件装夹。为防抽真空装置发生故障或漏气，使夹紧力消失或下降，可另加辅助夹紧装置，避免工件松动，图14-8即为支架零件数控铣削加工装夹示意图。

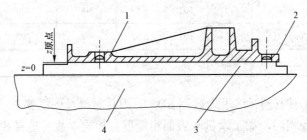

图 14-8　支架零件数控铣削加工装夹示意图
1—支架；2—工艺凸耳及定位孔；3—真空夹具平台；4—机床真空平台

四、划分数控铣削加工工步和安排加工顺序

支架在数控机床上进行铣削加工的工序共两道，按同一把铣刀的加工内容来划分工步，其中数控精铣工序可划分为三个工步，具体的工步内容及工步顺序见表 14-1 数控加工工序卡片（粗铣工序这里从略）。

五、确定进给路线

为直观起见和方便编程，将进给路线绘成文件形式的进给路线图。图 14-9、图 14-10 和图 14-11 所示是数控精铣工序中三个工步的进给路线。图中 z 值是铣刀在 z 向的移动坐标。在第三工步进给路线中，铣削 ϕ70mm 孔的进给路线未绘出。粗铣进给路线从略。

六、选择刀具及切削用量

铣刀种类及几何尺寸根据被加工表面的形状和尺寸选择。该支架零件数控精铣工序选用铣刀为立铣刀和成形铣刀，刀具材料为高速钢，所选铣刀及其几何尺寸见表 14-2 数控加工刀具卡片。

表 14-1　　　　数控加工工序卡片

单位名称	×××		产品名称或代号		零件名称		材　料		零件图号
			×××		支架		LD5		×××
工序号	程序编号	夹具名称	夹具编号		使用设备			车　间	
×××	×××	真空夹具	×××		×××			数控中心	
工步号	工步内容		加工面	刀具号	刀具规格/mm	主轴转速/(r/min)	进给速度/(mm/min)	背吃刀量/mm	备注
1	铣型面轮廓周边圆角 R5mm			T01	ϕ20	800	400		

工步号	工 步 内 容	加工面	刀具号	刀具规格/mm	主轴转速/(r/min)	进给速度/(mm/min)	背吃刀量/mm	备注
2	铣扇形框内外形		T02	ϕ20	800	400		
3	铣外形及ϕ70mm 孔		T03	ϕ20	800	400		
编制	×××	审核	×××	批准	×××	年 月 日	共 页	第 页

切削用量根据工件材料（这里为锻铝 LD5）、刀具材料及图纸要求选取。数控精铣的三个工步所用铣刀直径相同，加工余量和表面粗糙度也相同，故可选择相同的切削用量。所选主轴转速 $n=800$r/min，进给速度 $v_f=400$mm/min。

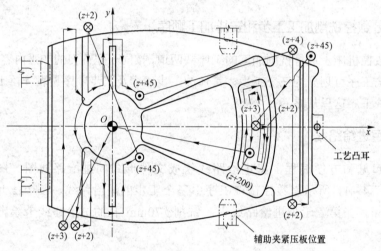

图 14-9　铣支架零件型面轮廓周边 R5mm 进给路线图

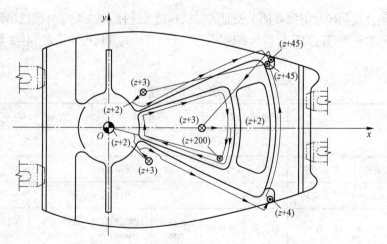

图 14-10　铣支架零件扇形框内外形进给路线图

128

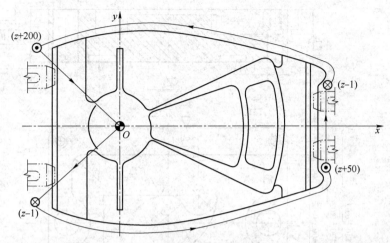

图 14-11　铣支架零件外形进给路线图

表 14-2 数 控 加 工 刀 具 卡 片

单位名称	×××	产品名称或代号	×××	零件名称	支架	零件图号	×××
工步号	刀具号	刀具名称	刀柄型号	直径/mm	刀长/mm	补偿量/mm	备注
1	T01	立铣刀		ϕ20	45		底圆角 R5mm
2	T02	成形铣刀		小头ϕ20	45		底圆角 R10mm 带 7°斜角
3	T03	立铣刀		ϕ20	40		底圆角 R0.5mm
编　制	×××	审核	×××	批准	×××	年　月　日 共　页	第　页

任务三　项目训练：心形岛数控铣削加工工艺制定

一、实训目的与要求

（1）学会心形岛数控铣削加工工艺的制定方法。
（2）熟悉数控铣削加工工艺的制定流程。

二、实训内容

编制如图 14-12 所示心形岛零件的数控铣削加工工艺，材料为 45 钢。

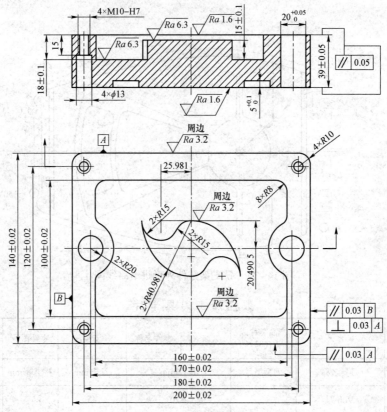

图 14-12 心形岛零件

项目十五

编制盒形模具加工工艺

任务一 学习模具加工知识

一、模具加工的一般措施

在加工模具时工艺上应采取以下一些措施，以便发挥数控机床高精度、高效率的特点，保证模具的加工质量。

（1）精选材料，毛坯材质均匀。目前已有一些材料可以做到在粗加工后变形量较小。铸锻件应经过高温时效处理，以消除内应力，使材料经过多道工序加工之后变形小。

（2）合理安排工序，精化工件毛坯。在模具的生产过程中，一般不可能仅仅依靠一两台数控铣床即可完成工件的全部加工工序，而是还需要与普通铣床、车床等通用设备配合使用。在保证高精度、高效率以及发挥数控加工和通用设备加工各自特长的前提下，数控加工前的毛坯应尽量精化，如除去铸锻、热处理产生的氧化硬层，只留少量加工余量，加工出基准面和基准孔等。

（3）数控机床的刚性好、热稳定性好、功率大，在加工中应尽可能选择较大的切削用量，这样既可满足加工精度要求，又可提高加工效率。

（4）考虑到有些工件由于易产生切削内应力和热变形，以及装夹位置的合理性、夹具夹紧变形等因素，必须多次装夹才能完成所有工序。

（5）一般加工顺序的安排如下：

1）重切削、粗加工、去除零件毛坯上的大部分余量，如粗铣大平面、粗铣曲面、粗镗孔等；

2）加工发热量小、精度要求不高的工序，如半精铣平面、半精镗孔等；

3）在模具加工中精铣曲面；

4）打中心孔、钻小孔、攻螺纹；

5）精镗孔、精铣平面、铰孔。

二、铣削曲面时应注意的问题

（1）粗铣。粗铣时应根据被加工曲面给出的余量，用立铣刀按等高面一层一层地铣削，这种粗铣效率高。粗铣后的曲面类似于山坡上的"梯田"，台阶的高度视粗铣精度而定。

（2）半精铣。半精铣的目的是铣掉"梯田"的台阶，使被加工表面更接近于理论曲面。采用球头铣刀，一般为精加工工序留出 0.5mm 左右的加工余量。半精加工的行距和步距可比精加工的大。

（3）精铣。精铣的目的是最终加工出理论曲面。用球头铣刀精加工曲面时，一般用行切法。对于敞开性比较好的工件，行切的折返点应选在曲面的外面，即在编程时应把曲面向外延伸一些。对敞开性不好的工件表面，由于折返时切削速度的变化，很容易在已加工表面上留下由停顿和振动产生的刀痕。因此，在加工和编程时，一是要在折返时降低进给速度；二是在编程时被加工曲面折返点应稍离开阻挡面。对曲面与阻挡面相贯线应单做一个清根程序另外加工，这样就会使被加工曲面与阻挡面光滑连接，而不致产生很大的刀痕。

（4）避免垂直下刀。平底圆柱铣刀有两种：一种是端面有顶尖孔，其端刃不过中心；另一种是端面无顶尖孔，端刃相连且过中心。在铣削曲面时，有顶尖孔的面铣刀绝对不能像钻头一样向下垂直进刀，除非预先钻有工艺孔，否则会把铣刀顶断。如果使用无顶尖孔的面铣刀，则可以垂直向下进刀，最好的办法是采用坡走铣或螺旋插补铣进刀到一定深度后，再用侧刃横向进给切削。在铣削凹槽面时，可以预先钻出工艺孔以便下刀。用球头铣刀垂直进刀的效果虽然比平底的面铣刀好，但也会因为轴向力过大而影响切削效果，最好不使用这种下刀方式。

（5）球头铣刀在铣削曲面时，其刀尖处的切削速度很低，如果用球头铣刀垂直于被加工面铣削比较平缓的曲面，那么刀尖切出的表面质量较差，所以应适当地提高机床主轴转速；另外，还应避免用刀尖切削。

（6）铣削曲面零件时，如果发现零件材料热处理不好，有裂纹、组织不均匀等现象，应及时停止加工。

（7）在铣削模具型腔比较复杂的曲面时，一般需要较长的周期。因此，在每次开机铣削前，应对机床、夹具和刀具进行适当的检查，以免中途发生故障，影响加工精度，甚至造成废品。

（8）在模具型腔铣削时，应根据工件的表面粗糙度掌握修挫余量。对于铣削比较困难的部位，如果工件表面粗糙度高，应适当多留些修挫余量；而对于平面、垂直沟槽等容易加工的部位，应尽量降低工件表面粗糙度值，减少修挫工作量，以避免因大面积修挫而影响型腔曲面的精度。

任务二　编　制　工　艺

图 15-1 所示为盒形模具的凹模零件，该盒形模具为单件生产，工件材料为 T8A，试编制其加工工艺。

一、零件图工艺分析

该盒形模具为单件生产，工件材料为 T8A，外形为六面体，内腔型面复杂。其主要结构是由多个曲面组成的凹形型腔,型腔四周的斜平面之间采用半径为 7.6mm 的圆弧面过渡，斜平面与底平面之间采用半径为 5mm 的圆弧面过渡，在模具的底平面上有一个四周也为斜平面的锥台；模具的外部结构是一个标准的长方体，因此零件的加工以凹形型腔为重点。

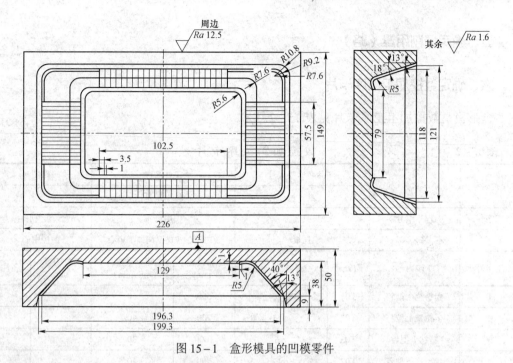

图 15－1　盒形模具的凹模零件

二、确定工件的定位基准和装夹方式

工件直接安装在机床工作台面上，用两块压板压紧。

三、确定加工顺序

（1）粗加工整个型腔，去除大部分加工余量。

（2）半精加工和精加工上型腔。

（3）半精加工和精加工下型腔。

（4）对底平面上的锥台四周表面进行精加工。

四、刀具选择

数控加工刀具选择见表 15－1。

表 15－1　　　　　　　　　　　数 控 加 工 刀 具 卡 片

产品名称或代号		×××		零件名称	盒形模具	零件图号	×××	
序号	刀具号	刀具规格名称	数量	加工表面		刀长/mm	备　　注	
1	T01	φ20mm 平底立铣刀	1	粗铣整个型腔		实测		
2	T02	φ12mm 球头铣刀	1	半精铣上、下型腔		实测		
3	T03	φ6mm 平底立铣刀	1	精铣上型腔、精铣底平面上锥台四周表面		实测		
4	T04	φ6mm 球头铣刀	1	精铣下型腔		实测	建议以球心对刀	
编　制	×××	审核	×××	批准	×××	年　月　日	共　页	第　页

五、确定切削用量（略）

六、确定数控加工工序卡片

盒形模具数控加工工序卡片见表 15-2。

表 15-2 数 控 加 工 工 序 卡 片

单位名称	×××	产品名称或代号		工件名称		工件图号	
		×××		盒形模具		×××	
工序号	程序编号	夹具名称		使用设备		车间	
×××	×××	压板		VP1050 立式镗铣加工中心		数控中心	
工步号	工步内容	刀具号	刀具规格/mm	主轴转速/ (r/min)	进给速度/ (mm/min)	背吃刀量/ mm	备注
1	粗铣整个型腔	T01	$\phi 20$	600	60		
2	半精铣上型腔	T02	$\phi 12$	700	40		
3	精铣上型腔	T03	$\phi 6$	1000	30		
4	半精铣下型腔	T02	$\phi 12$	700	40		
5	精铣下型腔	T04	$\phi 6$	1000	30		
6	精铣底平面上锥台四周表面	T03	$\phi 6$	1000	30		
编制	×××	审核	×××	批准	×××	年 月 日	共 页 第 页

任务三 项目训练：型腔模具数控铣削加工工艺制定

一、实训目的与要求

（1）学会型腔模具数控铣削加工工艺的制定方法。

（2）熟悉数控铣削加工工艺的制定流程。

二、实训内容

编制如图 15-2 所示型腔模具的数控铣削加工工艺，材料为铝合金。

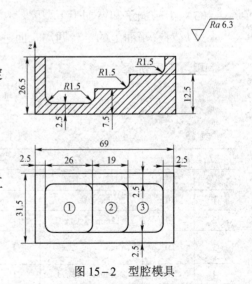

图 15-2 型腔模具

项目十六

编制箱盖加工工艺

任务一 编制工艺

图 16-1 所示的泵盖零件，材料为 HT200，毛坯尺寸（长×宽×高）为 170mm×110mm×30mm，小批量生产，试编制其加工工艺。

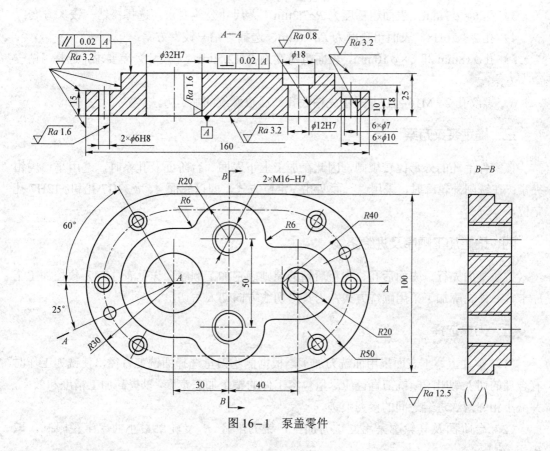

图 16-1 泵盖零件

一、零件图工艺分析

该零件主要由平面、外轮廓以及孔系组成，其中 $\phi32H7$ 和 $2\times\phi6H8$ 三个内孔的表面粗糙度要求较高，为 $Ra1.6\mu m$；而 $\phi12H7$ 内孔的表面粗糙度要求更高，为 $Ra0.8\mu m$；$\phi32H7$ 内孔表面对 A 面有垂直度要求，上表面对 A 面有平行度要求。该零件材料为铸铁，切削加工性能较好。根据上述分析，$\phi32H7$ 孔、$2\times\phi6H8$ 孔与 $\phi12H7$ 孔的粗、精加工应分开进行，以保证表面粗糙度要求；同时以底面 A 定位，提高装夹刚度以满足 $\phi 32H7$ 内孔表面的垂直度要求。

二、选择加工方法

（1）上、下表面及台阶面的粗糙度要求为 $Ra3.2\mu m$，可选择"粗铣—精铣"方案。

（2）孔加工方法的选择。孔加工前，为便于钻头引正，先用中心钻加工中心孔，然后再钻孔。内孔表面的加工方案在很大程度上取决于内孔表面本身的尺寸精度和粗糙度。对于精度较高、粗糙度较小的表面，一般不能一次加工到规定的尺寸，而要划分加工阶段逐步进行。该零件孔系加工方案的选择如下：

1）孔 $\phi 32H7$，表面粗糙度为 $Ra1.6\mu m$，选择"钻—粗镗—半精镗—精镗"方案；

2）孔 $\phi 12H7$，表面粗糙度为 $Ra0.8\mu m$，选择"钻—粗铰—精铰"方案；

3）孔 $6\times\phi 7mm$，表面粗糙度为 $Ra3.2\mu m$，无尺寸公差要求，选择"钻—铰"方案；

4）孔 $2\times\phi 6H8$，表面粗糙度为 $Ra1.6\mu m$，选择"钻—铰"方案；

5）孔 $\phi 18mm$ 和 $6\times\phi 10mm$，表面粗糙度为 $Ra12.5\mu m$，无尺寸公差要求，选择"钻—锪"方案；

6）螺纹孔 $2\times M16-H7$，采用先钻底孔，后攻螺纹的加工方法。

三、确定装夹方案

该零件毛坯的外形比较规则，因此在加工上下表面、台阶面及孔系时，选用平口虎钳夹紧；在铣削外轮廓时，采用"一面两孔"定位方式，即以底面 A、$\phi 32H7$ 孔和 $\phi 12H7$ 孔定位。

四、确定加工顺序及进给路线

按照基面先行、先面后孔、先粗后精的原则确定加工顺序，详见表 16–2 数控加工工序卡片。外轮廓加工采用顺铣方式，刀具沿切线方向切入与切出。

五、刀具选择

（1）零件上、下表面采用面铣刀加工，根据侧吃刀量选择面铣刀直径，使铣刀工作时有合理的切入/切出角；铣刀直径应尽量包容工件的整个加工宽度，以提高加工精度和效率，并减小相邻两次进给之间的接刀痕迹。

（2）台阶面及其轮廓采用立铣刀加工，铣刀半径 R 受轮廓最小曲率半径限制，取 $R=6mm$。

（3）孔加工各工步的刀具直径根据加工余量和孔径确定。

该零件加工所选刀具见表 16–1 数控加工刀具卡片。

表16-1　　　　　　　　　　　　数控加工刀具卡片

产品名称或代号	×××	零件名称	泵盖	零件图号	×××
序号	刀具编号	刀具规格名称	数量	加工表面	备注
1	T01	ϕ125mm 硬质合金面铣刀	1	铣削上、下表面	
2	T02	ϕ12mm 硬质合金立铣刀	1	铣削台阶面及其轮廓	
3	T03	ϕ3mm 中心钻	1	钻中心孔	
4	T04	ϕ27mm 钻头	1	钻ϕ32H7 底孔	
5	T05	内孔镗刀	1	粗镗、半精镗和精镗ϕ32H7 孔	
6	T06	ϕ11.8mm 钻头	1	钻ϕ12H7 底孔	
7	T07	ϕ18mm 锪钻	1	锪ϕ18mm 孔	
8	T08	ϕ12mm 铰刀	1	铰ϕ12H7 孔	
9	T09	ϕ14mm 钻头	1	钻 2×M16mm 螺纹底孔	
10	T10	90°倒角铣刀	1	对 2×M16mm 螺纹孔进行倒角	
11	T11	M16mm 丝锥	1	攻 2×M16mm 螺纹孔	
12	T12	ϕ6.8mm 钻头	1	钻 6×ϕ7mm 底孔	
13	T13	ϕ10mm 锪钻	1	锪 6×ϕ10mm 孔	
14	T14	ϕ7mm 铰刀	1	铰 6×ϕ7mm 孔	
15	T15	ϕ5.8mm 钻头	1	钻 2×ϕ6H8 底孔	
16	T16	ϕ6mm 铰刀	1	铰 2×ϕ6H8 孔	
17	T17	ϕ35mm 硬质合金立铣刀	1	铣削外轮廓	
编制	×××	审核	×××	批准	×××	年 月 日	共 页	第 页

六、切削用量选择

该零件材料切削性能较好，铣削平面、台阶面及轮廓时，留 0.5mm 精加工余量；孔加工精镗余量留 0.2mm，精铰余量留 0.1mm。

选择主轴转速与进给速度时，先查切削用量手册，确定切削速度与每齿进给量，然后计算主轴转速与进给速度（计算过程从略）。

七、确定数控铣削加工工序卡片

为更好地指导编程和加工操作，把该零件的加工顺序、所用刀具和切削用量等参数编入表 16-2 数控加工工序卡片中。

表 16-2 　　　　　　　　　　数 控 加 工 工 序 卡 片

单位名称		×××		产品名称或代号		零件名称	零件图号	
				×××		泵盖	×××	
工序号		程序编号		夹具名称		使用设备	车间	
×××		×××		平口虎钳和一面两销自制夹具		XK5025	数控中心	
工步号	工步内容		刀具号	刀具规格/mm	主轴转速/(r/min)	进给速度/(mm/min)	背吃刀量/mm	备注
1	粗铣定位基准面 A		T01	$\phi 125$		40	2	自动
2	精铣定位基准面 A		T01	$\phi 125$	180	25	0.5	自动
3	粗铣上表面		T01	$\phi 125$	180	40	2	自动
4	精铣上表面		T01	$\phi 125$	180	25	0.5	自动
5	粗铣台阶面及其轮廓		T02	$\phi 12$	180	40	4	自动
6	精铣台阶面及其轮廓		T02	$\phi 12$	900	25	0.5	自动
7	钻所有孔的中心孔		T03	$\phi 3$	900			自动
8	钻 $\phi 32H7$ 底孔至 $\phi 27$mm		T04	$\phi 27$	1000	40		自动
9	粗镗 $\phi 32H7$ 孔至 $\phi 30$mm		T05		200	80	1.5	自动
10	半精镗 $\phi 32H7$ 孔至 $\phi 31.6$mm		T05		500	70	0.8	自动
11	精镗 $\phi 32H7$ 孔		T05		700		0.2	自动
12	钻 $\phi 12H7$ 底孔至 $\phi 11.8$mm		T06	$\phi 11.8$	800	60		自动
13	锪 $\phi 18$mm 孔		T07	$\phi 18$	600	30		自动
14	粗铰 $\phi 12H7$ 孔		T08	$\phi 12$	150	40	0.1	自动
15	精铰 $\phi 12H7$ 孔		T08	$\phi 12$	100	40		自动
16	钻 $2 \times M16$mm 底孔至 $\phi 14$mm		T09	$\phi 14$	100	60		自动
17	$2 \times M16$mm 底孔倒角		T10	90° 倒角铣刀	450	40		自动
18	攻 $2 \times M16$mm 螺纹孔		T11	M16	300	200		自动
19	钻 $6 \times \phi 7$mm 底孔至 $\phi 6.8$mm		T12	$\phi 6.8$	100	70		自动
20	锪 $6 \times \phi 10$mm 孔		T13	$\phi 10$	700	30		自动
21	铰 $6 \times \phi 7$mm 孔		T14	$\phi 7$	150	25	0.1	自动
22	钻 $2 \times \phi 6H8$ 底孔至 $\phi 5.8$mm		T15	$\phi 5.8$	100	80		自动
23	铰 $2 \times \phi 6H8$ 孔		T16	$\phi 6$	100	25	0.1	自动
24	一面两孔定位粗铣外轮廓		T17	$\phi 35$	600	40	2	自动
25	精铣外轮廓		T17	$\phi 35$	600	25	0.5	自动
编制	×××	审核	×××	批准	×××	年　月　日	共　页	第　页

任务二 项目训练：槽轮数控铣削加工工艺制定

一、实训目的与要求

（1）学会槽轮零件数控铣削加工工艺的制定方法。
（2）熟悉数控铣削加工工艺的制定流程。

二、实训内容

编制如图 16-2 所示槽轮零件的数控铣削加工工艺，材料为 45 钢。

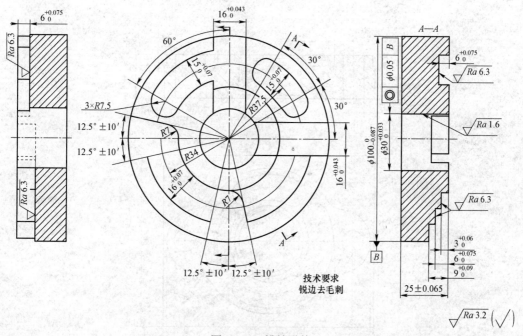

图 16-2 槽轮零件

项 目 十 七

编制泵体端盖底板加工工艺

任务一 编 制 工 艺

泵体端盖底板如图 17-1 所示，数量要求为 200 件，材料为铝合金，试编制其加工工艺。

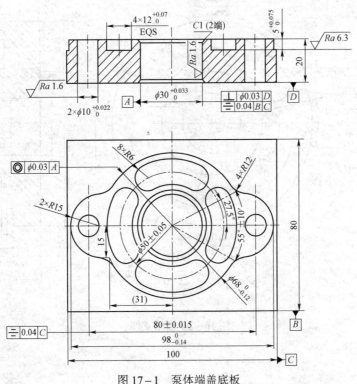

图 17-1 泵体端盖底板

一、零件坯料选择

根据图纸尺寸要求，并综合考虑毛坯六面的加工、表面质量、加工余量、加工效率、市场所供材料和生产成本等因素，可知应选用毛坯尺寸为 82mm×22mm 的方形铝合金材料，并锯成102mm 长的铝块，数量为 200 块。

二、定位和装夹方式

如图 17-1 所示，该零件表面粗糙度要求 $Ra6.3\mu m$，有垂直度（$\phi0.03mm$）、对称度（0.04mm）、同轴度（$\phi0.03mm$）等要求，需进行毛坯六面精确加工；零件尺寸公差要求较高（最高为 0～0.022mm）；需完成凸台、弧形槽、圆形通腔以及孔的加工。根据图纸特点，单件产品时，可采用"精密平口台虎钳"装夹毛坯，毛坯伸出钳口≥7mm，并借助角尺快速定位零件；批量生产时，为了提高生产效率，可考虑设计夹具，同时完成多件加工。

三、刀具的选择

数控铣床上所采用的刀具要根据被加工零件的材料、几何形状、表面质量要求、热处理状态、切削性能及加工余量等，选择刚性好、使用寿命长的刀具。

根据泵体端盖底板的几何形状，可选择以下铣刀类型：

（1）面铣刀。综合机床功率、机床主轴直径、毛坯尺寸、加工质量等因素，选用 $\phi90mm$ 的可转位硬质合金面铣刀（1 号），粗、精加工零件的六面。

（2）端面立铣刀。零件外轮廓的内圆角半径为 12mm（$4\times R12mm$），侧面和底面的表面粗糙度要求皆为 $Ra6.3\mu m$，要求不高，可选用直径＜$\phi24mm$ 的端面立铣刀，这里选用 4 齿 $\phi20mm$ 的高速钢端面立铣刀（2 号），粗、精加工外轮廓。

（3）键槽铣刀。零件的 4 个弧形槽圆角半径为 6mm（$8\times R6mm$），且没有尺寸公差要求，可选择直径≤$\phi12mm$ 的键槽铣刀。

零件的 $\phi30mm$ 圆形通腔，残料去除量较大，为了实现下刀后一次内轮廓加工即去除残料，需选用直径≥$\phi10mm$ 的键槽铣刀。

零件的 $2\times\phi10mm$ 孔为正偏差（$\phi10^{+0.022}_{0}mm$），可用 $\phi10mm$ 的键槽铣刀做扩孔加工。

综上可知，键槽铣刀的选择方案如下：

方案一：选择 $\phi10mm$ 的高速钢键槽铣刀（3 号），粗、精加工 4 个弧形槽；粗、精加工 $\phi30mm$ 圆形通腔（把握不好，会留残料）；粗加工 $2\times\phi10mm$ 孔（扩孔）。

方案二：选择 $\phi12mm$ 的高速钢键槽铣刀（4 号），加工 4 个弧形槽（粗、精加工不分，一次完成）；粗加工 $\phi30mm$ 圆形通腔（不会留残料）。

（4）孔加工刀具。孔 $2\times\phi10^{+0.022}_{0}mm$ 的粗加工，需选用直径＜$\phi10mm$ 的麻花钻；从工艺角度来讲，$\phi30mm$ 圆形通腔的粗加工，最好先钻工艺孔，可选用直径＜$\phi30mm$ 的麻花钻。

孔 $2\times\phi10^{+0.022}_{0}mm$ 和 $\phi30^{+0.033}_{0}mm$ 的表面粗糙度为 $Ra1.6\mu m$，尺寸公差和表面质量要求皆较高，需要进行铰孔、镗孔精加工。

综上可知，孔加工刀具的选择方案如下：

方案一：选择 $\phi9.8mm$ 麻花钻（5 号）来做孔的粗加工；选择 $\phi10H6$ 的可调镗刀（6 号）来做孔 $2\times\phi10^{+0.022}_{0}mm$ 和 $\phi30mm$ 圆形通腔的精加工。

方案二：选择 $\phi9.8mm$ 麻花钻（5 号）来做孔的粗加工；选择 $\phi30H7$ 的可调镗刀（7 号）来做 $\phi30mm$ 圆形通腔的精加工；选择 $\phi10AH6$ 铰刀（8 号）来做 $2\times\phi10^{+0.022}_{0}mm$ 孔的精加工。

（5）成形刀。零件有 $C1$ 的倒角，需选用 45°锥形刀（9 号），来做 $\phi30$mm 圆形通腔两棱边的倒角。

四、数控加工刀具卡片

泵体端盖底板数控加工所用的刀具，见表 17-1。

表 17-1　　　　　　　　　　　数 控 加 工 刀 具 卡 片

产品名称或代号	×××	零件名称	泵体端盖底板	零件图号		×××
序号	刀具号	刀具规格名称	数量	加工内容	半径补偿	长度补偿	备注
1	T01	$\phi90$mm 面铣刀	2	粗、精加工毛坯六面		H01	方案一、二
2	T02	$\phi20$mm 端面立铣刀	2	外轮廓粗、精加工	D02	H02	方案一、二
3	T03	$\phi10$mm 键槽铣刀	1	粗、精加工弧形槽和圆腔	D03	H03	方案一
4	T04	$\phi12$mm 键槽铣刀	1	粗、精加工弧形槽和圆腔	D04	H04	方案二
5	T05	$\phi9.8$mm 麻花钻	2	$\phi10$mm、$\phi30$mm 孔的粗加工		H05	方案一、二
6	T06	$\phi10$H6 可调镗刀	1	精加工 $\phi10$mm 的孔		H06	方案一
7	T07	$\phi30$H7 可调镗刀	1	精加工 $\phi30$mm 的孔		H07	方案一、二
8	T08	$\phi10$AH6 铰刀	1	$\phi10$mm 孔的精加工		H08	方案二
9	T09	锥形刀	2	$\phi30$mm 孔 45°倒角		H09	方案一、二
编制	×××	审核	×××	批准	×××	年 月 日　共 页　第 页	

五、加工方案及工艺过程

1. 加工方案

方案一：平面铣削时，用 $\phi90$mm 的面铣刀，采用 MDA 方式，粗加工—半精加工毛坯六面至图纸尺寸；外轮廓铣削时，用 $\phi20$mm 的端面立铣刀，先粗加工后精加工；4 个弧形槽铣削时，用 $\phi10$mm 的键槽铣刀，先粗加工后精加工；加工 $2\times\phi10^{+0.022}_{0}$mm 孔时，先用 $\phi9.8$mm 麻花钻粗加工，再用 $\phi10$mm 的键槽铣刀扩孔，最后用 $\phi10$mm 的镗刀精加工，即为"钻孔—扩孔—镗孔"的工艺顺序；加工 $\phi30^{+0.033}_{0}$mm 孔时，先用 $\phi9.8$mm 麻花钻粗加工，再用 $\phi10$mm 的键槽铣刀除残料，最后用 $\phi30$H7 的可调镗刀精加工。

方案二：与方案一不同的是，4 个弧形槽铣削时，用 $\phi12$mm 的键槽铣刀，先粗加工后精加工；加工 $2\times\phi10^{+0.022}_{0}$mm 孔时，先用 $\phi9.8$mm 麻花钻粗加工，再用 $\phi10$AH6 铰刀精加工，即为"钻孔—铰孔"的工艺顺序；加工 $\phi30^{+0.033}_{0}$mm 孔时，先用 $\phi9.8$mm 麻花钻粗加工，再用 $\phi12$mm 的键槽铣刀除残料，最后用 $\phi30$H7 的可调镗刀精加工。

2. 工艺过程

方案一：

（1）用精密平口台虎钳装夹毛坯（102mm×82mm×22mm），在 MDA 方式下，用 $\phi90$mm 的面铣刀（T01）完成基面 D 的铣削，铣削深度 1mm。

注意：垫铁的面平行度必须小于 0.03mm。

（2）以基面 D 为基准（D 面靠钳口不动侧），在 MDA 方式下，完成基面 C 的铣削，铣削深度 1mm。

（3）以基面 D 为基准（D 面靠钳口不动侧），在 MDA 方式下，完成基面 B 的铣削，铣削深度 1mm。

（4）以基面 D、B 为基准（D 面为底面，B 面靠钳口不动侧），在 MDA 方式下，分别铣削基面 D、基面 C 的对面，铣削深度 1mm。

（5）以基面 D、B 为基准（B 面为底面，D 面靠钳口不动侧），在 MDA 方式下，铣削基面 B 的对面，铣削深度 1mm。

（6）以基面 D、B 为基准（D 面为底面，B 面靠钳口不动侧）装夹零件，取毛坯顶面高出平口钳顶面 8mm（＞5mm 即可），同时用杠杆百分表校正水平度，达到要求后，紧固毛坯。

注意：零件安装时，在 φ30mm 圆形腔和 2 个 φ10mm 孔位的正下方不能安装垫铁，可借助角尺定位零件。

（7）对刀，并设置各刀具的长度补偿、半径补偿值和工件坐标系值（G54）。

注意：在建立工件坐标系找原点时，一定要找两边，然后取中，这样可以消除刀具跳动、主轴间隙等误差，保证位置精度。

（8）执行程序，用 φ20mm 的端面立铣刀（T02）分层粗加工外轮廓并除残料，侧面和底面皆留 0.5mm 的精加工余量。

（9）执行程序，用 φ20mm 的端面立铣刀（T02）精加工外轮廓。

（10）执行程序，用 φ9.8mm 的麻花钻（T05）完成以下加工：分别在 φ30mm 圆形腔中心、2 个 φ10mm 孔的中心钻孔，钻削深度 25mm；分别在 4 个弧形轨道的下刀点钻孔，钻削深度 4.8mm。

（11）运行程序，用 φ10mm 的键槽铣刀（T03）完成以下加工：粗、精加工 4 个弧形轨道并除残料，深度为 5mm；铣削 φ30mm 圆形腔到下偏差值，深度为 20.5mm；扩孔 2 个 φ10mm 的孔，深度为 20.5mm。

（12）运行程序，用 φ10H6 的镗刀（T06）镗铣 2 个 φ10mm 的孔至公差范围。

（13）运行程序，用 φ30H7 的镗刀（T07）镗铣 φ30mm 圆形腔至公差范围。

（14）运行程序，用 45° 锥形刀（T09）倒角 φ30mm 圆形腔的上边沿。

（15）以上表面（D 面的对面）为底面，基面 B 为基准（B 面靠钳口不动侧），装夹零件，运行程序，用 45° 锥形刀（T09）倒角 φ30mm 圆形腔的下边沿。

方案二：

步骤（1）到（10）同方案一。

（11）运行程序，用 φ12mm 的键槽铣刀（T04）完成以下加工：粗、精加工 4 个弧形轨道并除残料，深度为 5mm；铣削 φ30mm 圆形腔到下偏差值，深度为 20.5mm。

（12）运行程序，用 φ10AH6 的铰刀（T08）铰 2 个 φ10mm 的孔至公差范围。

步骤（13）到（15）同方案一。

六、确定数控加工工序卡片

泵体端盖底板数控加工方案二的工序卡片，见表 17-2 和表 17-3。由于篇幅限制，方案一的加工工序卡片请读者参考工艺过程自行完成。

（1）六面数控加工工序卡片。六面数控加工工序卡片见表17-2。

表17-2　　　　　　　六面数控加工工序卡片（方案二）

单位名称		产品名称或代号		零件名称	毛坯规格		工件材料
×××		×××		泵体端盖底板	102mm×82mm×22mm		铝合金
工序号	程序编号	夹具名称		使用设备	数控系统		车间
1	×××	精密平口台虎钳		XK713	Siemens 802D		数控车间
工步	工步内容	刀具号	刀具规格/mm	主轴转速/(r/min)	进给速度/(mm/min)	背吃刀量/mm	备注
1	铣削基面D	T01	φ90	500	75	1	
2	铣削基面C	T01	φ90	500	75	1	D为基准
3	铣削基面B	T01	φ90	500	75	1	D为基准
4	铣削基面D的对面	T01	φ90	500	75	1	以基面D、B为基准
5	铣削基面C的对面	T01	φ90	500	75	1	以基面D、B为基准
6	铣削基面B的对面	T01	φ90	500	75	1	以基面D、B为基准
编制	×××	审核	×××	批准	×××	年 月 日　共 页	第 页

（2）端盖底板数控加工工序卡片。端盖底板数控加工工序卡片见表17-3。

表17-3　　　　　　　端盖底板数控加工工序卡片（方案二）

单位名称		产品名称或代号		零件名称	毛坯规格		工件材料
×××		×××		泵体端盖底板	102mm×82mm×22mm		铝合金
工序号	程序编号	夹具名称		使用设备	数控系统		车间
2	×××	精密平口台虎钳		XK713	Siemens 802D		数控车间
工步	工步内容	刀具号	刀具规格/mm	主轴转速/(r/min)	进给速度/(mm/min)	背吃刀量/mm	备注
1	粗加工外轮廓并除残料，精加工余量0.5mm	T02	φ20	800	200	2.5	4齿
2	精铣外轮廓至尺寸要求	T05	φ20	2000	100	0.5	4齿
3	粗钻φ30mm圆形腔	T05	φ9.8	600	60		钻深25mm
4	粗钻2×φ10mm孔	T05	φ9.8	600	60		钻深25mm
5	粗钻4个弧形轨道下刀点	T05	φ9.8	600	60		钻深4.8mm
6	粗、精铣4个弧形轨道	T04	φ12	1000	120	1.5	钻深5mm
7	粗加工φ30mm圆形腔	T04	φ12	1000	120	1.5	钻深20.5mm
8	精铰2×φ10mm孔	T08	φ10AH6	200	15		铰深25mm

工步	工步内容	刀号	刀具规格/mm	主轴转速/ (r/min)	进给速度/ (mm/min)	背吃刀量 /mm	备注
9	精镗 ϕ30mm 圆形腔至公差	T07	ϕ30H7	500	15		镗深 20.5mm
10	倒角 ϕ30mm 圆形腔上边沿	T09	45°锥形刀	1000	50	1	
11	倒角 ϕ30mm 圆形腔下边沿	T09	45°锥形刀	1000	50	1	翻面
编制	×××	审核	×××	批准	×××	年　月　日	共　页　第　页

任务二　项目训练：圆形凸台数控铣削加工工艺制定

一、实训目的与要求

（1）学会圆形凸台零件数控铣削加工工艺的制定方法。

（2）熟悉数控铣削加工工艺的制定流程。

二、实训内容

编制如图 17-2 所示圆形凸台零件的数控铣削加工工艺，材料为 45 钢。

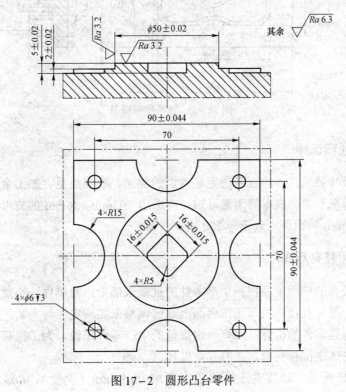

图 17-2　圆形凸台零件

项 目 十 八

编制薄壁型腔模具加工工艺

任务一 编 制 工 艺

图 18-1 所示为薄壁型腔模具，数量要求为 200 件，所用材料为铝合金。现根据图纸和生产要求，试编制其加工工艺。

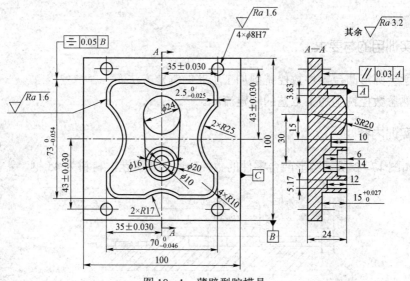

图 18-1 薄壁型腔模具

一、零件坯料选择

根据图纸尺寸要求，并综合考虑毛坯六面的加工、表面质量、加工余量、加工效率、市场材料供应情况和生产成本等因素可知，应选用 102mm×26mm 的方形铝合金材料，并将其锯成长 102mm 的铝块，数量为 200 块。

二、定位和装夹方式

加工中心夹具的选用主要根据生产零件的批量来确定：对单件、小批量且工作量较大的模具来说，一般可直接在机床工作台面上通过调整来实现定位与夹紧，然后通过加工坐标系的设定来确定零件的位置；对有一定批量的生产零件来说，为了提高装夹效率，可选用或设计具有快速定位和夹紧功能的专业夹具。

如图 18-1 所示，该零件表面粗糙度要求 $Ra1.6\mu m$（侧壁）、$Ra3.2\mu m$，有对称度

（0.05mm）、平行度（0.03mm）等要求，需进行毛坯六面精加工；零件尺寸公差要求较高（最高为 0～0.027mm）；需完成薄壁、球岛、型腔、圆形腔以及孔的加工。根据图纸特点，单件产品加工时，可采用"精密平口台虎钳"装夹毛坯，毛坯伸出钳≥17mm，并借助角尺快速定位零件；批量生产时，为了提高生产效率，可考虑设计专用夹具，同时完成多件加工。

三、设计和选择工艺装备

1. 刀具的选择

加工中心刀具的选择，包括刃具的选择和刀柄的配置。首先，应根据加工工艺的要求，并综合考虑机床性能、夹具要求、工件材料性能、加工顺序、切削用量以及其他相关因素合理选择刃具，然后配置相应的刀柄。例如，工艺要求钻一个直径 5mm 的小孔，则首先综合各种因素选用钻头（假定选用直径 5mm 直柄麻花钻），然后再配置能夹持钻头的刀柄。

刀具选择总的原则是：刀具的安装和调整方便、刚性好、寿命长、精度高，在保证安全和满足加工要求的前提下，刀具长度应尽可能短，以提高刀具的刚性。

根据薄壁型腔模具的几何形状，可选择以下铣刀类型：

（1）面铣刀。综合机床功率、机床主轴直径、毛坯尺寸（102mm×102mm）、加工质量等因素，选用ϕ120mm 的可转位硬质合金面铣刀（1 号），粗、精加工零件的六面。

（2）端面立铣刀。零件外轮廓的内圆角半径为 17mm（2×R17mm），侧面表面粗糙度要求为 Ra1.6μm，底面表面粗糙度要求为 Ra3.2μm，要求较高，可选用直径<ϕ34mm 的端面立铣刀。

方案一：选用 4 齿ϕ20mm 的高速钢端面立铣刀（2 号），粗、精加工外轮廓。

方案二：选用 3 齿ϕ28mm 的硬质合金端面立铣刀（3 号），粗、精加工外轮廓。

（3）孔加工刀具。孔 4×ϕ8H7 的粗加工，需选用直径<ϕ8mm 的麻花钻；从工艺角度来讲，ϕ10mm 圆形腔的粗加工，最好先钻工艺孔，可选用直径<ϕ10mm 的麻花钻。

孔 4×ϕ8H7 的表面粗糙度为 Ra1.6μm，尺寸公差和表面质量要求皆较高，需要进行铰孔或镗孔精加工。

综上可知，孔加工刀具的选择方案如下：

方案一：选择ϕ7.8mm 麻花钻（4 号）来做孔的粗加工；选择ϕ8H7 的可调镗刀（5 号）来做 4×ϕ8H7 孔的精加工。

方案二：选择ϕ7.8mm 麻花钻（4 号）来做孔的粗加工；选择ϕ8AH7 铰刀（6 号）来做 4×ϕ8H7 孔的精加工。

（4）键槽铣刀。零件的ϕ10mm、ϕ16mm 圆形腔，可选用直径<ϕ10mm 的键槽铣刀来做粗、精加工。

零件的型腔，有较多的残料需要去除，可选用直径>ϕ3.83mm 的键槽铣刀来做粗加工。

综上可知，键槽铣刀的选择方案如下：

方案一：选择ϕ8mm 高速钢键槽铣刀（7 号）来做型腔内去残料粗加工，ϕ10mm、ϕ16mm

圆形腔粗、精加工；选择φ3mm 高速钢键槽铣刀（8 号）来做型腔精加工。

方案二：选择φ8mm 高速钢键槽铣刀（7 号）来做型腔内去残料粗加工，φ10mm、φ16mm 圆形腔粗、精加工；选择φ3.5mm 硬质合金键槽铣刀（9 号）来做型腔精加工。

（5）球头铣刀。零件的 *SR*20mm 球面，需选用直径<φ3.83mm 的球头铣刀来做粗、精加工。

方案一：选择φ3mm 高速钢球头铣刀（10 号）来做 *SR*20mm 球面粗、精加工。

方案二：选择φ3.5mm 硬质合金球头铣刀（11 号）来做 *SR*20mm 球面粗、精加工。

2. 数控加工刀具卡片

薄壁型腔模具数控加工所用的刀具，见表 18-1。

表 18-1　　　　　　　　　　　数 控 加 工 刀 具 卡 片

产品名称或代号		×××		零件名称	薄壁型腔模具	零件图号		×××
序号	刀具号	刀具规格名称	数量	加工内容	半径补偿	长度补偿	备注
1	T01	φ120mm 面铣刀	2	粗、精加工六面		H01	方案一、二
2	T02	φ20mm 端面立铣刀	1	粗、精加工外轮廓	D2	H02	方案一
3	T03	φ28mm 端面立铣刀	1	粗、精加工外轮廓	D3	H03	方案二
4	T04	φ7.8mm 麻花钻	1	φ8mm 孔粗加工		H04	方案一、二
5	T05	φ8H7 可调镗刀	1	φ8mm 孔精加工		H05	方案一
6	T06	φ8AH7 铰刀	1	φ8mm 孔精加工		H06	方案二
7	T07	φ8mm 高速钢键槽铣刀	1	粗铣型腔内部		H07	方案一、二
8	T08	φ3mm 高速钢键槽铣刀	1	精铣型腔内部	D8	H08	方案一
9	T09	φ3.5mm 硬质合金键槽铣刀	1	精铣型腔内部	D9	H09	方案二
10	T10	φ3mm 高速钢球头铣刀	1	粗、精加工球面		H10	方案一
11	T11	φ3.5mm 硬质合金球头铣刀	1	粗、精加工球面		H11	方案二
编制	×××	审核	×××	批准	×××	年 月 日	共　页	第　页

四、加工方案及数控加工工序卡片

1. 加工方案

方案一：平面铣削时，用φ120mm 的面铣刀，采用 MDA 方式，粗加工—精加工毛坯六面至图纸尺寸；外轮廓铣削时，用φ20mm 端面立铣刀，先粗加工后精加工；加工 4×φ8H7 孔时，先用φ7.8mm 麻花钻粗加工，再用φ8H7 镗刀精加工，即为"钻孔—镗孔"的工艺顺序；加工φ10mm、φ16mm 圆形腔时，先用φ7.8mm 麻花钻粗加工，再用φ8mm 高速钢键槽铣刀精加工；加工型腔时，先用φ8mm 高速钢键槽铣刀粗加工，再用φ3mm 高速钢键槽铣刀精加工；加工 *SR*20mm 球面时，用φ3mm 高速钢球头铣刀粗、精加工。

方案二：与方案一不同的是，外轮廓铣削时，用φ28mm 端面立铣刀，先粗加工后精加工；加工 4×φ8H7 孔时，先用φ7.8mm 麻花钻粗加工，再用φ8AH7 铰刀精加工，即为"钻孔—铰孔"的工艺顺序；加工型腔时，先用ϕ8mm 高速钢键槽铣刀粗加工，再用ϕ3.5mm 硬质合金键槽铣刀精加工；加工SR20mm 球面时，用ϕ3.5mm 硬质合金球头铣刀粗、精加工。

2. 加工工序卡片

薄壁型腔模具数控加工方案二的工序卡片，见表18-2和表18-3。由于篇幅限制，方案一的加工工序卡片请读者参考工艺过程自行完成。

（1）六面数控加工工序卡片。六面数控加工工序卡片见表18-2。

（2）薄壁型腔模具数控加工工序卡片。薄壁型腔模具数控加工工序卡片见表18-3。

表 18-2　　　　　　　六面数控加工工序卡片（方案二）

单位名称		产品名称或代号		零件名称	毛坯规格		工件材料
×××		薄壁型腔模具		×××	102mm × 102mm × 26mm		铝合金
工序号	程序编号	夹具名称		使用设备	数控系统		车间
1	×××	精密平口台虎钳		台精 V70	Fanuc 0i - MA		数控车间
工步	工步内容	刀具号	刀具规格/mm	主轴转速/(r/min)	进给速度/(mm/min)	背吃刀量/mm	备注
1	铣削基面 B 对面	T01	ϕ90	350	75	1	
2	铣削基面 B	T01	ϕ90	350	75	1	以基面 B 的对面为基准
3	铣削基面 C 的对面	T01	ϕ90	350	75	1	以基面 B 为基准
4	铣削基面 A 的对面	T01	ϕ90	350	75	1	以基面 B 为基准
5	铣削基面 A	T01	ϕ90	350	75	1	以基面 B 为基准
编制	×××	审核	×××	批准	×××	年 月 日	共 页 第 页

表 18-3　　　　　　薄壁型腔模具数控加工工序卡片（方案二）

单位名称		产品名称或代号		零件名称	工件材料	毛坯规格
×××		薄壁型腔模具		×××	铝合金	102mm × 102mm × 26mm
工序号	程序编号	夹具名称/mm	机床种类	使用设备	数控系统	车间
2	×××	精密平口台虎钳	数控铣床	台精 V70	Fanuc 0i - MA	数控车间
工步号	工步内容	刀具号	刀具规格	主轴转速/(r/min)	进给速度/(mm/min)	背吃刀量/mm	备注
1	铣削上表面	T03	ϕ28	800	150	5	
2	外轮廓的精加工	T03	ϕ28	1500	100	0.5	
3	4 个ϕ8mm 的孔位钻孔	T04	ϕ7.8	600	45	5	
4	型腔下刀点钻孔	T04	ϕ7.8	600	45	5	

续表

工步号	工步内容	刀具号	刀具规格/mm	主轴转速/(r/min)	进给速度/(mm/min)	背吃刀量/mm	备注
5	$\phi10mm$孔位钻孔	T04	$\phi7.8$	600	45	5	
6	精加工4个$\phi8mm$孔到公差值	T06	$\phi8AH7$	200	15		
7	粗加工$\phi16mm$圆形腔	T07	$\phi8$	600	200	2	
8	精加工$\phi16mm$圆形腔	T07	$\phi8$	2500	100	0.5	
9	粗加工$\phi10mm$圆形腔	T07	$\phi8$	600	150	2	
10	精加工$\phi10mm$圆形腔	T07	$\phi8$	2500	100	0.5	
11	粗铣型腔内部	T07	$\phi8$	600	150	2	
12	粗加工型腔内部并除残料	T09	$\phi3.5$	1000	150	1	
13	精加工型腔内壁及底面	T09	$\phi3.5$	2500	50	0.1	
14	粗、精加工半球面	T11	$\phi3.5$	2500	50	0.1	
编制	×××	审核	×××	批准	×××	年 月 日	共 页 　第 页

任务二　项目训练：六边形凸台数控铣削加工工艺制定

一、实训目的与要求

（1）学会六边形凸台零件数控铣削加工工艺的制定方法。
（2）熟悉数控铣削加工工艺的制定流程。

二、实训内容

编制如图18-2所示六边形凸台零件的数控铣削加工工艺，材料为45钢。

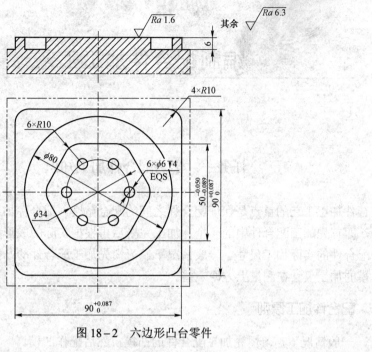

图 18-2　六边形凸台零件

项目十九

编制配合件加工工艺

任务一 学习配合件加工知识

配合件加工工艺的重点是保证配合件之间的配合精度。配合件加工一般采用配作的加工方法，即首先加工配合件中的一个，加工完毕后再根据实际的成形尺寸加上配合间隙形成另一配合件的实际加工尺寸。一般情况下，习惯先加工配合件的凸模，然后配作凹模，因为凸模的加工尺寸在测量上方便一些。

一、配合件加工原则

（1）一般情况下，习惯先加工配合件的凸模，然后配作凹模。
（2）先加工质量较轻的，以便于检测配合情况。
（3）先加工易测量件，后加工难测量件。

二、加工配合件的注意事项

在很多情况下配合件上的轮廓形状既有外轮廓的凸模，又有内轮廓的凹模，凸、凹形状复合在一个工件上。配合件数控铣削的注意事项如下：

（1）配合件最好先加工凸模，然后根据加工后的凸模实际尺寸配作凹模，不要同时加工。配作的加工工艺可以降低加工难度，保证加工质量。
（2）配合件的加工顺序应按层的高度顺序进行加工。
（3）一次装夹中尽可能完成全部可能加工的内容，以最大程度保证配合件轮廓形状的位置精度；如果必须二次装夹，特别需要注意二次装夹时工件的找正，而且二次装夹时的位置误差在理论上不可避免。
（4）对于在一个配合件上既有外轮廓又有内轮廓的凸、凹复合形状，应先加工第一层是凸模的配合件，以便于尺寸测量。
（5）配合件粗加工时，为避免背吃刀量过大而损坏刀具，多采用层降铣削方式；精加工时应尽可能保证铣削深度一次完成，避免"接刀"，以保证加工表面的尺寸精度和表面粗糙度。对于尺寸精度要求较高的配合件或使用直径较小、刚度较差的铣刀时建议尽量采用逆铣。
（6）配合件上有位置精度要求的孔一定要预先用中心钻定位，再钻、扩、铰孔；对于位置精度要求较高、直径大于 16mm 的孔，为确保其位置精度可考虑使用镗孔工艺。
（7）凸、凹模配合之前一定要去除毛刺，以免影响装配精度，造成配合间隙超差。

三、加工配合件时容易出现的问题

（1）第一件在粗加工后、精加工前将虎钳松开些，减小工件的夹紧变形。如果不这样做，在加工后配合检验时，会在配合的单侧边处明显看到间隙。

（2）配合时一定要安装、拆卸自由，不要能装上而拆不下。

（3）测量薄壁厚度时要用钢球配合千分尺检验。

（4）宏编程时忘掉半径问题，在开始加工阶段就将工件加工过切，或复杂宏编程用了刀具半径补偿，出现刀具半径补偿干涉。

（5）对刀时在光洁表面上对 z 向，导致工件表面粗糙度受到影响。

四、翻面对刀方法

当加工如图 19−1 所示的双面件时，在加工完上面后，将毛坯翻面装夹，必须重新对刀，才能加工下面。为防止工件四周侧面出现接刀痕，加工上面和加工下面时的工件坐标系原点要尽量重合。下面介绍翻面对刀的方法。

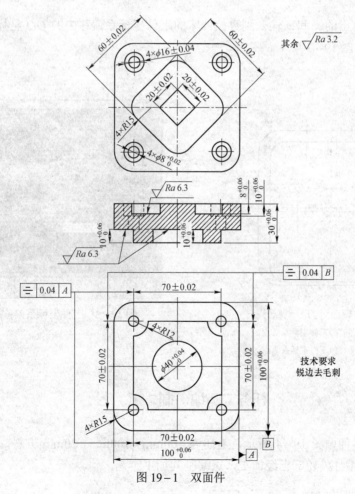

图 19−1 双面件

将毛坯翻面装夹后，对刀要保证本次加工的下面外形与上次任务所加工的上面外形准确对接，精度要求不准超过 0.02mm。为保证加工精度，必须保证对刀精度。将毛坯翻面装夹后，可以采用如下的方法：

（1）采用试切对刀方法，对毛坯上部（未加工过部分）对刀。

（2）对未加工的毛坯部分进行一次试加工，本次加工尽可能少加工，只要保证四周侧面都能切削平整即可。

（3）精确测量新加工的外形与加工正面时的外形在 x 轴和 y 轴的差值，得到 x_1、x_2 和 y_1、y_2，如图 19-2 所示。

（4）计算出新加工的外形中心与正面加工时的外形中心的差值 x 和 y，计算公式如下：

$$x = \frac{x_1 - x_2}{2} \tag{19-1}$$

$$y = \frac{y_1 - y_2}{2} \tag{19-2}$$

（5）将计算出的 x 和 y 输入到数控铣床的工件坐标系偏移中的 OO 坐标系中对应的 x 和 y 坐标中，如图 19-3 所示。

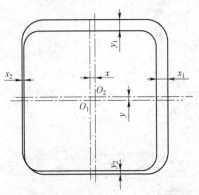

图 19-2　翻面对刀时坐标计算
O_1—加工上面时的工件坐标系原点；
O_2—加工下面时的工件坐标系原点

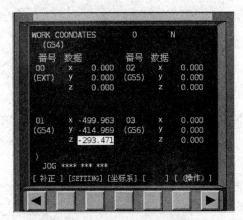

图 19-3　工件坐标系偏移的输入

任务二　编制工艺

凸、凹模零件如图 19-4 所示，毛坯为 100mm×100mm×20mm 方料，毛坯为铝件，材料为 LY12，零件外轮廓已经加工，试编制其加工工艺。

154

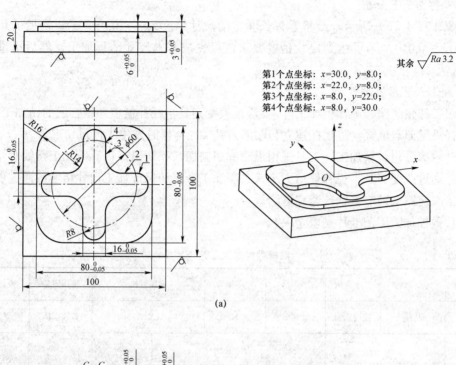

第1个点坐标：$x=30.0$，$y=8.0$；
第2个点坐标：$x=22.0$，$y=8.0$；
第3个点坐标：$x=8.0$，$y=22.0$；
第4个点坐标：$x=8.0$，$y=30.0$

其余 $\sqrt{Ra\,3.2}$

(a)

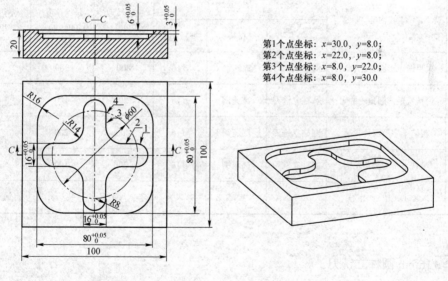

第1个点坐标：$x=30.0$，$y=8.0$；
第2个点坐标：$x=22.0$，$y=8.0$；
第3个点坐标：$x=8.0$，$y=22.0$；
第4个点坐标：$x=8.0$，$y=30.0$

(b)

图 19-4 凸、凹模

（a）凸模；（b）凹模

155

一、凸模铣削工艺分析与工艺设计

1. 零件图工艺分析

如图 19-4（a）所示，凸模零件长和宽的尺寸精度为（-0.05，0），高度的尺寸精度为（0，+0.05），为了达到尺寸精度要求，可先按基本尺寸编程加工，然后再进行精度修正。

2. 加工工艺路线设计

按照工件轮廓编程进行粗加工时，要通过改变刀具半径补偿值预留合适的精加工余量；合理选择进退刀点位置，防止在建立和取消刀具半径补偿时发生干涉过切现象。

工件轮廓分粗、精加工，刀具采用沿轮廓切向切入和切出，以顺铣加工路线对轮廓进行切削；通过改变刀具半径补偿值大小来去除加工余量和保证加工尺寸精度；通过机床面板上的倍率旋钮来调节主轴转速和进给量。

凸模数控加工工艺卡片见表 19-1。

表 19-1　　　　　　　　　凸模数控加工工艺卡片

产品名称	零件名称	工序名称	工序号	程序编号	毛坯材料		使用设备	夹具名称
×××	凸模	数控铣削	×××	×××	LY12		数控铣床	平口钳

工步号	工步内容	刀具			主轴转速/(r/min)	进给速度/(mm/min)	切削深度/mm
		类型	材料	规格/mm			
1	粗铣矩形圆角轮廓	圆柱立铣刀	高速钢	$\phi16$	800	200	6
2	精铣矩形圆角轮廓	圆柱立铣刀	高速钢	$\phi16$	1200	100	6
3	粗铣十字形圆角轮廓	圆柱立铣刀	高速钢	$\phi16$	800	200	3
4	精铣十字形圆角轮廓	圆柱立铣刀	高速钢	$\phi16$	1200	100	3
编制	×××	审核		批准	×××	年 月 日 共 页	第 页

3. 刀具选择

选择 $\phi16$mm 圆柱立铣刀。

二、凹模铣削工艺分析与工艺设计

1. 零件图工艺分析

如图 19-4（b）所示，凹模零件长和宽的尺寸精度为（0，+0.05），深度的尺寸精度为（0，+0.05），为了达到尺寸精度要求，可先按基本尺寸编程加工，然后再进行精度修正。

2. 加工工艺路线设计

按照工件轮廓编程进行粗加工时，要通过改变刀具半径补偿值预留合适的精加工余量；合理选择进退刀点位置，防止在建立和取消刀具半径补偿时发生干涉过切现象。

内外轮廓分粗、精加工，一次垂直下刀到要求的深度尺寸；选择轮廓交点为刀具切入点和切出点，以顺铣加工路线对内外轮廓进行切削；通过改变刀具半径补偿值大小来去除加工余量；通过机床面板上的倍率旋钮来调节主轴转速和进给量。

凹模数控加工工艺卡片见表19-2。

表19-2　　　　　　　　凹模数控加工工艺卡片

产品名称	零件名称	工序名称	工序号	程序编号	毛坯材料		使用设备	夹具名称
×××	凹模	数控铣削	×××	×××	LY12		数控铣床	平口钳
工步号	工步内容	刀具			主轴转速/(r/min)	进给速度/(mm/min)	切削深度/mm	
		类型	材料	规格/mm				
1	粗铣十字形圆角轮廓	圆柱立铣刀	高速钢	φ12	800	200	6	
2	精铣十字形圆角轮廓	圆柱立铣刀	高速钢	φ12	1200	100	6	
3	粗铣矩形圆角轮廓	圆柱立铣刀	高速钢	φ12	800	200	3	
4	精铣矩形圆角轮廓	圆柱立铣刀	高速钢	φ12	1200	100	3	
编制	×××	审核	×××	批准	×××	年 月 日	共 页	第 页

3. 刀具选择

选择φ12mm键槽立铣刀。

任务三　项目训练：配合件数控铣削加工工艺制定

一、实训目的

（1）学会配合件数控铣削加工工艺的制定方法。
（2）熟悉数控铣削加工工艺的制定流程。

二、实训内容

编制如图19-5所示配合件的数控铣削加工工艺，材料为45钢。

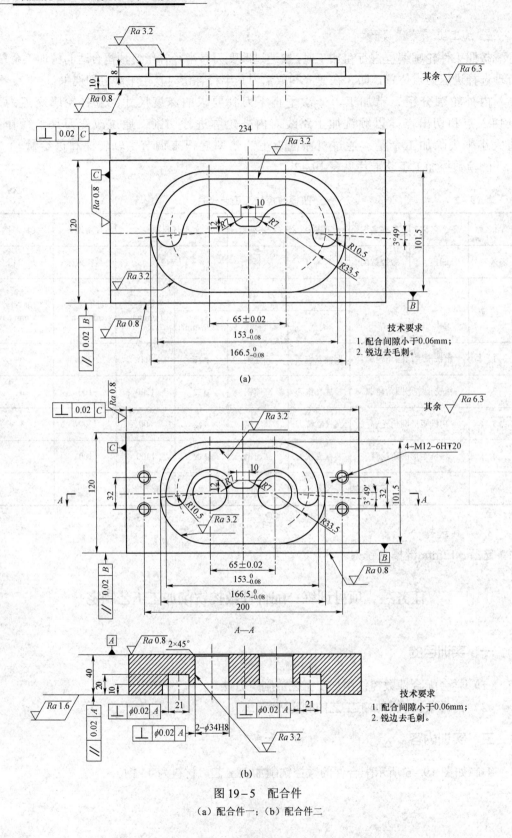

图 19-5 配合件

（a）配合件一；（b）配合件二

技术要求

1. 配合间隙小于0.06mm；
2. 锐边去毛刺。

第三篇

加工中心工艺编制

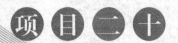

认识加工中心工艺系统

任务一 认识加工中心

加工中心（machining center，MC）是一种能把铣削、镗削、钻削、螺纹加工等功能集中在一台设备上的数控加工机床，是典型的集现代控制技术、传感技术、通信技术、信息处理技术等高新技术于一体的机械加工设备。加工中心与数控铣床、数控镗床的本质区别是它配备有刀库，刀库中存放着不同数量的各种刀具或检具，在加工过程中由程序自动选用和更换，其结构相对复杂，控制系统功能较多。MC 一般至少有三个运动坐标系，多的达十几个，其控制功能最少可实现两轴联动控制，多的可实现五轴或六轴联动控制，能实现刀具运动直线插补和圆弧插补，进行复杂曲面加工。MC 还具有多种辅助机能，如各种加工固定循环、刀具半径自动补偿、刀具长度自动补偿、丝杠螺距误差补偿、丝杠间隙补偿、刀具破损报警、刀具寿命管理、过载超程自动保护、故障自动诊断、工件加工过程图形显示、工件在线检测和离线编程等。

一、加工中心的组成

1958 年，美国的卡尼-特雷克公司在一台数控镗铣床上增加了换刀装置，这标志着第一台加工中心的问世。在随后的 60 年来，各种类型的加工中心纷纷出现，图 20-1 所示即为两种加工中心的外形。

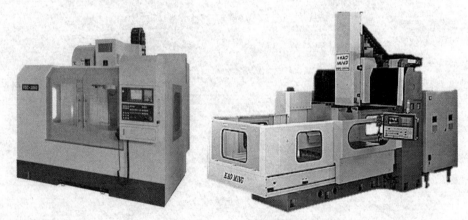

图 20-1　加工中心的外形

加工中心总体上是由以下几大部分组成的，图 20-2 所示为 TH5632 型立式加工中心的组成。

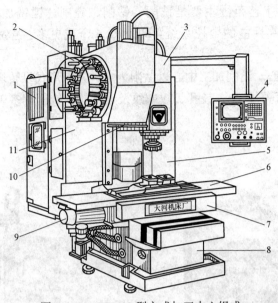

图 20-2 TH5632 型立式加工中心组成

1—数控柜；2—刀库；3—主轴箱；4—操纵台；5—驱动电源柜；6—纵向工作台；
7—滑座；8—床身；9—x 轴进给伺服电动机；10—换刀机械手；11—立柱

1. 基础部件

基础部件由床身、立柱和工作台等大件组成。这些大件有铸铁件，也有焊接的钢结构件，它们要承受加工中心的静载荷以及加工时的切削负载，因此必须具备更高的静动刚度。它们既是加工中心中的基础部件，也是质量和体积最大的部件。

2. 主轴部件

主轴部件由主轴、主轴箱、主轴电动机和主轴轴承等零件组成。主轴的启动、停止等动作和转速均由数控系统控制，并通过装在主轴上的刀具进行切削。主轴部件是切削加工的功率输出部件，是加工中心的关键部件，其结构的好坏对加工中心的性能有很大的影响。

3. 数控系统

数控系统由 CNC 装置、可编程序控制器、伺服驱动装置以及电动机等部分组成，是加工中心执行顺序控制动作和控制加工过程的中心。

4. 自动换刀装置

加工中心与一般通用机床的显著区别就是有一套自动换刀装置（automatic tool changer，ATC），具有对零件进行多工序加工的能力。

二、加工中心的分类

1. 按功能特征分类

加工中心按功能特征可分为镗铣、钻削和复合加工中心。

（1）镗铣加工中心。镗铣加工中心是机械加工行业应用最多的一类数控设备，有立式和卧式两种。其工艺范围主要是铣削、钻削、镗削。镗铣加工中心数控系统控制的坐标数多为 3 个，高性能的数控系统可以达到 5 个或更多。镗铣加工中心如图 20-3 所示。

（2）钻削加工中心。钻削加工中心以钻削为主，刀库形式以转塔头形式为主，适用于中、小批量零件的钻孔、扩孔、铰孔、攻螺纹及连续轮廓铣削等多工序加工。钻削加工中心如图 20-4 所示。

图 20-3　镗铣加工中心　　　　　　图 20-4　钻削加工中心

（3）复合加工中心。复合加工中心是在一台设备上可以完成车、铣、镗、钻等多种工序加工的加工中心，可代替多台机床实现多工序的加工。这种加工中心既能减少装卸时间，提高机床生产效率，减少半成品库存量，又能保证和提高形位精度。复合加工中心如图 20-5 所示。

2. 按主轴的位置不同分类

加工中心按主轴的位置不同可分为卧式、立式和五面加工中心，这是加工中心常见的分类方法。

（1）卧式加工中心。卧式加工中心如图 20-6 所示，是指主轴轴线水平设置的加工中心。卧式加工中心有固定立柱式和固定工作台式两种。

（2）立式加工中心。立式加工中心如前图 20-3 所示，是指主轴轴线垂直设置的加工中心。其结构多为固定立柱式，工作台为十字滑台。

（3）五面加工中心。五面加工中心如图 20-7 所示，这种加工中心具有立式和卧式加工中心的功能，在工件的一次装夹后，能完成除安装面外的所有五个面的加工。五面加工中心可以使工件的形位误差降到最低，省去二次装夹的工装，从而提高生产效率，降低加工成本。

图 20-5　复合加工中心　　　　　　　　图 20-6　卧式加工中心

3. 按支承件的不同分类

（1）龙门式镗铣加工中心。如图 20-8 所示，龙门式镗铣加工中心的典型特征是具有一个龙门型的固定立柱，在龙门框架上安装有可实现 x 向、z 向移动的主轴部件，而龙门式加工中心的工作台仅实现 y 向移动。龙门式加工中心结构刚性好，这种形式常见于大型加工中心。

图 20-7　五面加工中心　　　　　　　　图 20-8　龙门式镗铣加工中心

（2）动柱式镗铣加工中心。如前图 20-3 所示，动柱式镗铣加工中心主轴部件安装在加工中心的立柱上，实现 z 向移动，立柱安装在 T 形底座上实现 x 向移动。动柱式加工中心由于立柱是通过滚动导轨与底座相连的，刚性比龙门式结构差，一般不适宜重切削加工；加工过程中立柱要完成支承工件和 x 向移动这两个功能，从而限制了机床的机动性能。这种形式常见于中小型立式或卧式镗铣加工中心。

三、加工中心的特点

MC 是一种综合加工能力较强的设备，它标志着企业的技术能力和工艺水平，反映着一个国家工业制造的水平，已成为现代机床发展的主流方向。与普通数控机床相比，MC

具有以下特点：

1. 加工工序集中，加工精度高

MC 数控系统能控制机床在工件一次装夹后，实现多表面、多特征、多工位的连续、高效、高速、高精度加工，即加工工序集中，这是 MC 的典型特点。由于加工工序集中，减少了工件半成品的周转、搬运和存放时间，从而使 MC 的切削利用率（切削时间和开动时间之比）比普通机床高 3～4 倍，达 80%以上，缩短了工艺流程，减少了人为干扰，故 MC 加工精度高，互换性好。

2. 操作者的劳动强度减轻，经济效益高

MC 对零件的加工是在数控程序控制下自动完成的，操作者除了操作面板、装卸零件、进行关键工序的中间测量以及观察机床的运行之外，无须进行繁重的重复性手工操作，劳动强度轻。使用 MC 加工零件时，即使在单件、小批量生产的情况下，也可以获得良好的经济效益。例如，在加工之前节省了划线工时，在零件安装到机床上之后减少了调整、加工和检验的时间，直接生产费用大幅度降低等。另外，MC 加工零件还可以省去许多工艺装备，从而减少硬件的投资。同时，MC 加工稳定，废品率减少，可使生产成本进一步下降。

3. 对加工对象的适应性强

加工中心是按照被加工零件的数控程序进行自动加工的，当改变加工零件时，只要改变数控程序就行，而不必更换大量的专用工艺装备。因此，MC 能够适应从简单到复杂型面零件的加工，且生产准备周期短，有利于产品的更新换代。

4. 有利于生产管理的现代化

用 MC 加工零件时，能够准确地计算零件的加工工时，并有效地简化检验和工具、夹具、半成品的管理工作，这些特点有利于生产管理的现代化。当前许多大型 CAD/CAM 集成软件已经具有了生产管理模块，可满足计算机辅助生产管理的要求。

加工中心虽然具有很多优点，但也存在以下一些必须考虑的问题：

（1）工件粗加工后直接进入精加工阶段。粗加工时，一次装夹中金属切除量多、几何形变大，工件温升高，温升来不及恢复，冷却后工件尺寸发生变化，会造成零件的精度下降。

（2）工件由毛坯直接加工为成品，零件未进行时效处理，内在应力难以消除，加工完一段时间后内应力释放，会使工件产生变形。

（3）装夹零件的夹具必须满足既能承受粗加工中的大切削力，又能在精加工中准确定位的要求，而且零件夹紧变形要小。

（4）多工序集中加工，要及时处理切屑。在加工过程中，切屑的堆积、缠绕等将会影响加工的顺利进行及划伤零件的表面，甚至使刀具损坏、工件报废。

（5）由于自动换刀装置的应用，使工件尺寸受到一定的限制，钻孔深度、刀具长度、刀具直径及刀具质量都要加以综合考虑。

任务二 加工中心刀具选用

一、加工中心常用刀具

加工中心常用刀具如图 20-9 所示，主要包括铣削刀具和孔加工刀具。

1. 铣削刀具

铣刀是刀齿分布在旋转表面或端面上的多刃刀具，其几何形状较复杂，种类较多。铣刀按材料可分为高速钢铣刀、硬质合金铣刀等；按结构形式可分为整体式铣刀、镶齿式铣刀、可转位式铣刀；按安装方法可分为带孔铣刀、带柄铣刀；按形状和用途又可分为圆柱铣刀、面铣刀、立铣刀、键槽铣刀、球头铣刀等。

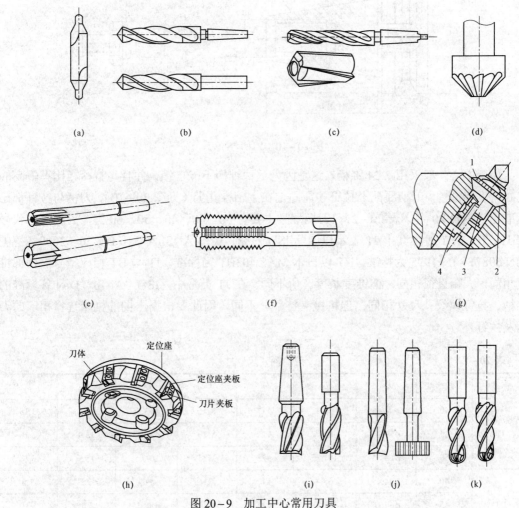

图20-9 加工中心常用刀具

（a）中心钻；（b）麻花钻；（c）扩孔钻；（d）锪孔钻；（e）铰刀；（f）丝锥；
（g）镗刀；（h）面铣刀；（i）立铣刀；（j）键槽铣刀；（k）球头铣刀
1—带刻度盘的调节螺母；2—圆锥组件；3—带螺纹的刀夹；4—锁紧螺钉

2. 孔加工刀具

孔加工刀具有中心钻、麻花钻（直柄、锥柄）、扩孔钻、锪孔钻、铰刀、镗刀、丝锥等。

二、加工中心的工具系统

1. 刀柄

加工中心使用的刀具种类繁多，而每种刀具都有特定的结构及使用方法，要想实现刀具在主轴上的固定，必须有一中间装置，该装置必须既能够装夹刀具又能在主轴上准确定位。装夹刀具的部分（直接与刀具接触的部分）叫工作头，而安装工作头又直接与主轴接触的标准定位部分就叫刀柄（见图20-10）。

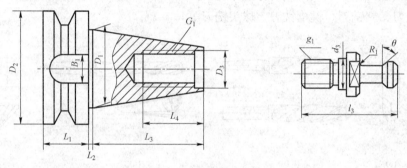

图 20-10　刀柄与拉钉

加工中心一般采用 7:24 锥柄，这是因为这种锥柄不能自锁，并且与直柄相比有较高的定心精度和刚性。刀柄要配上拉钉才能固定在主轴锥孔上（见图20-10），刀柄与拉钉都已标准化（见表20-1、表20-2）。刀柄型号主要有30、40、45、50、60等，刀柄标志代号有 JT、BT、ST 等，其中 JT 表示以国际 ISO 7388、美国 ANSI/ASME B 5.50—2009、德国 DIN 69871-1—1995 为标准，BT 以日本 MAS 403BT 为标准。JT 与 BT 相应型号的柄部锥度相同，大端直径相同，但锥度长度有所不同。在 JT 类型中，ISO、ANSI、DIN 各标准的锥柄、拉钉螺纹孔尺寸相同，但机械夹持部分不同，因此要根据不同的机床选择相应的刀柄及拉钉。

表 20-1　　　　　　　刀　柄　尺　寸　　　　　　　　mm

标准	规格	D_1	L_3	D_3	G_1	G_2	L_1	L_2
JT	40	ϕ44.45	68.4	ϕ17	M16	ϕ63.55	15.9	3.18
	45	ϕ57.15	82.7	ϕ21	M20	ϕ82.55	15.9	3.18
	50	ϕ69.85	101.75	ϕ25	M24	ϕ97.5	15.9	3.18
BT	40	ϕ44.45	65.4	ϕ17	M16	ϕ63	25	1.6
	45	ϕ57.15	82.8	ϕ21	M20	ϕ82.55	30	3
	50	ϕ69.85	101.8	ϕ25	M24	ϕ100	35	3

表 20-2 拉 钉 尺 寸 mm

标准	规格	l_1	g_1	d_3	θ	
					θ_1	θ_2
ISO	40	54	M16	$\phi 17$	30°	45°
	45	65	M20	$\phi 21$	30°	45°
	50	74	M24	$\phi 25$	30°	45°
BT	40	60	M16	$\phi 17$	30°	45°
	45	70	M20	$\phi 21$	30°	45°
	50	85	M24	$\phi 25$	30°	45°

2. 工具系统

加工中心的工具系统是刀具与加工中心的连接部分，由工作头、刀柄、拉钉、接长杆等组成（见图 20-11），起到固定刀具及传递动力的作用。工具系统是能在主轴和刀库之间交换的相对独立的整体。工具系统的性能往往影响着加工中心的加工效率、质量、刀具的寿命、切削效果。另外，加工中心使用的刀柄、刀具数量繁多，合理地调配工具系统对成本的降低也有很大意义。

加工中心使用的工具系统是指镗铣类工具系统，有整体式与模块式两类。整体式工具系统是把刀柄和工作头做成一体，使用时选用不同品种和规格的刀柄即可使用，其优点是使用方便、可靠，缺点是刀柄数量多。模块式工具系统是把刀柄与工作头分开，做成模块式，然后通过不同的组合而达到使用目的，其减少了刀柄的数量。图 20-11 所示即为典型的模块式工具系统的组成。

工具系统内容繁多，一般用图谱来表示，如图 20-12 所示。

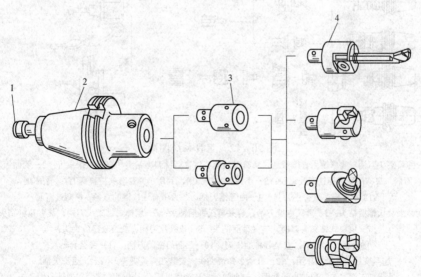

图 20-11 模块式工具系统的组成
1—拉钉；2—刀柄；3—接长杆；4—工作头

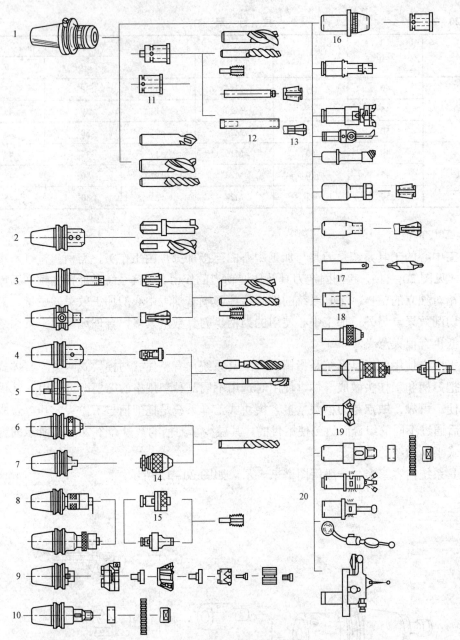

图 20-12　工具系统图谱

1—弹簧夹头刀柄，靠摩擦力直接或通过弹簧过渡套夹持直柄铣刀、钻头、直柄工作头等；2—侧面锁紧刀柄，夹持削平直柄铣刀或钻头；3—小弹簧夹头刀柄，利用小弹簧套夹持直柄刀具，结构小，适于加工窄深槽、夹持小刀具；4—内键槽刀柄，装夹带有连接键的直柄-锥柄过渡套，从而装夹莫氏锥柄钻头；5—莫氏锥度刀柄，装夹莫氏锥柄钻头；6—整体式钻夹头刀柄，装夹直柄钻头；7—模块式钻夹头刀柄，装夹直柄钻头；8—攻螺纹刀柄，安装攻螺纹夹头；9—面铣刀刀柄，安装各种面铣刀；10—三面刃铣刀刀柄；11—弹簧套，起到变径及夹紧的作用；12—直柄小弹簧夹头，安装在弹簧夹头刀柄上，更加灵活，适于加工深型腔；13—小弹簧套，与小弹簧夹头为锥度配合，由锁紧螺母施加轴向力，使小弹簧套锁紧刀具；14—钻夹头；15—丝锥夹头；16—直柄弹簧夹头；17—直柄中心钻夹头；18—直柄-莫氏锥度过渡套；19—直柄可转位立铣刀；20—找正器

三、加工中心刀具的选择

加工中心使用的刀具由刃具和刀柄两部分组成。刃具有面加工用的各种铣刀和孔加工用的钻头、扩孔钻、镗刀、铰刀及丝锥等；刀柄要满足机床主轴的自动松开和拉紧定位，并能准确地安装各种切削刃具和适应换刀机械手的夹持等。工序集中的特点决定了加工中心在一次装夹中要经过多次换刀才能完成多工序的加工，所以加工中心对零件各加工部位要选用不同的刀具。

下面介绍加工中心的常用刀具及其选用方法。

1. 铣削刀具

（1）面铣刀。面铣刀主要用于加工平面，但是主偏角为 90°的面铣刀还能用于加工浅台阶。面铣刀一般做成可转位式，其典型结构如图 20-13 所示。

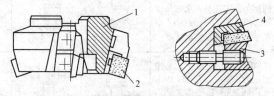

图 20-13　可转位式面铣刀的结构

1—刀体；2—刀片；3—楔块；4—刀垫

（2）立铣刀。立铣刀使用灵活，有多种加工方式。立铣刀按构成方式可分为整体式、焊接式和可转位式三种；按功能特点可分为通用立铣刀、键槽立铣刀、平面立铣刀、球头立铣刀、圆角立铣刀、多功能立铣刀、倒角立铣刀、T 形槽立铣刀等。一般立铣刀种类及典型应用场合见表 20-3。

表 20-3　　　　　　　　　　　　　　立铣刀种类及典型应用场合

立铣刀种类	典型应用场合			
通用立铣刀与球头立铣刀	直柄通用立铣刀一般做成整体式，锥柄通用立铣刀一般为焊接式；键槽立铣刀与通用立铣刀的区别在于键槽立铣刀根据键槽选用的配合不同，有正负公差之分；右图从左至右依次为：通用立铣刀铣槽、通用立铣刀铣轮廓、球头立铣刀铣圆弧槽、球头立铣刀铣曲面			
铣台阶用立铣刀	此铣刀做成可转位式，刀片为硬质合金并可更换，加工效率高；主偏角为 90°，能加工直角台阶；右图从左至右依次为：铣削浅槽、铣削台阶、铣削平面			
可转位螺旋立铣刀	铣刀的可转位刀片分布在铣刀螺旋槽上，各螺旋槽上的刀片交错排列，并有一定的搭接量，一个刀片只切除余量的一部分，所有刀片通过配合能切去全部余量；适合于粗加工；右图从左至右依次为：粗铣槽、粗铣轮廓；另外，它也可加工台阶和平面			

立铣刀种类	典型应用场合			
多功能立铣刀	多功能立铣刀可转位刀片为八角形，能用一把刀完成多表面加工，节省了刀库空间及换刀时间；右图从左至右依次为：加工浅槽、加工台阶、加工平面、加工倒角			
圆角立铣刀	圆角立铣刀可转位刀片为圆形，可进行零件底面与侧面过渡圆角的加工；右图从左至右依次为：加工槽、加工平面、加工曲面；通用立铣刀的刀尖也能制成同样形状，进行曲面等部位的加工，而且刚性比相同圆角半径的球头铣刀高			
倒角立铣刀	倒角立铣刀刀片为四边形，适合于加工 45° 的倒角；右图从左至右依次为：加工侧面槽、加工倒角、加工台阶和平面			
T 形槽立铣刀	此为可转位硬质合金立铣刀，右图从左至右依次为：加工 T 形槽、加工台阶、锪孔；高速钢 T 形槽立铣刀一般为焊接式，但一般只用于切削 T 形槽			

（3）盘形铣刀。盘形铣刀包括槽铣刀、两面刃铣刀、三面刃铣刀，如图 20-14 所示。槽铣刀有一个主切削刃，用于加工浅槽。两面刃铣刀有一个主切削刃、一个副切削刃，可用于加工台阶。三面刃铣刀有一个主切削刃、两个副切削刃，用于切槽及加工台阶。

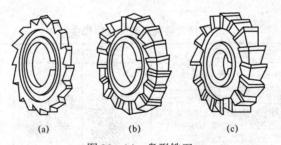

（a）　　　　　　　　（b）　　　　　　　　（c）

图 20-14　盘形铣刀

（a）槽铣刀；（b）两面刃铣刀；（c）三面刃铣刀

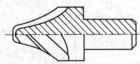

图 20-15　成形铣刀

（4）成形铣刀。为了提高效率，满足生产要求，有些零件可以采用成形铣刀进行铣削，如图 20-15 所示。

2. 钻削刀具

钻削是加工中心在实心材料上加工出孔的常见办法。钻削还用于扩孔、锪孔。钻头按结构分类有整体式钻头、刀体焊接式钻头、可转位式钻头；按柄部形状分类有直柄钻头、直柄扁尾钻头、（莫氏）锥柄钻头；按刃沟形状分类有右螺旋钻头、左螺旋钻头、直刃钻头；按刀体截面形状分类有内冷钻头、双刀带钻头、平刃沟钻头；按长度分类有标准钻头、长型钻头、短型钻头；按用途分类有中心钻、麻花钻、扩孔钻、锪钻、阶梯钻、导向钻等。

（1）中心钻。中心钻先在实心工件上加工出中心孔，起到定位和引导钻头的作用，如图 20-16（a）所示。

（2）麻花钻。麻花钻一般为高速钢材料，制造容易，价格低廉，应用广泛，如图 20-16（b）所示。但标准麻花钻有许多缺点，如不利屑的卷曲、切削性能差、排屑性能差、磨损快。

（3）扩孔钻。加工中心应用扩孔钻，加工效率高，质量好，如图 20-16（c）所示。

（4）锪钻。锪钻用于加工沉头孔和端面凸台等，如图 20-16（d）所示。

（5）硬质合金可转位式钻头。硬质合金可转位式钻头可用于扩孔，也可加工实心孔，加工效率高，质量好，如图 20-16（e）所示。

（6）加工中心用枪钻。加工中心用枪钻用于长径比在 5 以上的深孔加工，如图 20-16（f）所示。

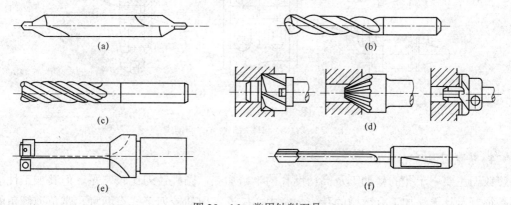

图 20-16　常用钻削刀具

（a）中心钻；（b）麻花钻；（c）扩孔钻；（d）锪钻；（e）硬质合金可转位式钻头；（f）加工中心用枪钻

3. 镗削刀具

（1）单刃镗刀。单刃镗刀是把类似车刀的刀尖装在镗刀杆上而形成的。刀尖在刀杆上的安装位置有两种：刀头垂直镗杆轴线安装，适于加工通孔 [见图 20-17（a）]；刀头倾斜镗杆轴线安装，适于盲孔、台阶孔的加工 [见图 20-17（b）]。

图 20-18 所示为常见的单刃镗刀的微调结构。刀头体 1 为圆柱状，其外圆上有精密螺纹与调整螺母 3 配合，刀头后端有螺纹孔，用内六角螺钉 5 及垫圈 6 紧固在镗杆 4 的圆柱孔内。调整时，将螺钉 5 稍稍松开，转动调整螺母，刀头体 1 即沿其轴线移动。刀头体上有导向键 7 与镗杆孔中键槽配合，使刀头不会产生转动。

（2）双刃镗刀。双刃镗刀常用的有定装式、机械夹固式和浮动式三种，如图 20-19 所示。双刃镗刀的好处是径向力可得到平衡，工件孔径尺寸由镗刀尺寸保证。浮动镗刀的刀块能在径向浮动，加工时可消除机床、刀具装夹误差及镗杆弯曲等误差，但不能矫正孔直线度误差和孔的位置度误差。

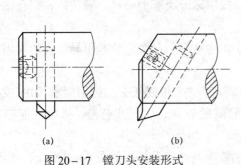

图 20-17　镗刀头安装形式

（a）刀头垂直镗杆轴线安装；（b）刀头倾斜镗杆轴线安装

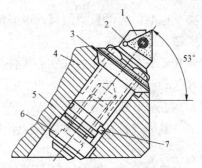

图 20-18　单刃镗刀的微调结构

1—刀头体；2—刀片；3—调整螺母；4—镗杆；
5—内六角螺钉；6—垫圈；7—导向键

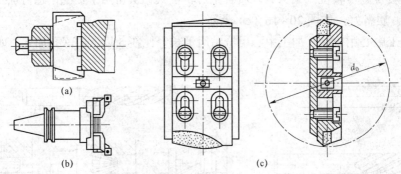

图 20-19　双刃镗刀

（a）定装式；（b）机械夹固式；（c）浮动式

4. 铰削刀具

铰刀主要用于孔的精加工及高精度孔的半精加工。圆柱铰刀比较常见，但其加工性能不是很好，且无法加工有键槽的孔。加工中心广泛应用的铰刀形式有两种：带负刃倾角的铰刀［见图 20-20（a）］和螺旋齿铰刀。螺旋齿铰刀又可分两种：一种是普通螺旋齿铰刀［见图 20-20（b）］，其刀齿有一定的螺旋角，切削平稳，能够加工带键槽的孔；另一种是螺旋推铰刀［见图 20-20（c）］，其特点是螺旋角很大，切削刃长，可连续参加切削，所以切削过程平稳无振动，切屑呈发条状向前排出，避免了切屑擦伤已加工孔壁。

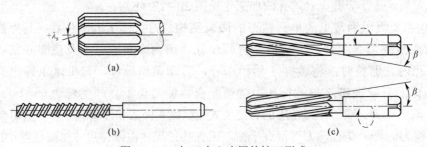

图 20-20　加工中心应用的铰刀形式

（a）带负刃倾角的铰刀；（b）普通螺旋齿铰刀；（c）螺旋推铰刀

5. 螺纹加工刀具

加工中心一般使用丝锥作为螺纹加工刀具，丝锥加工螺纹的过程叫攻螺纹。一般丝锥的容屑槽是制成直的，也有做成螺旋形的。螺旋形的丝锥容屑、排屑容易，切屑呈螺旋状。加工右旋通孔螺纹时，选用左旋丝锥；加工右旋盲孔螺纹时，选用右旋丝锥。

任务三 加工中心夹具选择

一、加工中心夹具选择的原则与方法

加工中心夹具的选择和使用，要注意以下几个方面：

（1）根据加工中心的机床特点和加工需要，目前常用的夹具类型有专用夹具、组合夹具、可调夹具、成组夹具以及工件统一基准定位装夹系统。在选择时要综合考虑各种因素，选择较经济、合理的夹具形式。一般夹具的选择顺序是：在单件生产中尽可能采用通用夹具；批量生产时优先考虑组合夹具，其次考虑可调夹具，最后考虑成组夹具和专用夹具；当装夹精度要求很高时，可配置工件统一基准定位装夹系统。

（2）加工中心的高柔性要求其夹具比普通机床结构更紧凑、简单，夹紧动作更迅速、准确，尽量减少辅助时间，操作更方便、省力、安全，而且要保证足够的刚性和灵活多变，因此常采用气动、液压夹紧装置。

（3）考虑机床主轴与工作台面之间的最小距离和刀具的装夹长度，夹具在机床工作台上的安装位置应确保在主轴的行程范围内能使工件的加工内容全部完成。

（4）为保持工件在本次定位装夹中所有需要完成的待加工面充分暴露在外，夹具要尽量敞开，夹紧元件的空间位置能低则低，必须给刀具运动轨迹留有空间。夹具不能和各工步刀具轨迹发生干涉。当箱体外部没有合适的夹紧位置时，可以利用内部空间来安排夹紧装置。

（5）自动换刀和交换工作台时不能与夹具或工件发生干涉。

（6）尽量不要在加工中途更换夹紧点。若必须更换夹紧点时，要特别注意不能因更换夹紧点而破坏定位精度，必要时应在工艺文件中注明。

（7）有时夹具上的定位块是安装工件时使用的，在加工过程中为满足前后左右各个工位的加工，防止干涉，工件夹紧后即可拆去。对此，要考虑拆除定位元件后工件定位精度的保持问题。

二、直接将工件装夹在加工中心工作台面上

对于体积较大的工件，大都将其直接压在工作台面上，用组合压板夹紧。对图 20-21（a）所示的装夹方式，只能进行非贯通的挖槽或钻孔、部分外形等加工，也可在工件下面垫上厚度适当且加工精度较高的等高垫块后再将其压紧 [见图 20-21（b）]，这种装夹方法可进行贯通的挖槽或钻孔、部分外形等加工。

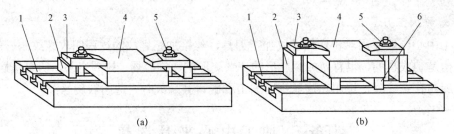

图 20-21　工件直接装夹在工作台面上的方法
（a）装夹方式一；（b）装夹方式二
1—工作台；2—支承块；3—压板；4—工件；5—双头螺柱；6—等高垫块

装夹时应注意以下几点：

（1）必须将工作台面和工件底面擦干净，不能拖拉粗糙的铸件、锻件等，以免划伤台面。

（2）在工件的光洁表面或材料硬度较低的表面与压板之间，必须安置垫片（如铜片或厚纸片），这样可以避免表面因受压力而损伤。

（3）压板的位置要安排妥当，要压在工件刚性最好的地方，不得与刀具发生干涉，夹紧力的大小也要适当，不然会产生变形。

（4）支承压板的支承块高度要与工件相同或略高于工件，压板螺栓必须尽量靠近工件，并且螺栓到工件的距离应小于螺栓到支承块的距离，以便增大压紧力。

（5）螺母必须拧紧，否则将会因压力不够而使工件移动，以致损坏工件、机床和刀具，甚至发生意外事故。

三、用机用平口钳安装工件

机用平口钳适用于中小尺寸和形状规则的工件安装（见图 20-22）。机用平口钳是一种通用夹具，一般有非旋转式和旋转式两种。前者刚性较好，后者底座上有一刻度盘，能够把平口钳转成任意角度。安装平口钳时必须先将底面和工作台面擦干净，利用百分表校正钳口，使钳口与相应的坐标轴平行，以保证铣削的加工精度，如图 20-23 所示。

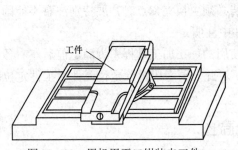

图 20-22　用机用平口钳装夹工件

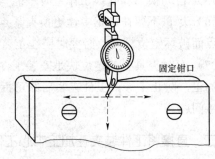

图 20-23　机用平口钳的校正

在加工中心上加工的工件多数为半成品，利用平口钳装夹这些工件时尺寸一般不超过钳口的宽度，所加工的部位不得与钳口发生干涉。平口钳安装好后，把工件放入钳口内，并在工件的下面垫上比工件窄、厚度适当且加工精度较高的等高垫块，然后把工件夹紧（对于高度方向尺寸较大的工件，不需要加等高垫块而直接装入平口钳）。为了使工件紧密地靠在垫块上，应用铜锤或木锤轻轻地敲击工件，直到用手不能轻易推动等高垫块时，再将工件夹紧在平口钳内。工件应当紧固在钳口比较中间的位置，装夹高度以铣削尺寸高出钳口平面 3～5mm 为宜。用平口钳装夹表面粗糙度值较大的工件时，应在两钳口与工件表面之间垫一层铜皮，以免损坏钳口，并能增加接触面。图 20-24 所示为使用机用平口钳装夹工件的几种情况。

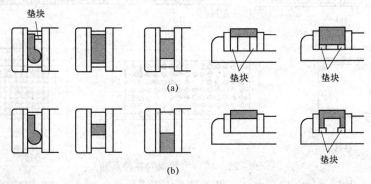

图 20-24　机用平口钳的使用情况
(a) 正确的安装；(b) 错误的安装

不加等高垫块时，可进行对高出钳口 3～5mm 以上部分的外形加工，包括非贯通的型腔及孔加工。加等高垫块时，可进行对高出钳口 3～5mm 以上部分的外形加工，包括贯通的型腔及孔加工（注意不得加工到等高垫块，如有可能加工到，可考虑更窄的垫块）。

四、用精密治具板安装工件

对于除底面以外五面要全部加工的情况，上面的装夹方式就无法满足，此时可采用精密治具板的装夹方式。

精密治具板具有较高的平面度、平行度与较小的表面粗糙度，工件或模具可通过尺寸大小选择不同的型号或系列，如图 20-25 所示。有些工件或大型模具在装夹后必须同时完成整个表面、外形、型腔及孔的加工才能保证其精度要求，此时需采用 HP、HH、HM 系列精密治具板安装。装夹前必须在工件底平面合适的位置加工出深度适宜的工艺螺钉孔（在加工模具时，其工艺螺钉孔位置应考虑到今后模具安装时能被利用掉），利用内六角螺钉将工件锁紧在精密治具板上（在加工贯通的型腔及通孔时，必须在工件与精密治具板之间合适的位置放入等高垫块），然后再将精密治具板安装在工作台面上。有些工件在使用组合压板装夹，而工作台面上的 T 形槽不能满足安装要求时，需采用 HT、HL、HC 系列精密治具板安装。利用组合压板将工件装夹在精密治具板上，然后再将精密治具板安装在工作台面上。这类系列的精密治具板还适用于零件尺寸较小时的多件一次性装夹加工。

五、用精密治具筒安装工件

在加工表面相互垂直度要求较高的工件时，多采用精密治具筒安装工件。精密治具筒具有较高的平面度、垂直度、平行度与较小的表面粗糙度。精密治具筒的各种系列如

图 20-26 所示。

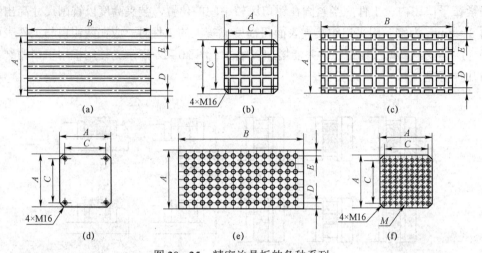

图 20-25　精密治具板的各种系列

（a）HT 系列；（b）HL 系列；（c）HC 系列；（d）HP 系列；（e）HH 系列；（f）HM 系列

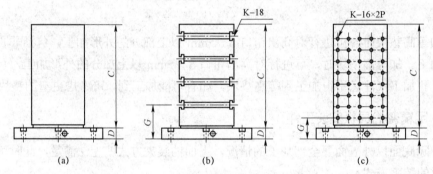

图 20-26　精密治具筒的各种系列

（a）BJB 系列；（b）HJC 系列；（c）HIB 系列

六、用组合夹具安装工件

1. 组合夹具元件

组合夹具是由一套结构、尺寸已经标准化、系列化的元件组合而成的。这些标准元件有基础件［见图 20-27（a）］，包括方形、长方形、圆形基础板及基础角铁等，用作夹具体；支承件［见图 20-27（b）］，包括 V 形支承、长方形支承、加筋角铁等，用作各支承体；定位件［见图 20-27（c）］，包括平键、T 形键、定位销、定位盘等，用作定位元件；导向件［见图 20-27（d）］，包括钻套、钻模板等，用于引导刀具；夹紧件［见图 20-27（e）］，包括 U 形、弯形、叉形压板等，用于夹紧工件；紧固件［见图 20-27（f）］，包括各种螺栓、螺母、垫圈等；辅助件［见图 20-27（g）］，包括三爪支承、手柄、垫圈、垫片等；组合件［见图 20-27（h）］，包括层座、可调 V 形块、回转支架等，构成具有一定功能的独立部分。组合夹具就是根据不同的零件，像搭积木一样，组成各种夹具；当夹具使用完毕，可以拆开元件，留待以后组合新的夹具。

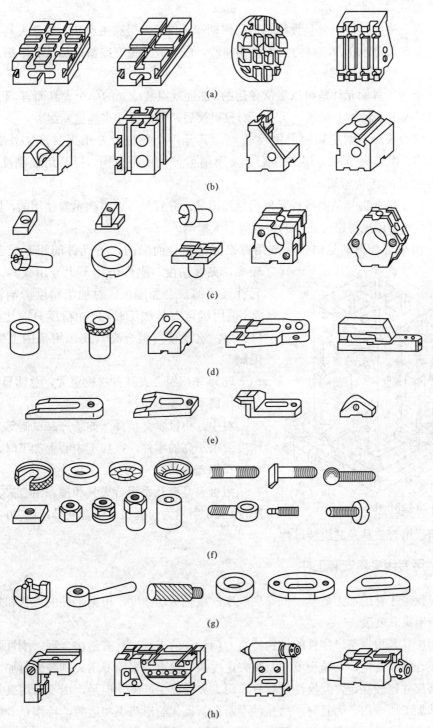

(a)

(b)

(c)

(d)

(e)

(f)

(g)

(h)

图 20-27　组合夹具的元件

（a）基础件；（b）支承件；（c）定位件；（d）导向件；（e）夹紧件；

（f）紧固件；（g）辅助件；（h）组合件

2. 组合夹具特点

（1）组合夹具可缩短夹具设计制造的周期和工作量，提高生产率。组合夹具可重复多次使用，节省人力、物力、财力，无论在单件、成批产品生产或新产品试制中都有较广泛的应用。

（2）组合夹具的元件是可以多次使用的，然而就组装成立的单个夹具而言，仍属专用，即只能用于加工一种加工对象，当加工对象更换后，仍需拆开夹具重新组装。

（3）组合夹具的刚度和接触刚度较差，其元件个数也较专用夹具多，外形尺寸较大，不紧凑。组合夹具与专用夹具配合使用则可扩大使用范围，提高组装刚度和精度，并使组合夹具的结构紧凑一些。

（4）由于组合夹具是由各种元件组装而成的，并且是可以多次重复使用的，因此元件的制造精度和耐用度对组合夹具的精度有很大影响。

（5）由于组合夹具是由各种通用标准元件组合而成的，各元件间相互配合的环节

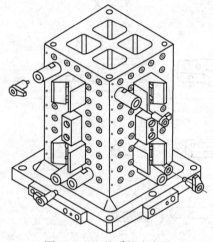

图 20-28 孔系组合夹具

较多，夹具精度、刚性仍比不上专用夹具，尤其是元件连接的接合面刚度，对加工精度影响较大。通常，采用组合夹具加工时，尺寸精度只能达到 IT8～IT9 级，这就使得组合夹具在应用范围上受到一定限制。

（6）使用组合夹具首次投资大，总体显得笨重，还有排屑不便等不足。

对中、小批量，单件（如新产品试制等）或加工精度要求不高的零件，在加工中心上加工时，应尽可能选择组合夹具。

组合夹具有孔系组合夹具和槽系组合夹具两类。图 20-28 所示为一套孔系组合夹具；图 20-29 所示为一套槽系组合夹具及其组装过程。

七、用专用夹具安装工件

为了保证工件的加工质量，提高生产率，减轻劳动强度，根据工件的形状和加工方式可采用专用夹具安装。

专用夹具是根据某一零件的结构特点专门设计的夹具，具有结构合理、刚性强、装夹稳定可靠、操作方便、安装精度高及装夹速度快等优点。采用专用夹具装夹所加工的一批工件，其尺寸比较稳定，互换性也较好，可大大提高生产率。但是，由于专用夹具只能为一种零件加工所专用，而且与产品品种不断更新换代的形势不相适应，特别是专用夹具的设计和制造周期长，花费的劳动量较大，对于加工简单零件显然不太经济。但在模具加工中，就是单件，采用专用夹具也是很正常的。

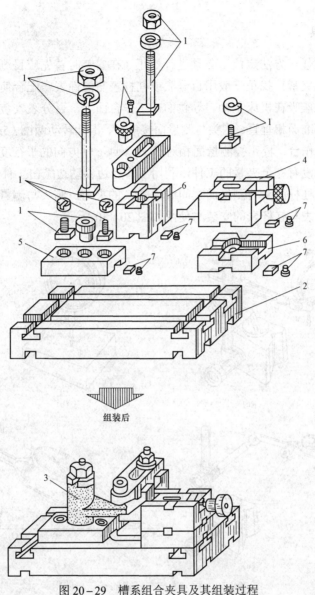

组装后

图 20-29　槽系组合夹具及其组装过程

1—紧固件；2—基础板；3—工件；4—活动 V 形铁合件；5—支承板；6—垫铁；7—定位键及其紧定螺钉

八、用其他装置安装工件

1. 用三爪自定心卡盘安装

将三爪自定心卡盘利用压板安装在工作台面上，可装夹圆柱形零件。在批量加工圆柱形工件端面时，这种装夹方式快捷方便，如铣削端面凸轮、不规则槽等。

2. 用万能分度头安装

万能分度头是三轴三联动以下加工中心常用的重要附件，能使工件绕分度头主轴轴线回转一定角度，在一次装夹中完成等分或不等分零件的分度工作，如加工四方、六角等。

九、找正用具

工件利用上述任一方法定位后必须进行找正（在安装时首先应目测工件，使其大致与坐标轴平行）才能夹紧，找正一般用百分表或杠杆表与磁性表座配合使用来完成。根据找正的需要，可将表座吸在机床主轴、导轨面或工作台面上，百分表安装在表座接杆上，使测头轴线与测量基准面相垂直。测头与测量面接触后，指针转动两圈（5mm 量程的百分表）左右，移动机床工作台，校正被测量面相对于 x、y 或 z 轴方向的平行度或平面度（一般可以用纯铜棒敲击还没有完全夹紧的工件，利用工作台边移动边敲击工件进行位置的校正）。使用杠杆表校正时杠杆测头与测量面之间成约 15° 的夹角，测头与测量面接触后，指针转动半圈左右。百分表与杠杆表的安装与使用如图 20-30 所示。

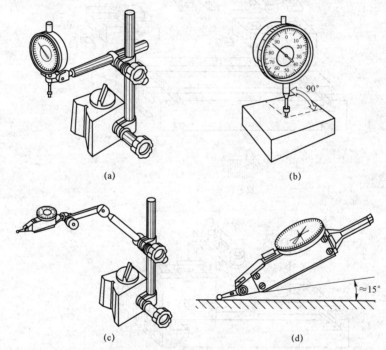

(a)　　　　　　　　　　　　　　(b)

(c)　　　　　　　　　　　　　　(d)

图 20-30　百分表与杠杆表的安装与使用

（a）百分表的安装；（b）百分表的使用；（c）杠杆表的安装；（d）杠杆表的使用

项目二十一

编制盖板零件加工工艺

任务一　学习加工中心工艺知识

一、加工方法的选择

加工中心加工的零件表面不外乎平面、平面轮廓、曲面、孔和螺纹等，因此所选的加工方法要与零件的表面特征、所要求达到的精度及表面粗糙度相适应。

（1）平面、平面轮廓及曲面在镗铣类加工中心上唯一的加工方法是铣削，经粗铣的平面，尺寸（指两平面之间的尺寸）精度可达 IT12～IT14 级，表面粗糙度可达 Ra12.5～50.0μm；经粗、精铣的平面，尺寸精度可达 IT7～IT9 级，表面粗糙度可达 Ra1.6～3.2μm。

（2）孔加工方法比较多，有钻削、扩削、铰削和镗削等，大直径孔还可采用圆弧插补方式进行铣削加工。

对于直径大于 ϕ30mm 的已铸出或锻出毛坯的孔加工，一般采用"粗镗—半精镗—孔口倒角—精镗"的加工方案，孔径较大的可采用立铣刀"粗铣—精铣"的加工方案。有退刀槽时可用锯片铣刀在半精镗之后、精镗之前铣削完成，也可用镗刀进行单刀镗削，但单刀镗削效率低。

对于直径小于 ϕ30mm 的无毛坯孔的孔加工，通常采用"锪平端面—打中心孔—钻—扩—孔口倒角—铰"的加工方案，有同轴度要求的小孔须采用"锪平端面—打中心孔—钻—半精镗—孔口倒角—精镗（或铰）"的加工方案。为提高孔的位置精度，在钻孔之前须安排锪平端面和打中心孔。孔口倒角安排在半精加工之后、精加工之前，以防孔内产生毛刺。

（3）螺纹的加工可根据孔径大小，采用不同的加工方法。一般情况下，直径在（M6～M20）mm 之间的螺纹，通常采用攻螺纹方法加工；直径在 M6mm 以下的螺纹，在加工中心上完成底孔加工，再通过其他手段攻螺纹，因为在加工中心上攻螺纹不能随机控制加工状态，小直径丝锥容易折断；直径在 M20mm 以上的螺纹，可采用镗刀片镗削加工。

二、加工阶段的划分

在加工中心上加工的零件，其加工阶段的划分主要根据零件是否已经过粗加工、加工质量要求的高低、毛坯质量的高低以及零件批量的大小等因素确定。

若零件已在其他机床上经过粗加工，加工中心只是完成最后的精加工，则不必划分加工阶段。

对加工质量要求较高的零件，若其主要表面在上加工中心加工之前没有经过粗加工，则应尽量将粗、精加工分开进行。要使零件在粗加工后有一段自然时效过程，以消除残余应力和恢复切削力、夹紧力引起的弹性变形及切削热引起的热变形，必要时还可以安排人工时效处理，然后通过精加工消除各种变形。

对加工精度要求不高，而毛坯质量较高、加工余量不大、生产批量很小的零件或新产品试制中的零件，可利用加工中心良好的冷却系统，把粗、精加工合并进行。但粗、精加工应划分成两道工序分别完成，粗加工用较大的夹紧力，精加工用较小的夹紧力。

三、加工顺序的安排

在加工中心上加工零件，一般都有多个工步，使用多把刀具，因此加工顺序安排得是否合理，直接影响着加工精度、加工效率、刀具数量和经济效益等。在安排加工顺序时同样要遵循"基面先行""先粗后精""先主后次"及"先面后孔"的一般工艺原则。此外还应考虑：

（1）减少换刀次数，节省辅助时间。一般情况下，每换一把新的刀具后，应通过移动坐标、回转工作台等将由该刀具切削的所有表面全部完成。

（2）每道工序应尽量减少刀具的空行程移动量，按最短路线安排加工表面的加工顺序。

安排加工顺序时可参照采用"粗铣大平面—粗镗孔、半精镗孔—立铣刀加工—加工中心孔—钻孔—攻螺纹—平面和孔精加工（精铣、铰、镗等）"的加工顺序。

四、装夹方案的确定和夹具的选择

在零件的工艺分析中，已确定了零件在加工中心上加工的部位和加工时所用的定位基准，因此在确定装夹方案时，只需根据已选定的加工表面和定位基准确定工件的定位夹紧方式，并选择合适的夹具。此时，主要考虑以下几点：

（1）夹紧机构或其他元件不得影响进给，加工部位要敞开。要求夹持工件后夹具上一些组成件（如定位块、压块和螺栓等）不能与刀具运动轨迹发生干涉。如图 21-1 所示，用立铣刀铣削零件的六边形，若用压板机构压住工件的 A 面，则压板易与铣刀发生干涉；若夹压 B 面，就不影响刀具进给。对有些箱体零件加工可以利用内部空间来安排夹紧机构，将其加工表面敞开，如图 21-2 所示。当在卧式加工中心上对工件的四周进行加工时，若很难安排夹具的定位和夹紧装置，则可以通过减少加工表面来留出定位夹紧元件的空间。

（2）装卸方便，辅助时间尽量短。由于加工中心效率高，装夹工件的辅助时间对加工效率影响较大，所以要求配套夹具在使用中也要装卸快而方便。

（3）对小型零件或工序不长的零件，可以考虑在工作台上同时装夹几件进行加工，以提高加工效率。例如，在加工中心工作台上安装一块与工作台大小一样的平板，如图 21-3 所示。该平板既可作为大工件的基础板，也可作为多个小工件的公共基础板。

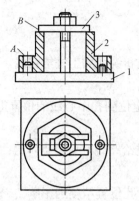
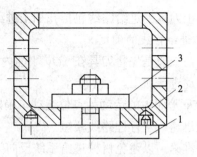

图21-1　不影响进给的装夹示例
1—定位装置；2—工件；3—夹紧装置

图21-2　敞开加工表面的装夹示例
1—定位装置；2—工件；3—夹紧装置

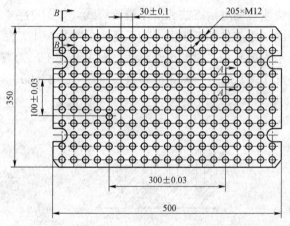
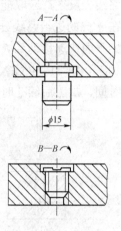

图21-3　新型数控夹具元件

（4）夹具应便于与机床工作台面及工件定位面间的定位连接。加工中心工作台面上一般都有基准T形槽，转台中心有定位圆，台面侧面有基准档板等定位元件。固定方式一般是用T形槽螺钉或工作台面上的紧固螺纹孔，用螺栓或压板压紧。夹具上用于紧固的孔和槽的位置必须与工作台面上的T形槽和孔的位置相对应。

（5）夹具结构应力求简单。由于零件在加工中心上加工大都采用工序集中原则，加工的部位较多，同时批量较小，零件更换周期短，夹具的标准化、通用化和自动化对加工效率的提高及加工成本的降低有很大影响。因此，对批量小的零件应优先选用组合夹具；对形状简单、单件小批量生产的零件，可选用通用夹具，如三爪卡盘、台钳等；只有对批量较大，且周期性投产，加工精度要求较高的关键工序才设计专用夹具，以保证加工精度和提高装夹效率。

（6）必须保证最小的夹紧变形。工件在粗加工时，切削力大，需要的夹紧力大，但又不能把工件夹压变形，否则松开夹具后零件会发生变形，因此必须慎重选择夹具的支承点、定位点和夹紧点。如果采用了相应措施仍不能控制工件变形，只能将粗、精加工分开，或者粗、精加工使用不同的夹紧力。

五、进给路线的确定

加工中心上刀具的进给路线包括孔加工进给路线和铣削加工进给路线。

1. 孔加工进给路线的确定

孔加工时，一般是先将刀具在 xOy 平面内快速定位到孔中心线的位置上，然后再沿 z 向（轴向）运动进行加工。

刀具在 xOy 平面内的运动为点位运动，确定其进给路线时要重点考虑：

（1）定位迅速，空行程路线要短。

（2）定位准确，以避免机械进给系统反向间隙对孔位置精度的影响。

（3）当定位迅速与定位准确不能同时满足时，若按最短进给路线进给能保证定位精度，则取最短路线。反之，应取能保证定位准确的路线。

刀具在 z 向的进给路线分为快速移动进给路线和工作进给路线。如图 21-4 所示，刀具先从初始平面快速移动到 R 平面（距工件加工表面一切入距离的平面）上，然后按工作进给速度加工。图 21-4（a）所示为单孔加工时的进给路线。对多孔加工，为减少刀具空行程进给时间，加工后续孔时，刀具只要退回到 R 平面即可，见图 21-4（b）。

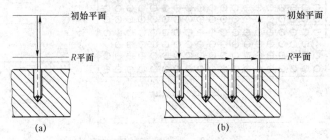

图 21-4　孔加工时刀具 z 向进给路线示例
（a）单孔加工进给路线；（b）多孔加工进给路线
（实线为快速移动路线，虚线为工作进给路线）

R 平面距工件表面的距离称为切入距离。加工通孔时，为保证全部孔深都加工到，应使刀具伸出工件底面一段距离（切出距离）。切入切出距离的大小与工件的表面状况和加工方式有关，一般可取 2~5mm。

2. 铣削加工进给路线的确定

铣削加工进给路线包括铣削进给和 z 向快速移动进给两种进给路线。加工中心是在数控铣床的基础上发展起来的，其加工工艺仍以数控铣削加工为基础，因此铣削加工进给路线的选择原则对加工中心同样适用，此处不再重复。z 向快速移动进给常采用下列进给路线：

（1）铣削开口不通槽时，铣刀在 z 向可直接快速移动到位，不需工作进给，见图 21-5（a）。

（2）铣削封闭槽（如键槽）时，铣刀需要有一切入距离 z_o，先快速移动到距工件加工表面一切入距离 z_a 的位置上（R 平面），然后以工作进给速度进给至铣削深度 H，见图 21-5（b）。

（3）铣削轮廓及通槽时，铣刀应有一段切出距离 z_0，可直接快速移动到距工件表面 z_0 处，见图 21-5（c）。

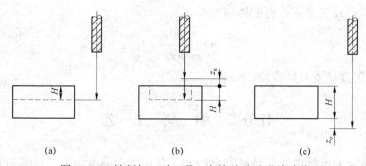

图 21-5　铣削加工时刀具 z 向快速移动进给路线
（a）铣削开口不通槽时；（b）铣削封闭槽时；（c）铣削轮廓及通槽时

六、切削用量的选择

切削用量的大小对切削力、切削功率、刀具磨损、加工质量和加工成本均有显著影响。选择切削用量时，要在保证加工质量和刀具耐用度的前提下，充分发挥机床性能和刀具切削性能，使切削效率最高，加工成本最低。

1. 切削用量的选择原则

（1）粗加工时切削用量的选择原则。首先选取尽可能大的背吃刀量；其次要根据机床动力和刚性的限制条件等，选取尽可能大的进给量；最后根据刀具耐用度确定最佳的切削速度。

（2）精加工时切削用量的选择原则。首先根据粗加工后的余量确定背吃刀量；其次根据已加工表面粗糙度要求，选取较小的进给量；最后在保证刀具耐用度的前提下尽可能选用较高的切削速度。

2. 切削用量的选择方法

（1）背吃刀量的选择。根据加工余量确定，粗加工（$Ra10\sim80\mu m$）时，一次进给应尽可能切除全部余量，在中等功率机床上，背吃刀量可达 $8\sim10mm$；半精加工（$Ra1.25\sim10.00\mu m$）时，背吃刀量取为 $0.5\sim2.0mm$；精加工（$Ra0.32\sim1.25\mu m$）时，背吃刀量取为 $0.1\sim0.4mm$。

在工艺系统刚性不足、毛坯余量很大或余量不均匀时，粗加工要分几次进给，并且应当把第一、二次进给的背吃刀量尽量取得大一些。

（2）进给量的选择。粗加工时，由于对工件表面质量没有太高的要求，这时主要考虑机床进给机构的强度和刚性及刀杆的强度和刚性等限制因素。根据加工材料、刀杆尺寸、工件直径及已确定的背吃刀量来选择进给量。在半精加工和精加工时，则按表面粗糙度要求，根据工件材料、刀尖圆弧半径、切削速度来选择进给量。

（3）切削速度的选择。根据已经选定的背吃刀量、进给量及刀具耐用度来选择切削速度。可用经验公式计算，也可根据生产实践经验在机床说明书允许的切削速度范围内查表选取。

切削速度 v_c 确定后，可用下面的公式计算出机床转速 n（对有级变速的机床，须按机床说明书选择与计算转速 n 接近的转速）：

$$n = \frac{1000v_c}{\pi d}$$ （21-1）

式中 d——加工直径或刀具直径，mm。

任务二　编　制　工　艺

图 21-6 所示为盖板零件，材料为 HT200，在加工中心上加工，试编制其加工工艺。

一、零件图工艺分析

该盖板的材料为铸铁，故毛坯为铸件。由图 21-6 可知，盖板的四个侧面为不加工表面，全部加工表面都集中在 A、B 面上，最高精度为 IT7 级。从工序集中和便于定位两个方面考虑，选择 B 面及位于 B 面上的全部孔在加工中心上加工，将 A 面作为主要定位基准，并在前道工序中先加工好。

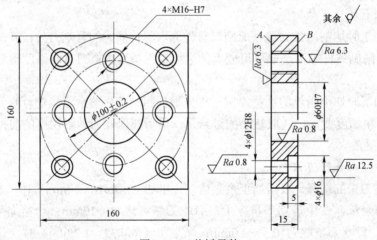

图 21-6　盖板零件

二、选择加工中心

由于 B 面及位于 B 面上的全部孔只需单工位加工即可完成，故选择立式加工中心。由于加工表面不多，只有粗铣、精铣、粗镗、半精镗、精镗、钻、扩、锪、铰及攻螺纹等工步，所需刀具不超过 20 把，故选用国产 XH714 型立式加工中心即可满足上述要求。该机床工作台尺寸为 400mm×800mm，x 轴行程为 600mm，y 轴行程为 400mm，z 轴行程为 400mm，主轴端面至工作台台面距离为 125～525mm，定位精度和重复定位精度分别为 0.02mm 和 0.01mm，刀库容量为 18 把，工件一次装夹后可自动完成铣、钻、镗、铰及攻螺纹等工步的加工。

三、设计加工工艺

（1）选择加工方法。B 平面用铣削方法加工，因其表面粗糙度为 $Ra6.3\mu m$，故采用"粗铣—精铣"加工方案；$\phi 60H7$ 孔已铸出毛坯孔，为达到 IT7 级精度和 $Ra0.8\mu m$ 的表面粗糙度，需经三次镗削，即采用"粗镗—半精镗—精镗"加工方案；对 $\phi 12H8$ 孔，为防止钻偏和达到 IT8 级精度，按"钻中心孔—钻孔—扩孔—铰孔"的方案进行；$\phi 16mm$ 孔在 $\phi 12mm$ 孔基础上锪至尺寸即可；M16mm 螺纹孔采用先钻底孔后攻螺纹的加工方法，即按"钻中心孔—钻底孔—倒角—攻螺纹"的方案加工。

（2）确定加工顺序。按照先面后孔、先粗后精的原则，具体加工顺序可确定为"粗、精铣 B 面—粗、半精、精镗 $\phi 60H7$ 孔—钻各光孔和螺纹孔的中心孔—钻、扩、锪、铰 $\phi 12H8$ 及 $\phi 16mm$ 孔—M16mm 螺纹孔钻底孔、倒角和攻螺纹"，详见表 21-1。

（3）确定装夹方案和选择夹具。该盖板零件形状简单，四个侧面较光整，加工面与不加工面之间的位置精度要求不高，故可选用通用台钳，以盖板底面 A 和两个侧面定位，用台钳钳口从侧面夹紧。

（4）选择刀具。该零件加工所需刀具有面铣刀、镗刀、中心钻、麻花钻、铰刀、立铣刀（锪 $\phi 16mm$ 孔）及丝锥等，其规格根据加工尺寸选择。B 面粗铣铣刀直径应选小一些，以减小切削力矩，但也不能太小，以免影响加工效率；B 面精铣铣刀直径应选大一些，以减少接刀痕迹，但也不能太大，因为要考虑刀库的允许装刀直径（XH714 型加工中心的允许装刀直径：无相邻刀具为 $\phi 150mm$，有相邻刀具为 $\phi 80mm$）。刀柄柄部根据主轴锥孔和拉紧机构选择。XH714 型加工中心主轴锥孔为 ISO40，适用刀柄为 BT40（日本标准 JIS B 6339-1：2011），故刀柄柄部应选择 BT40 型。具体所选刀具及刀柄见表 21-2。

（5）确定进给路线。B 面的粗、精铣削加工进给路线根据铣刀直径确定，因所选铣刀直径为 $\phi 100mm$，故安排沿 x 方向两次进给（见图 21-7）。所有孔加工进给路线均按最短路线确定，因为孔的位置精度要求不高，机床的定位精度完全能保证，图 21-8～图 21-12 所示即为各孔加工工步的进给路线。

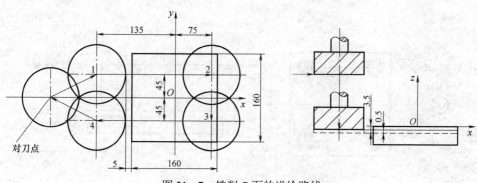

图 21-7　铣削 B 面的进给路线

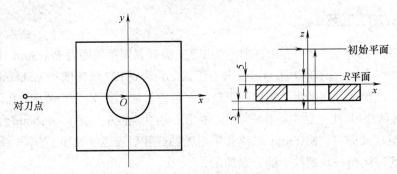

图 21-8　镗 ϕ60H7 孔进给路线

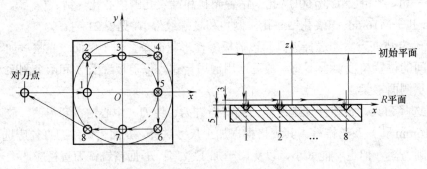

图 21-9　钻中心孔进给路线

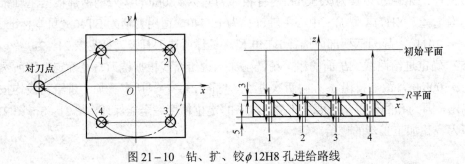

图 21-10　钻、扩、铰 ϕ12H8 孔进给路线

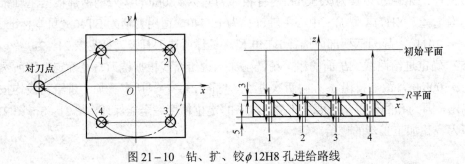

图 21-11　锪 ϕ16mm 孔进给路线

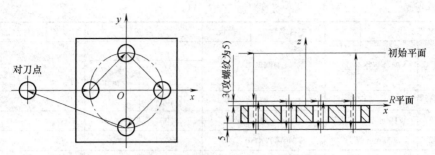

图 21－12　钻螺纹底孔、攻螺纹进给路线

（6）选择切削用量。查表确定切削速度和进给量，然后计算出机床主轴转速和机床进给速度，见表 21－1。

表 21－1　　　　　　　　　数 控 加 工 工 序 卡 片

单位名称	×××		产品名称及代号	零件名称	材料		零件图号
			×××	盖板	HT200		×××
工序号	程序编号	夹具名称	夹具编号	使用设备			车间
×××	×××	台钳	×××	XH714			数控中心

工步号	工步内容	加工面	刀具号	刀具规格/mm	主轴转速/(r/min)	进给速度/(mm/min)	背吃刀量/mm	备注
1	粗铣 B 平面，留余量 0.5mm		T01	$\phi100$	300	70	3.5	
2	精铣 B 平面至尺寸		T13	$\phi100$	350	50	0.5	
3	粗镗 $\phi60H7$ 孔至 $\phi58$mm		T02	$\phi58$	400	60		
4	半精镗 $\phi60H7$ 孔至 $\phi59.95$mm		T03	$\phi59.95$	450	50		
5	精镗 $\phi60H7$ 孔至尺寸		T04	$\phi60H7$	500	40		
6	钻 $4\times\phi12H8$ 及 $4\times M16$mm 的中心孔		T05	$\phi3$	1000	50		
7	钻 $4\times\phi12H8$ 至 $\phi10$mm		T06	$\phi10$	600	60		
8	扩 $4\times\phi12H8$ 至 $\phi11.85$mm		T07	$\phi11.85$	300	40		
9	锪 $4\times\phi16$mm 至尺寸		T08	$\phi16$	150	30		
10	铰 $4\times\phi12H8$ 至尺寸		T09	$\phi12H8$	100	40		
11	钻 $4\times M16$mm 底孔至 $\phi14$mm		T10	$\phi14$	450	60		
12	倒 $4\times M16$mm 底孔端角		T11	$\phi18$	300	40		
13	攻 $4\times M16$mm 螺纹孔成		T12	M16	100	200		
编制	×××	审核	×××	批准	×××	年 月 日	共 页	第 页

表 21－2   数 控 加 工 刀 具 卡 片

产品名称及代号		×××	零件名称	盖板	零件图号		×××	程序编号	×××
工步号	刀具号	刀具规格名称	刀柄型号		刀 具		补偿值/mm		备注
					直径/mm	长度/mm			
1	T01	ϕ100mm 面铣刀	BT40－XM32－75		ϕ100				
2	T13	ϕ100mm 面铣刀	BT40－XM32－75		ϕ100				
3	T02	ϕ58mm 镗刀	BT40－TQC50－180		ϕ58				
4	T03	ϕ59.95mm 镗刀	BT40－TQC50－180		ϕ59.95				
5	T04	ϕ60H7 镗刀	BT40－TW50－140		ϕ60H7				
6	T05	ϕ3mm 中心钻	BT40－Z10－45		ϕ3				
7	T06	ϕ10mm 麻花钻	BT40－M1－45		ϕ10				
8	T07	ϕ11.85mm 扩孔钻	BT40－M1－45		ϕ11.85				
9	T08	ϕ16mm 阶梯铣刀	BT40－MW2－55		ϕ16				
10	T09	ϕ12H8 铰刀	BT40－M1－45		ϕ12H8				
11	T10	ϕ14mm 麻花钻	BT40－M1－45		ϕ14				
12	T11	ϕ18mm 麻花钻	BT40－M2－50		ϕ18				
13	T12	M16mm 丝锥	BT40－G12－130		ϕ16				
编制	×××	审核	×××	批准	×××	年月日	共 页		第 页

任务三　项目训练：联轴器数控铣削加工工艺制定

一、实训目的与要求

（1）学会联轴器数控铣削加工工艺的制定方法。

（2）熟悉数控铣削加工工艺的制定流程。

二、实训内容

编制如图 21－13 所示联轴器零件的数控铣削加工工艺，材料为 HT200。

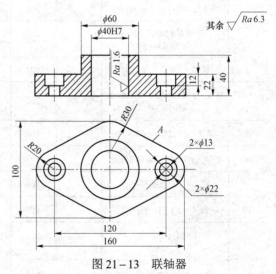

图 21－13　联轴器

项目二十二

编制箱体类零件加工工艺

任务一　编制工艺

图 22-1 所示为一座盒零件，零件材料为 YL12，毛坯尺寸（长×宽×高）为 190mm×110mm×35mm，采用 TH5660A 立式加工中心加工，单件生产，试编制其加工工艺。

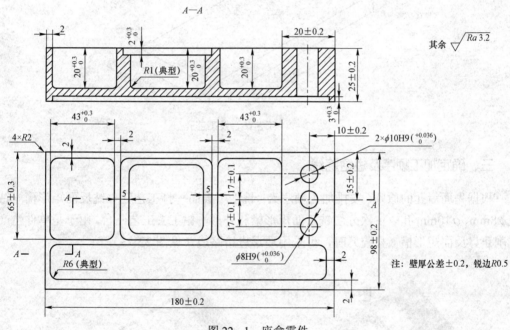

图 22-1　座盒零件

一、零件图工艺分析

该零件主要由平面、型腔以及孔系组成，零件尺寸较小，正面有 4 处大小不同的矩形槽，深度均为 20mm；在右侧有 2 个 ϕ10mm，1 个 ϕ8mm 的通孔；反面是 1 个 176mm×94mm，深度为 3mm 的矩形槽；零件形状结构并不复杂，尺寸精度要求也不是很高，但有多处转接圆角，使用的刀具较多，要求保证壁厚均匀，中小批量加工零件的一致性高；零件材料为 YL12，切削加工性较好，可以采用高速钢刀具，因此比较适合采用加工中心加工。

该零件主要的加工内容有平面、四周外形、正面四个矩形槽、反面一个矩形槽以及三个通孔；零件壁厚只有 2mm，加工时除了保证形状和尺寸要求外，主要是要控制加工中的变形，因此外形和矩形槽要采用依次分层铣削的方法，并控制每次的切削深度；孔加工采用钻、铰即可达到要求。

二、确定装夹方案

由于零件的长宽外形上有四处 R2mm 的圆角，最好一次连续铣削出来，同时为方便在正反面加工时零件的定位装夹，并保证正反面加工内容的位置关系，在毛坯的长度方向两侧设置 30mm 左右的工艺凸台和 2 个 ϕ8mm 工艺孔，如图 22-2 所示。

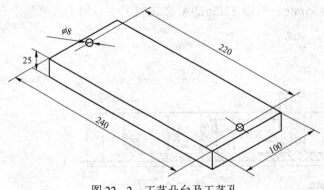

图 22-2　工艺凸台及工艺孔

三、确定加工顺序及进给路线

根据先面后孔的原则，安排加工顺序为：铣上下表面—打工艺孔—铣反面矩形槽—钻、铰 ϕ8mm、ϕ10mm 孔—依次分层铣正面矩形槽和外形—钳工去工艺凸台。由于是单件生产，铣削正、反面矩形槽（型腔）时，可采用环形进给路线（见图 22-3）。

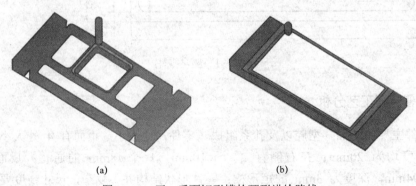

(a)　　　　　　　　　　　　　(b)

图 22-3　正、反面矩形槽的环形进给路线

(a) 正面加工；(b) 反面加工

四、刀具的选择

铣削上下平面时，为提高切削效率和加工精度，减少接刀刀痕，选用 ϕ 125mm 硬质合金可转位铣刀。根据零件的结构特点，铣削矩形槽时，铣刀直径受矩形槽拐角圆弧半径 R 6mm 限制，选择 ϕ 10mm 高速钢立铣刀，刀尖圆弧半径 r_ε 受矩形槽底圆弧半径 R 1mm 限制，取 $r_\varepsilon = 1$ mm。加工 ϕ 8mm、ϕ 10mm 孔时，先用 ϕ 7.8mm、ϕ 9.8mm 钻头钻削底孔，然后用 ϕ 8mm、ϕ 10mm 铰刀铰孔。所选刀具及其加工表面见表 22-1 数控加工刀具卡片。

五、切削用量的选择

精铣上下表面时留 0.1mm 铣削余量，铰 ϕ 8mm、ϕ 10mm 两个孔时留 0.1mm 铰削余量。选择主轴转速与进给速度时，先查切削用量手册，确定切削速度 v_c 与每齿进给量 f_z（或进给量 f），然后计算主轴转速与进给速度（计算过程从略）。注意：铣削外形时，应使工件与工艺凸台之间留有 1mm 左右的材料连接，最后钳工去工艺凸台。

六、填写数控加工工序卡片

将各工步的加工内容、所用刀具和切削用量填入表 22-2 数控加工工序卡片。

表 22-1　　　　　　　　　　数 控 加 工 刀 具 卡 片

产品名称或代号	×××		零件名称	座盒	零件图号	×××
序号	刀具号	刀　　具			加工表面	备注
		刀具规格名称	数量	刀长/mm		
1	T01	ϕ 125mm 可转位面铣刀	1		铣上下表面	
2	T02	ϕ 4mm 中心钻	1		钻中心孔	
3	T03	ϕ 7.8mm 钻头	1	50	钻 ϕ 8H9 孔和工艺孔底孔	
4	T04	ϕ 9.8mm 钻头	1	50	钻 2× ϕ 10H9 孔底孔	
5	T05	ϕ 8mm 铰刀	1	50	铰 ϕ 8H9 孔和工艺孔	
6	T06	ϕ 10mm 铰刀	1	50	铰 2× ϕ 10H9 孔	
7	T07	ϕ 10mm 高速钢立铣刀	1	50	铣削矩形槽、外形	$r_\varepsilon = 1$ mm
编制	×××	审核	×××	批准	×××	年 月 日 共 页 第 页

表 22-2　　　　　　　　　　数 控 加 工 工 序 卡 片

单位名称	×××	产品名称或代号	零件名称	零件图号
		×××	座盒	×××
工序号	程序编号	夹具名称	使用设备	车间
×××	×××	螺旋压板	TH5660A	数控中心

续表

工步号	工步内容	刀具号	刀具规格/mm	主轴转速/(r/min)	进给速度/(mm/min)	背、侧吃刀量/mm	备注
1	粗铣上表面	T01	ϕ125	200	100		自动
2	精铣上表面	T01	ϕ125	300	50	0.1	自动
3	粗铣下表面	T01	ϕ125	200	100		自动
4	精铣下表面，保证尺寸（25±0.2）mm	T01	ϕ125	300	50	0.1	自动
5	钻工艺孔的中心孔（2个）	T02	ϕ4	900	40		自动
6	钻工艺孔底孔至ϕ7.8mm	T03	ϕ7.8	400	60		自动
7	铰工艺孔	T05	ϕ8	100	40		自动
8	粗铣底面矩形槽	T07	ϕ10	800	100	0.5	自动
9	精铣底面矩形槽	T07	ϕ10	1000	50	0.2	自动
10	底面及工艺孔定位，钻ϕ8mm、ϕ10mm中心孔	T02	ϕ4	900	40		自动
11	钻ϕ8H9底孔至ϕ7.8mm	T03	ϕ7.8	400	60		自动
12	铰ϕ8H9孔	T05	ϕ8	100	40		自动
13	钻2×ϕ10H9底孔至ϕ9.8mm	T04	ϕ9.8	400	60		自动
14	铰2×ϕ10H9孔	T06	ϕ10	100	40		自动
15	粗铣正面矩形槽及外形（分层）	T07	ϕ10	800	100	0.5	自动
16	精铣正面矩形槽及外形	T07	ϕ10	1000	50	0.1	自动
编制	×××	审核	×××	批准	×××	年 月 日	共 页 第 页

任务二　项目训练：笔筒模具数控铣削加工工艺制定

一、实训目的与要求

（1）学会笔筒模具数控铣削加工工艺的制定方法。
（2）熟悉数控铣削加工工艺的制定流程。

二、实训内容

编制如图22-4所示笔筒模具的数控铣削加工工艺，材料为45钢。

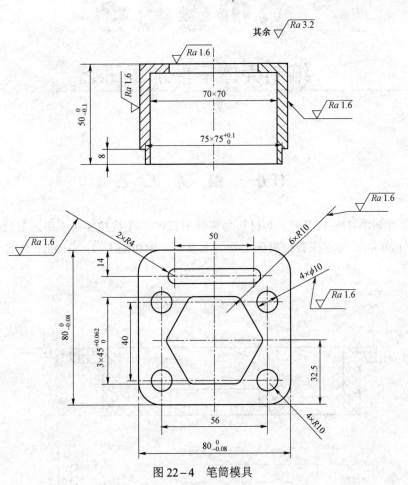

图 22-4　笔筒模具

项 目 二 十 三

编制壳体零件加工工艺

任务一 编 制 工 艺

壳体零件如图 23-1 所示，其材料为铸铁 HT200，在数控加工工序之前已加工好底面和 $\phi 80^{+0.054}_{0}$ mm 孔，要求在数控机床上铣削上表面、槽和加工 $4 \times M10$mm 螺纹孔，试编制其加工工艺。

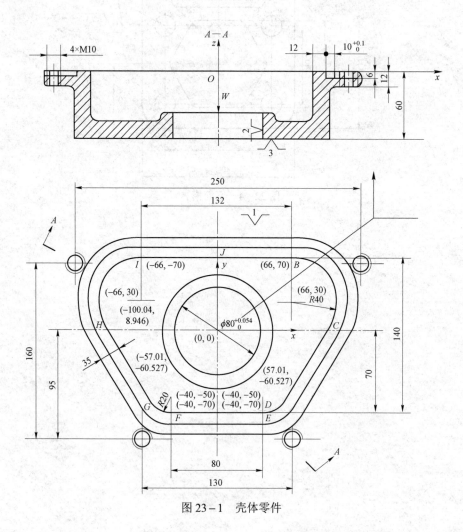

图 23-1 壳体零件

196

一、零件图工艺分析

工件材料为铸铁，切削加工性能很好，所要求加工要素精度一般，无形位公差要求，表面粗糙度要求不高。

二、确定装夹方案

（1）定位基准选择。本工序所加工表面的设计基准是底面和 $\phi 80_0^{+0.054}$ mm 的孔，根据基准重合的原则，以底面限制三个自由度，$\phi 80$mm 孔限制两个自由度，在零件的后面限制一个绕孔转动的自由度，实现完全定位。

（2）夹紧方案。采用螺钉和压板，压板压在 $\phi 80$mm 孔的上端面，夹紧力的方向对着底面，旋紧螺母将工件夹紧。

三、加工顺序及进给路线的确定

1. 加工顺序

根据先面后孔的原则，加工顺序可安排为：铣平面；钻 $4 \times$ M10mm 的中心孔（锪窝定位）；钻螺纹底孔 $4 \times \phi 8.5$mm；攻螺纹 $4 \times$ M10mm；铣尺寸为（10.0＋0.1）mm 的槽。

2. 数据处理

（1）选工件的设计基准为编程原点，即 $\phi 80$mm 孔轴线与工件上表面交点为编程原点。

（2）计算螺纹孔 $4 \times$ M10mm 中心位置坐标，分别为：（−65，−95）、（65，−95）、（125，55）、（−125，65）。

（3）计算基点坐标，铣上表面和螺旋槽的编程轨迹为内腔轮廓线，需要计算轨迹的基点坐标，经计算各基点坐为：J（0，70）、B（66，70）、C（100.04，8.946）、D（57.01，−60.527）、E（40，−70）、F（−40，−70）、G（−57.01，−60.527）、H（−100.04，8.946）、I（−66，70）。

（4）四段圆弧的圆心坐标分别为：（66，30）、（40，−50）、（−40，−50）、（−66，30）。

四、刀具选择

铣平面可使用 $\phi 50$mm 的面铣刀；$4 \times$ M10mm 螺纹孔可先用 $\phi 3$mm 中心钻定心，$\phi 8.5$mm 钻头钻底孔，然用 $\phi 18$mm 麻花钻做孔口倒角，最后用 M10mm 丝锥攻螺纹；用 $\phi 10$mm 立铣刀完成平面上槽的加工。

五、切削用量的选择

由于零件切削性能良好，尺寸精度和表面粗糙度要求不高，故可根据切削手册中的数取大值。铣平面时主轴转速可采用 300r/min，进给速度可采用 60mm/min；钻中心孔时主轴转速可采用 1200r/min，进给速度可采用 60mm/min；钻螺纹底孔和孔口倒角时主轴转速可采用 500r/min，进给速度可采用 50mm/min；攻螺纹时主轴转速可采用 60r/min；铣槽时主轴转速可采用 300r/min，进给速度可采用 30mm/min。

六、工艺文件的制定

（1）数控加工工序卡片。表 23-1 为数控加工工序卡片。

表 23-1　　　　数 控 加 工 工 序 卡 片

单位名称	×××	产品名称及代号	零件名称	零件图号			材料
		×××	壳体	×××			HT200
工序号	程序编号	夹具名称	夹具编号	使用设备			车间
30	0030	×××	×××	加工中心			数控中心
工步号	工步内容	刀具		辅助	切削用量		
		刀具号	规格/mm		主轴转速/ (r/min)	进给速度/（mm/min）	切削深度/ mm
1	铣平面	T01	$\phi50$	JT50-XM32-105	300	60	2
2	钻 4×M10mm 的中心孔	T02	$\phi3$	JT50-M2-50	1000	60	
3	钻螺纹底孔 4×ϕ8.5mm	T03	$\phi8.5$	JT50-M2-50	500	50	
4	螺纹孔口倒角	T04	$\phi18$	JT50-M2-50	500	50	
5	攻螺纹 4×M10mm	T05	M10	JT50-M2-50	60		
6	铣尺寸为 $10^{+0.1}_{0}$ mm 槽	T06	$\phi10$	JT50-M2-50	800	30	
编制	×××	审核	×××	批准	×××	年 月 日　共 页	第 页

（2）数控加工刀具卡片。表 23-2 为数控加工刀具卡片。

表 23-2　　　　数 控 加 工 刀 具 卡 片

产品名称 及代号	×××	零件名称	壳体	零件图号	×××	程序编号	×××
工步号	刀具号	刀具规格名称	刀柄型号	刀具		补偿地址	备注
				直径/mm	长度		
1	T01	ϕ50mm 面铣刀	JT50-XM32-105	60	实测	H01 D01	长度补偿 半径补偿
2	T02	ϕ3mm 中心钻	JT50-M2-50	3	实测	H02	长度补偿
3	T03	ϕ8.5mm 麻花钻	JT50-M2-50	8.5	实测	H03	长度补偿
4	T04	ϕ8.5mm 麻花钻	JT50-M2-50	8.5	实测	H04	长度补偿
5	T05	M10mm 丝锥	JT50-M2-50	M10	实测	H05	长度补偿
6	T06	ϕ10mm 立铣刀	JT50-M2-50	$10^{+0.1}_{0}$	实测	H06 D06	长度补偿 半径补偿
编制	×××	审核	×××	批准	×××	年 月 日　共 页	第 页

任务二　项目训练：支承套数控铣削加工工艺制定

一、实训目的与要求

（1）学会支承套数控铣削加工工艺的制定方法。

（2）熟悉数控铣削加工工艺的制定流程。

二、实训内容

编制如图23-2所示支承套零件的数控铣削加工工艺，材料为45钢。

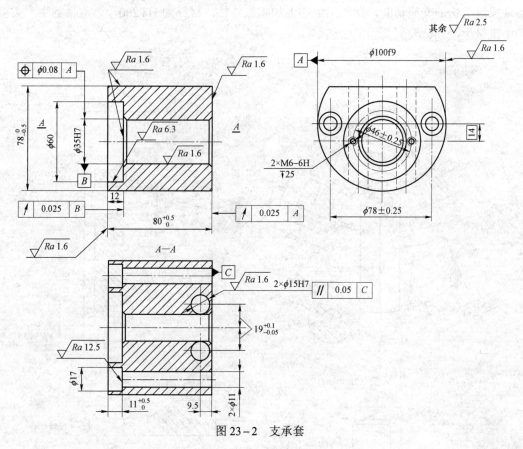

图23-2　支承套

项目二十四

编制拨动杆加工工艺

任务一 编 制 工 艺

图 24-1 所示为某机床变速箱体中操纵机构上的拨动杆零件，用于把转动变为拨动，实现操纵机构的变速功能。在加工中心上加工该零件，材料为 HT200，该零件的生产类型为中批量生产，试编制其加工工艺。

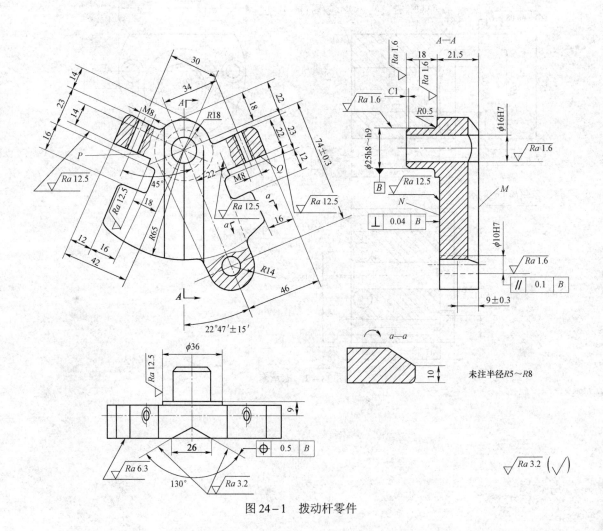

图 24-1 拨动杆零件

一、零件图工艺分析

首先对拨动杆零件进行精度分析。对于形状和尺寸较复杂（包括形状公差、位置公差）的零件，一般采用化整体为部分的分析方法，即把一个零件看作由若干组表面及相应的若干组尺寸组成。其次分别分析每组表面的结构及其尺寸、精度要求，最后再分析这几组表面之间的位置关系。由零件图纸可以看出，该零件上有三组加工表面，这三组加工表面之间有相互位置要求，三组加工表面中每组的技术要求如下：

（1）以尺寸 $\phi16H7$ 为主的加工表面，包括 $\phi25h8$ 外圆、端面以及与之相距（74 ± 0.3）mm的孔 $\phi10H7$。其中 $\phi16H7$ 孔中心与 $\phi10H7$ 孔中心的连线，是确定其他各表面方位的设计基准，以下简称为两孔中心连线。

（2）表面粗糙度为 $Ra6.3\mu m$ 平面 M，以及平面 M 上的角度为130°槽。

（3）P、Q 两平面，及相应的 $2\times M8mm$ 螺纹孔。

对这三组加工表面之间主要的相互位置要求如下：

第（1）组和第（2）组为零件上的主要表面。第（1）组加工表面垂直于第（2）组加工表面，平面 M 是设计基准。第（2）组面上槽的位置公差 $\phi0.5mm$，即槽的位置（槽的中心线）与 B 面轴线垂直且相交，偏离误差不大于 $\phi0.5mm$。槽的方向与两孔中心连线的夹角为 $22°47'\pm15'$。

第（3）组及其他螺纹孔为次要表面。第（3）组上的 P、Q 两平面与第（1）组的 M 平面垂直，P 平面上螺纹孔 M8mm 的轴线与两孔中心线连线的夹角为45°。Q 平面上的螺纹孔 M8mm 的轴线与两孔中心连线平行。而平面 P、Q 位置分别与螺纹孔 M8mm 的轴线垂直，P、Q 位置也就确定了。

二、加工设备的选择

该零件加工表面较多，如采用普通机床加工，工序分散且工序数目多。如采用加工中心就可以将普通机床加工的多个工序在一个工序中完成，从而提高生产效率，降低生产成本，因此应选用加工中心对该零件进行加工。

三、确定零件的定位基准

选择精基准思路的顺序是，首先考虑以哪一平面为精基准定位加工工件的主要表面，然后考虑以哪一平面为粗基准定位加工精基准表面，即先确定精基准，然后选出粗基准。由零件图工艺分析可知，此零件的设计基准是 M 平面、$\phi16mm$ 和 $\phi10mm$ 两孔中心的连线，根据基准重合原则，应选设计基准为精基准，即以 M 平面和两孔为精基准。由于多数工序的定位基准都是一面两孔，因此上述选择也符合基准统一原则。

粗基准的选择应根据合理分配加工余量的原则，选 $\phi25mm$ 外圆的毛坯面为粗基准（限制四个自由度），以保证其加工余量均匀；选平面 N 为粗基准（限制一个自由度），以保证其有足够的余量；根据要保证零件上加工表面与不加工表面相互位置的原则，应选 $R14mm$ 圆弧面为粗基准（限制一个自由度），以保证 $\phi10mm$ 孔轴线在 $R14mm$ 圆心上，使

R14mm 处壁厚均匀。

四、确定加工工艺路线

加工工艺路线安排如下：

（1）工序 1：以 ϕ25mm 外圆（四个自由度）、N 面（一个自由度）、R14mm（一个自由度）为粗基准定位，采用立式加工中心加工，工步内容为：铣 M 面；"粗铣—精铣"尺寸为 130°的槽；铣 P、Q 面到尺寸；"钻—扩—铰"加工 ϕ16H7、ϕ10H7 两孔。为消除粗加工（钻孔）所产生的力变形及热变形对精加工的影响，在钻孔后插入铣 P、Q 面的工步，以使钻孔后的表面有短暂的散热时间，最后安排孔的半精加工（扩孔）、精加工（铰孔）工步，以保证加工精度。

（2）工序 2：以 M 平面、ϕ16H7 和 ϕ10H7（一面两孔）定位，车 ϕ25mm 外圆到尺寸，车 N 平面到尺寸。

（3）工序 3：以 M 平面、ϕ16H7 和 ϕ10H7（一面两孔）定位，"钻—攻螺纹"加工 2×M8mm 螺纹孔。

由以上分析可知，只需要三道工序就可以完成零件的加工，且工序集中，极大提高了生产率，充分反映了采用数控加工的优越性、先进性。下面针对工序 1 的数控加工工艺进行分析。工序 2、3 分析省略。

五、刀具选择

刀具选择见表 24-1。

表 24-1 数 控 加 工 刀 具 卡 片

产品名称或代号	×××	零件名称	拨动杆		零件图号	×××
序号	刀具号	刀具规格名称	数量	加工表面/mm	刀长/mm	备注
1	T01	ϕ120mm 面铣刀	1	铣 M 平面	实测	
2	T02	成形铣刀	1	粗、精铣 130° 槽	实测	
3	T03	ϕ3mm 中心钻	1	钻 ϕ10、ϕ16 中心孔	实测	
4	T04	ϕ15mm 麻花钻	1	钻 ϕ16 孔至尺寸 ϕ15	实测	
5	T05	ϕ9mm 麻花钻	1	钻 ϕ10 孔至尺寸 ϕ9	实测	
6	T06	ϕ15mm 立铣刀	1	铣 P、Q 面到尺寸	实测	
7	T07	ϕ15.85mm 扩孔钻	1	扩 ϕ16 孔至尺寸 ϕ15.85	实测	
8	T08	ϕ9.8mm 扩孔钻	1	扩 ϕ10 孔至尺寸 ϕ9.8	实测	
9	T09	ϕ16H7 铰刀	1	铰 ϕ16H7 孔成	实测	
10	T10	ϕ10H7 铰刀	1	铰 ϕ10H7 孔成	实测	
编制	×××	审核	×××	批准	×××	年 月 日	共 页	第 页

六、确定切削用量（略）

七、确定数控加工工序卡片

数控加工工序卡片见表24-2。

表24-2 数 控 加 工 工 序 卡 片

单位名称	×××		产品名称或代号		零件名称		零件图号	
			×××		拨动杆		×××	
工序号	程序编号		夹具名称		使用设备		车间	
×××	×××		组合夹具		立式加工中心		数控中心	
工步号	工步内容	刀具号	刀具规格/mm	主轴转速/（r/min）	进给速度/（mm/min）	背吃刀量/mm	备注	
1	铣 M 平面	T01	φ120	600	60	2		
2	粗铣 130°槽，留余量 0.5mm	T02		600	60			
3	精铣 130°槽成	T02		800	50			
4	钻 φ16mm 中心孔	T03	φ3	1000	80			
5	钻 φ10mm 中心孔	T03	φ3	1000	80			
6	钻 φ16mm 孔至尺寸 φ15mm	T04	φ15	500	60			
7	钻 φ10mm 孔至尺寸 φ9mm	T05	φ9	800	60			
8	铣 P 面到尺寸	T06	φ15	800	60			
9	铣 Q 面到尺寸	T06	φ15	800	60			
10	扩 φ16mm 孔至尺寸 φ15.85mm	T07	φ15.85	800	60			
11	扩 φ10mm 孔至尺寸 φ9.8mm	T08	φ9.8	800	60			
12	铰 φ16H7 孔成	T09	φ16H7	100	50			
13	铰 φ10H7 孔成	T10	φ10H7	100	50			
编制	×××	审核	×××	批准	×××	年 月 日	共 页	第 页

任务二 项目训练：平面槽形凸轮数控铣削加工工艺制定

一、实训目的与要求

（1）学会平面槽形凸轮数控铣削加工工艺的制定方法。

（2）熟悉数控铣削加工工艺的制定流程。

二、实训内容

编制如图 24-2 所示平面槽形凸轮零件的数控铣削加工工艺，材料为 45 钢。

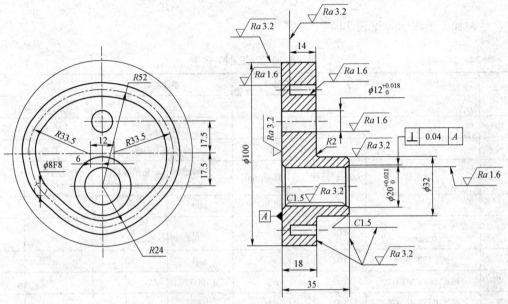

图 24-2　平面槽形凸轮

项目二十五

编制变速箱加工工艺

任务一 编 制 工 艺

箱体零件如图 25-1 所示，该项目为半成品加工，前面工序已将零件的上、下平面及其上面的孔加工好，并且下平面上的 6×φ11mm 同侧两个孔已加工成 2×φ11H7 的工艺孔，半成品如图 25-2 所示。本项目要求加工所有凸台表面和其上的孔，试编制其加工工艺。

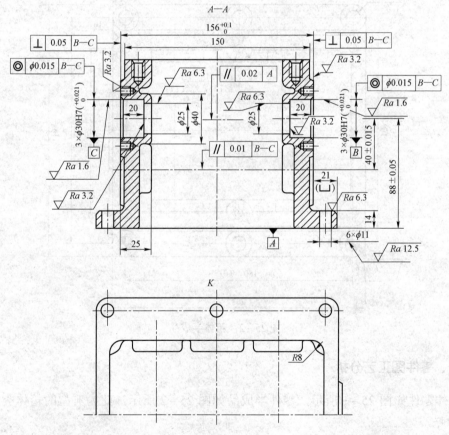

技术要求
1. 铸件不得有气孔、裂纹、疏松等缺陷；
2. 未注圆角 $R3 \sim R5$；
3. 时效处理；
4. 未注孔口倒角 $C1$，螺纹孔口倒角 $C0.6$。

图 25-1　箱体零件

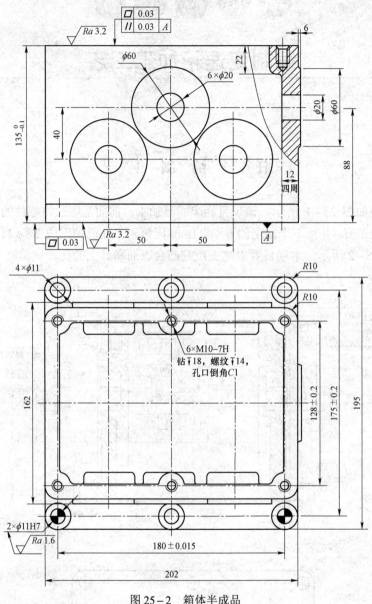

图 25-2　箱体半成品

一、零件图工艺分析

箱体零件如图 25-1 所示，零件半成品如图 25-2 所示，此为典型的箱体类零件，中空为腔。

铸件毛坯材料是 QT450-10。零件上下表面和其上孔已加工完成，下平面上的 6×φ11mm 同侧分布的两个孔已加工成 2×φ11H7 的工艺孔，要求加工四个立面上的平面和孔。

两侧面加工要求一样。每个侧面上有三个凸台，凸台高度一样，表面粗糙度为 Ra3.2μm，凸台平面对 φ30H7 孔的垂直度为 0.05mm；需加工 3×φ30H7 Ra1.6μm 的台阶孔，台阶小孔为ϕ25mm Ra6.3μm；两侧面上 3×ϕ30H7 孔为同轴孔，要求同轴度为ϕ0.015mm，两孔中心线对底平面平行度为 0.02mm，3×ϕ30H7 孔间距公差为±0.015mm。每个ϕ30H7 孔周围均布 6×M6-7H 螺纹孔。

一个端面无加工内容，另一端面要求加工一凸台，凸台平面粗糙度为 Ra3.2μm，平面对孔ϕ30H7 的垂直度为 0.05mm；还要加工一个ϕ30H7 的单壁通孔，表面粗糙度为Ra1.6μm，孔周围均布 6×M6-7H 螺纹孔。

二、选用数控机床

选用 FANUC-0MD 系统 XH756 型卧式加工中心，分度工作台 1°×360 等分，刀库容量 60 把，适合多侧面加工，完全能满足该箱体零件三个侧面的加工要求。

三、确定装夹方案

定位方案：一面两孔定位，即以底平面和 2×ϕ11H7 工艺孔定位。

夹紧方案：试制工件，采用手动夹紧方式。考虑到要铣立面，为了防止刀具与压板干涉，在箱体中间吊拉杆，在箱顶面上压紧，让工件充分暴露在刀具下面，一次装夹完成全部加工内容，以保证各加工要素间的位置精度，如图 25-3 所示。

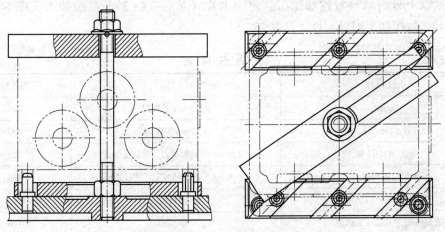

图 25-3 箱体定位和夹紧方案

四、确定加工方案

确定加工方案要遵循单件试制工序集中、先面后孔、先粗后精、先主后次的原则。面、孔的加工方案见表 25-1。

表 25-1 面、孔加工方案

加工要素	加工方案	加工要素	加工方案
平面	粗铣—精铣	ϕ30H7 孔	粗镗—半精镗—倒角—精镗
ϕ25mm 孔	镗	M6-7H 螺纹孔	钻中心孔（带倒角）—钻底孔—攻丝

五、确定加工顺序

在加工顺序的选择上，除了先面后孔、先大后小等基本原则以外，还要考虑单刀多工位和多刀单工位的问题。本工序由于所用刀具在每一工位上加工量较少，所以采用单刀多工位的方法进行加工，也就是一把刀加工完所有工位上要加工的内容后，再换下一把刀继续加工，这样能有效防止频繁换刀，从而提高机械手的寿命。

该零件加工顺序是先铣侧平面，然后镗 ϕ25mm 孔至尺寸，接着粗镗、半精镗、孔口倒角 ϕ30H7 孔，钻 M6mm 螺纹中心孔（孔口带倒角）、钻底孔、攻丝，最后精镗 ϕ30H7 孔。

六、选择刀具

刀具选择见表 25-2。

七、确定切削用量

切削用量具体值见表 25-4。

八、填写工艺卡片

根据以上分析填写数控加工工艺附图卡片（见表 25-3）、数控加工工序卡片（见表 25-4）、数控加工刀具卡片（见表 25-5）。

表 25-2　　　　　　　　　　刀 具 选 择 表

加工内容	加工刀具	刀具号
铣平面	ϕ125mm 面铣刀	T01
镗 ϕ25mm 孔	ϕ25mm 粗镗刀	T02
粗镗 ϕ30H7 孔	ϕ29mm 平底粗镗刀，刃长 2mm	T03
半精镗 ϕ30H7 孔	ϕ29.8mm 平底半精镗刀，刃长 2mm	T04
ϕ30H7 孔孔口倒角	45° 倒角镗刀	T05
钻 M6mm 中心孔（带倒角）	ϕ3mm 中心钻	T06
钻 M6mm 螺纹底孔	ϕ5mm 麻花钻	T07
攻 M6mm 螺纹孔	M6-Ⅱ丝锥	T08
精镗 ϕ30H7 孔	ϕ30H7 平底精镗刀，刃长 3mm	T09

表 25-3　　　　　　　　　　数控加工工艺附图卡片

单位名称		×××	产品名称或代号	零件名称	材料	零件图号
			×××	箱体	QT450-10	×××
工序号	程序编号	夹具名称	夹具编号	使用设备		车间
×××	×××	数控镗铣箱体夹具	40J-4001	XH756 型卧式加工中心		数控中心

续表

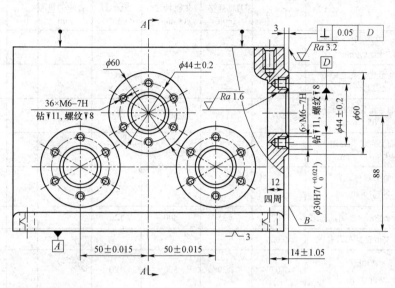

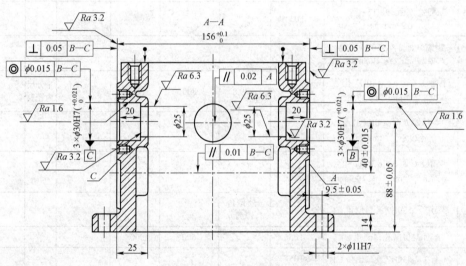

编制	×××	审核	×××	批准	×××	年 月 日	共 页	第 页

表25-4　数控加工工序卡片

单位名称	×××		产品名称或代号	零件名称	材料	零件图号
			×××	箱体	QT450-10	×××
工序号	程序编号	夹具名称	夹具编号	使用设备	车 间	
×××	×××	数控镗铣箱体夹具	40J-4001	XH756型卧式加工中心	数控中心	

工步号	工步内容	刀具号	刀具规格/mm	主轴转速/(r/min)	进给量/(mm/r)	背吃刀量/mm	量具	备注
1	粗铣A面至定位孔之距为(9.3±0.1)mm	T01	φ125	400	250		游标卡尺	

209

工步号	工步内容	刀具号	刀具规格/mm	主轴转速/(r/min)	进给量/(mm/r)	背吃刀量/mm	量具	备注
2	粗铣 B 面至定位孔之距为（14.2±0.1）mm	T01						
3	粗铣 C 面至定位孔之距为（9.3±0.1）mm	T01						
4	精铣 C 面至定位孔之距为（9±0.05）mm	T01	$\phi125$	500	200			
5	精铣 B 面至定位孔之距为（14±0.05）mm	T01						
6	精铣 A 面至 C 面之距为 $156^{+0.1}_{0}$ mm	T01						
7	镗 A 面 $3\times\phi25$mm 至图纸要求	T02	$\phi25$	800	120			
8	镗 C 面 $\phi25$mm 至图纸要求	T02						
9	粗镗 C 面 $3\times\phi30$H7（$^{+0.021}_{0}$）mm 孔至 $\phi29$mm，深 19.8mm	T03	$\phi29$	800	120			
10	粗镗 B 面 $\phi30$H7 孔至 $\phi29$mm 通	T03						
11	粗镗 A 面 $3\times\phi30$H7 孔至 $\phi29$mm，深 19.8mm	T03						
12	半精镗 A 面 $3\times\phi30$H7 孔至 $\phi29.8^{+0.052}_{0}$ mm，深 19.9mm	T04	$\phi29.8$	800	80		千分尺内径表	
13	半精镗 B 面 $\phi30$H7 孔至 $\phi29.8^{+0.052}_{0}$ mm 通	T04						
14	半精镗 C 面 $3\times\phi30$H7 孔至 $\phi29.8^{+0.052}_{0}$ mm，深 19.9mm	T04						
15	C 面 $3\times\phi30$H7 孔口倒角 C1	T05	45°倒角镗刀					
16	B 面 $\phi30$H7 孔口倒角 C1	T05		600	60			
17	A 面 $3\times\phi30$H7 孔口倒角 C1	T05						
18	钻 A 面 $18\times$M6mm 螺纹孔中心孔（带倒角）	T06	$\phi3$	1200	100			
19	钻 B 面 $6\times$M6mm 螺纹孔中心孔（带倒角）	T06						
20	钻 C 面 $18\times$M6mm 螺纹孔中心孔（带倒角）	T06						
21	钻 C 面 $18\times$M6mm 螺纹底孔至 $\phi5$mm，深 11mm	T07	$\phi5$	700	90			
22	钻 B 面 $6\times$M6mm 螺纹底孔至 $\phi5$mm，深 10mm	T07						
23	钻 A 面 $18\times$M6mm 螺纹底孔至 $\phi5$mm，深 11mm	T07						

续表

工步号	工步内容	刀具号	刀具规格/mm	主轴转速/(r/min)	进给量/(mm/r)	背吃刀量/mm	量具	备注
24	A 面 18×M6mm 攻丝,深 8mm	T08	M6－Ⅱ	200	200		螺纹塞规	
25	B 面 6×M6mm 攻丝,深 8mm	T08						
26	C 面 18×M6mm 攻丝,深 8mm	T08						
27	精镗 C 面 3×ϕ30H7($^{+0.021}_{0}$)mm 孔至要求	T09	ϕ3H7	900	90			
28	精镗 B 面ϕ30H7($^{+0.021}_{0}$)mm 孔至要求	T09						
29	精镗 A 面 3×ϕ30H7($^{+0.021}_{0}$)mm 孔至要求	T09						
编　制	×××　审核	×××　批准	×××　年 月 日		共 页		第 页	

表 25－5　　　　　　　　数 控 加 工 刀 具 卡 片

单位名称		×××		产品名称或代号	零件名称		材料	零件图号
				×××	箱体		QT450－10	×××
工序号	程序编号	夹具名称	夹具编号	使用设备			车间	
×××	×××	数控镗铣箱体夹具	40J－4001	XH756 型卧式加工中心			数控中心	

序号	刀具号	刀具名称	刀具规格/mm	刀 杆			备注
				名　称	型　号	规　格	
1	T01	面铣刀	ϕ125	铣刀刀柄	BT50－XM40－75		
2	T02	粗镗刀	ϕ25	倾斜粗镗刀	BT50－TQC25－135		
3	T03	平底粗镗刀	ϕ29,刃长 2	倾斜粗镗刀	BT50－TQC25－135		
4	T04	平底半精镗刀	ϕ29.8,刃长 2	倾斜微调镗刀	BT50－TQW25－135		
5	T05	45°倒角镗刀	ϕ32	倾斜倒角镗刀	BT50－TQC25－135		
6	T06	中心钻	ϕ3	莫氏短圆锥钻夹头刀柄 自紧式钻夹头	BT50－Z12－65 B12		
7	T07	直柄麻花钻	ϕ5	莫氏短圆锥钻夹头刀柄 自紧式钻夹头	BT50－Z12－65 B12		
8	T08	丝锥	M6－Ⅱ	自动换刀工具锥柄模块 丝锥夹头模块 攻丝夹套	21A.BT50.32－79 21CD.50－G3－102 TH3A－M3		
9	T09	精镗刀	ϕ30H7($^{+0.021}_{0}$),刃长 3	倾斜微调镗刀	BT50－TQW25－135		
编　制	×××　审核	×××　批准	×××	年 月 日		共 页	第 页

任务二　项目训练：法兰盖数控铣削加工工艺制定

一、实训目的与要求

（1）学会法兰盖数控铣削加工工艺的制定方法。

（2）熟悉数控铣削加工工艺的制定流程。

二、实训内容

编制如图 25−4 所示法兰盖零件的数控铣削加工工艺，材料为 45 钢。

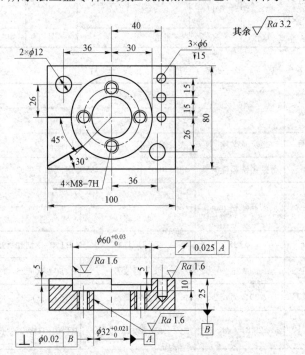

图 25−4　法兰盖

第四篇

电火花加工工艺编制

项目二十六

学习电火花加工基础知识

任务一　学习电火花加工的原理

一、电火花加工的概念

电火花加工一般是指直接利用放电对金属材料进行的加工，由于加工过程中可看见火花，因此被称为电火花加工。电火花加工主要有电火花线切割加工、电火花成形加工等。

1. 电火花线切割加工

电火花线切割加工（wire cut electrical discharge machining，WEDM），简称为线切割加工，是在电火花加工的基础上发展起来的一种新兴加工工艺，其采用细金属丝（钼丝或黄铜丝）作为工具电极，使用电火花线切割机床根据数控编程指令进行切割，以加工出满足技术要求的工件。

2. 电火花成形加工

电火花成形加工（electrical discharge machining，EDM），也称为放电加工、电蚀加工或电脉冲加工，是一种靠工具电极（简称工具或电极）和工件电极（简称工件）之间的脉冲性火花放电来蚀除多余的金属，直接利用电能和热能进行加工的工艺方法。

电火花线切割加工和电火花成形加工是企业常用的加工方法。电火花线切割加工主要用于冲模、挤压模、小孔、形状复杂的窄缝及各种形状复杂零件的加工，如图 26－1 所示。电火花成形加工主要用于形状复杂的型腔、凸模、凹模等的加工，如图 26－2 所示。

图 26－1　电火花线切割加工产品

图 26-2　电火花成形加工产品

二、电火花加工的原理

电火花加工是在工件和工具电极之间的极小间隙上施加脉冲电压，使这个区域的介质电离，引发火花放电，从而将该局部区域的金属工件熔融蚀除掉，反复不断地推进这个过程，逐步地按要求去除多余的金属材料而达到加工尺寸的目的，如图 26-3 所示。

电火花加工的过程大致可分为以下几个阶段，如图 26-4 所示。

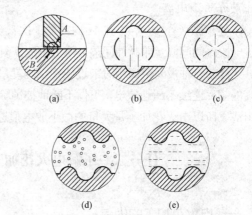

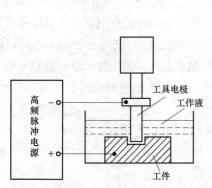

图 26-3　电火花加工原理示意图

图 26-4　电火花加工的过程

(a) 形成放电通道；(b) 电极材料的熔化；(c) 电极材料的汽化热膨胀；
(d) 电极材料的抛出；(e) 极间介质的消电离

（1）极间介质的电离、击穿，形成放电通道，如图 26-4（a）所示。工具电极与工件电极缓缓靠近，极间的电场强度增大，由于两电极的微观表面是凹凸不平的，因此在两极间距离最近的 A、B 处电场强度最大。

工具电极与工件电极之间充满着液体介质，液体介质中不可避免地含有杂质及自由电子，它们在强大的电场作用下，形成了带负电的粒子和带正电的粒子，电场强度越大，带电粒子就越多，最终导致液体介质电离、击穿，从而形成放电通道。放电通道是由大量高速运动的带正电和带负电的粒子以及中性粒子组成的。由于通道截面很小，通道内因高温热膨胀形成的压力高达几万帕，高温高压的放电通道急速扩展，产生一个强烈的冲击波向四周传播。在放电的同时还伴随着光效应和声效应，这就形成了肉眼所能看到的电火花。

（2）电极材料的熔化、汽化热膨胀，如图 26-4（b）、(c）所示。液体介质被电离、击穿，形成放电通道后，通道间带负电的粒子奔向正极，带正电的粒子奔向负极，粒子间相互撞击，产生大量的热能，使通道瞬间达到很高的温度。通道高温首先使工作液汽化，然后高温向四周扩散，使两电极表面的金属材料开始熔化直至沸腾汽化。汽化后的工作液和金属蒸气瞬间体积猛增，形成了爆炸的特性，所以在观察电火花加工时，可以看到工件与工具电极间有冒烟现象，并能听到轻微的爆炸声。

（3）电极材料的抛出，如图26-4（d）所示。正负电极间产生的电火花现象，使放电通道产生高温高压。通道中心的压力最高，工作液和金属汽化后不断向外膨胀，形成内外瞬间压力差，高压力处的熔融金属液体和蒸气被排挤，抛出放电通道，大部分被抛入工作液中。仔细观察电火花加工，可以看到橘红色的火花四溅，这就是被抛出的高温金属熔滴和碎屑。

（4）极间介质的消电离，如图26-4（e）所示。加工液流入放电间隙，将电蚀产物及残余的热量带走，并恢复绝缘状态。若电火花放电过程中产生的电蚀产物来不及排除和扩散，产生的热量将不能及时传出，从而使该处介质局部过热，局部过热的工作液高温分解、积炭，使加工无法继续进行，并烧坏电极。因此，为了保证电火花加工过程的正常进行，在两次放电之间必须有足够的时间间隔让电蚀产物充分排出，恢复放电通道的绝缘性，使工作液介质消电离。

上述步骤（1）～（4）在1s内约数千次甚至数万次地往复式进行，即单个脉冲放电结束，经过一段时间间隔（即脉冲间隔）使工作液恢复绝缘后，第二个脉冲又作用到工具电极和工件上，又会在当时极间距离相对最近或绝缘强度最弱处击穿放电，蚀出另一个小凹坑。这样以相当高的频率连续不断地放电，工件不断地被蚀除，故工件加工表面将由无数个相互重叠的小凹坑组成。所以电火花加工是大量的微小放电痕迹逐渐累积而成的去除金属的加工方式。

任务二　了解电火花加工的优缺点与工艺范围

一、电火花加工的优点

1. 适合于难切削材料的加工

由于电火花加工中材料的去除是靠放电时的电热作用实现的，材料的可加工性主要取决于材料的导电性及其热学特性，如熔点、沸点（汽化点）、比热容、热导率、电阻率等，而几乎与其力学性能（硬度、强度等）无关，这样就可以突破传统切削加工对刀具的限制，实现用软的工具加工硬韧的工件，甚至加工聚晶金刚石、立方氮化硼一类的超硬材料。目前电极材料多采用纯铜或石墨，因此工具电极较容易加工。

2. 可以加工特殊及复杂形状的零件

由于电火花加工中工具电极和工件不直接接触，没有机械加工的切削力，因此适宜加工低刚度工件及微细加工。由于电火花加工可以简单地将工具电极的形状复制到工件上，因此特别适用于复杂表面形状工件的加工，如复杂型腔模具加工等。此外，数控技术的采用使得用简单的工具电极加工复杂形状的零件也成为可能。

3. 易于实现加工过程自动化

这是由于电火花加工是直接利用电能加工的，而电能、电参数较机械量而言更适于数字控制、适应控制、智能化控制和无人化操作等。

4. 可以改进结构设计，改善结构的工艺性

例如，可以将拼镶结构的硬质合金冲模改为用电火花加工的整体结构，减少了加工工时和装配工时，延长了使用寿命。又如，喷气式发动机中的叶轮，采用电火花加工后可以将拼镶、焊接结构改为整体叶轮，既大大提高了工作可靠性，又大大减小了体积和质量。

二、电火花加工的缺点

电火花加工也有其局限性，具体表现在以下几个方面：

（1）只能用于加工金属等导电材料。电火花加工不像切削加工那样可以加工塑料、陶瓷等绝缘的非导电材料。但近年来研究表明，在一定条件下电火花加工也可加工半导体和聚晶金刚石等非导体超硬材料。

（2）加工速度一般较慢。通常在安排加工工艺时多采用切削加工来去除大部分余量，然后再进行电火花加工，以提高生产率。但近年来的研究成果表明，采用特殊水基不燃性工作液进行电火花加工，其粗加工生产率甚至高于切削加工。

（3）存在电极损耗。由于电火花加工靠电、热来蚀除金属，其电极也会遭受损耗，而且电极损耗多集中在尖角或底面，从而影响成形精度。但近年来制造的机床产品在粗加工时已能将电极相对损耗比降至 0.1%以下，在半精、精加工时能将电极相对损耗比降至1%，甚至更小。

（4）最小角部半径有限制。一般电火花加工能得到的最小角部半径等于加工间隙（通常为 0.02~0.30mm），若电极有损耗或采用平动头加工，则角部半径还要增大。但近年来制造的多轴数控电火花加工机床采用 x、y、z 轴数控摇动加工，可以清棱清角地加工出方孔、窄槽的侧壁和底面。

三、电火花加工的工艺类型和适用范围

按工具和工件相对运动方式和用途的不同，电火花加工大致可分为电火花穿孔成形加工、电火花线切割加工、电火花磨削和镗磨、电火花同步共轭回转加工、电火花高速小孔加工、电火花表面强化与刻字六大类。前五类属电火花成形、尺寸加工方法，用于改变工件的形状或尺寸；后者则属表面加工方法，用于改善或改变零件的表面性质。以上应用类型以电火花穿孔成形加工和电火花线切割加工的应用最为广泛。表 26-1 为电火花加工总的分类情况及各加工方法的主要特点和用途。本书仅详细介绍电火花成形加工和电火花线切割加工。

表26-1　　　　　　　　　　　　电火花加工的工艺类型

类别	工艺类型	特　点	适用范围	备　注
1	电火花穿孔成形加工	1）工具和工件间只有一个相对的伺服进给运动； 2）工具为成形电极，与被加工表面有相同的截面和相应的形状	1）穿孔加工：加工各种冲模、挤压模、粉末冶金模、各种异形孔及微孔等； 2）型腔加工：加工各类型腔模及各种复杂的型腔工件	约占电火花机床总数的30%，典型机床有 D7125、D7140 等电火花穿孔成形机床

类别	工艺类型	特　点	适用范围	备　注
2	电火花线切割加工	1）工具电极为顺电极丝轴线垂直移动着的线状电极； 2）工具与工件在两个水平方向同时有相对伺服进给运动	1）切割各种冲模和具有直纹面的零件； 2）下料、截割和窄缝加工	约占电火花机床总数的60%，典型机床有 DK7725、DK7740 数控电火花线切割机床
3	电火花磨削和镗磨	1）工具与工件有相对的旋转运动； 2）工具与工件间有径向和轴向的进给运动	1）加工高精度、表面粗糙度小的小孔，如拉丝模、挤压模、微型轴承内环、钻套等； 2）加工外圆、小模数滚刀等	约占电火花机床总数的3%，典型机床有 D6310 电火花小孔内圆磨床等
4	电火花同步共轭回转加工	1）成形工具与工件均做旋转运动，但两者角速度相等或成整倍数，相对应接近的放电点可有切向相对运动速度； 2）工具相对工件可做纵、横向进给运动	以同步回转、展成回转、倍角速度回转等不同方式，加工各种复杂型面的零件，如高精度的异形齿轮，精密螺纹环规，高精度、高对称度、表面粗糙度小的内、外回转体表面等	约占电火花机床总数不足1%，典型机床有 JN-2、JN-8 内外螺纹加工机床
5	电火花高速小孔加工	1）采用细管（＞ϕ0.3mm）电极，管内冲入高压水基工作液； 2）细管电极旋转； 3）穿孔速度很高（30～60mm/min）	1）线切割预穿丝孔； 2）深径比很大的小孔，如喷嘴等	约占电火花机床总数的2%，典型机床有 D703A 电火花高速小孔加工机床
6	电火花表面强化与刻字	1）工具在工件表面上振动，在空气中放火花； 2）工具相对工件移动	1）模具刃口，刀、量具刃口表面强化和镀覆； 2）电火花刻字、打印记	约占电火花机床总数的1%～2%，典型设备有 D9105 电火花强化机等

任务三　了解电火花成形加工和电火花线切割加工的异同

下面来认识电火花成形加工和电火花线切割加工的共同点和不同点。

一、电火花成形加工和电火花线切割加工的共同点

（1）加工原理相同，都是通过电火花放电产生的热来熔解去除金属的，所以两者加工材料的难易与材料的硬度无关，加工中不存在显著的机械切削力。

（2）加工机理、生产率、表面粗糙度等工艺规律基本相同，都可以加工硬质合金等一切导电材料。

（3）最小角部半径都有限制。电火花成形加工中最小角部半径为加工间隙，电火花线切割加工中最小角部半径为电极丝的半径加上加工间隙。

二、电火花成形加工和电火花线切割加工的不同点

（1）从加工原理来看，电火花成形加工是将电极形状复制到工件上的一种工艺方法，如图26-5（a）所示，在实际中可以加工通孔（穿孔加工）和盲孔（成形加工）[见图26-5（b）、（c）]；而电火花线切割加工是利用移动的细金属导线（铜丝或钼丝）做电极，对工件进行脉冲火花放电、切割成形的一种工艺方法，如图26-6所示。

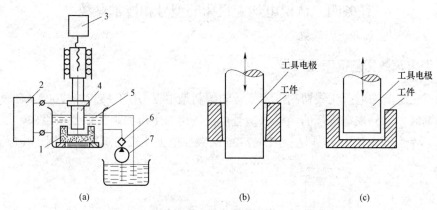

图 26-5　电火花成形加工

（a）电火花成形加工示意图；（b）穿孔加工；（c）成形加工

1—工件；2—脉冲电源；3—自动进给调节系统；4—工具电极；

5—工作液；6—过滤器；7—工作液泵

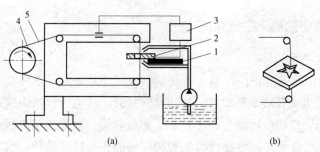

图 26-6　电火花线切割加工

（a）电火花线切割加工原理；（b）电火花线切割加工示意图

1—绝缘底板；2—工件；3—脉冲电源；4—滚丝筒；5—电极丝

（2）从产品形状角度看，电火花成形加工必须先用数控加工等方法加工出与产品形状相似的电极；电火花线切割加工中产品的形状是通过工作台按给定的控制程序移动而合成的，只对工件进行轮廓图形加工，余料仍可利用。

（3）从电极角度看，电火花成形加工必须制作成形用的电极（一般用铜、石墨等材料制作而成）；电火花线切割加工用移动的细金属导线（铜丝或钼丝）做电极。

（4）从电极损耗角度看，电火花成形加工中电极相对静止，易损耗，故通常采用多个电极加工；而电火花线切割加工中由于电极丝连续移动，使新的电极丝不断地补充并替换在电蚀加工区受到损耗的电极丝，避免了电极损耗对加工精度的影响。

（5）从应用角度看，电火花成形加工可以加工通孔、盲孔，特别适宜加工形状复杂的塑料模具等零件的型腔以及刻文字、花纹等；而电火花线切割加工只能加工通孔，能方便地加工出小孔、形状复杂的窄缝及各种形状复杂的零件。

任务四　认识电加工机床的型号和技术参数

一、电火花线切割机床的型号

我国自主生产的电火花线切割机床型号的编制是根据 GB/T 15375—2008《金属切削机床　型号编制方法》规定进行的，机床型号由汉语拼音字母和阿拉伯数字组成，以表示机床的类别、特性和基本参数。以型号 DK7725 的数控电火花线切割机床为例，其含义如下：

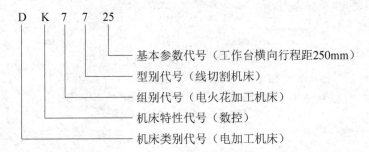

二、电火花线切割机床的分类

1. 按走丝速度分类

根据电极丝的运行速度不同，电火花线切割机床通常分为以下两类：

（1）高速走丝电火花线切割机床（WEDM–HS）。其电极丝做快速往复运动，一般走丝速度为 8~10m/s，电极丝可重复使用，加工速度较慢，容易造成电极丝抖动和反向时停顿，从而致使加工质量下降。这是我国生产和使用的主要机床品种，也是我国独创的电火花线切割加工模式。

（2）低速走丝电火花线切割机床（WEDM–LS）。其电极丝做慢速单向运动，一般走丝速度低于 0.2m/s，电极丝放电后不再使用，工作平稳、均匀、抖动小、加工质量较好，且加工速度较快，是国外生产和使用的主要机床品种。

2. 按其他方式分类

（1）按机床工作台尺寸与行程分类。也就是按照加工工件的最大尺寸大小，电火花线切割机床可分为大型、中型、小型三类。

（2）按加工精度分类。按加工精度高低，电火花线切割机床可分为普通精度型、高精度精密型两大类。绝大多数低速走丝电火花线切割机床属于高精度精密型机床。

（3）按机床控制形式分类。按控制形式的不同，电火花线切割机床可分为以下三种：

第一种是靠模仿形控制，即在进行电火花线切割加工前，预先制造出与工件形状相同的靠模，加工时把工件毛坯和靠模同时装夹在机床工作台上，在切割过程中电极丝紧紧地贴着靠模边缘做轨迹移动，从而切割出与靠模形状和精度相同的工件来。

第二种是光电跟踪控制，即在进行电火花线切割加工前，先根据零件图纸按一定放大比例描绘出一张光电跟踪图，加工时将图纸置于机床的光电跟踪台上，跟踪台上的光电头始终追随墨线图形的轨迹运动，再借助电气、机械的联动，控制机床工作台连同工件相对电极丝做相似形状的运动，从而切割出与图纸形状相同的工件来。

第三种是数字程序控制，即采用先进的数字化自动控制技术，驱动机床按照加工前根据工件几何形状参数预先编制好的数控加工程序自动完成加工，不需要制作靠模样板，也无须绘制放大图，比前面两种控制形式具有更高的加工精度和广阔的应用范围。

目前国内外98%以上的电火花线切割机床都已实现数控化，前两种机床已经停产。

（4）按机床配用脉冲电源类型分类。按机床配用脉冲电源类型，电火花线切割机床可分为 RC 电源、晶体管电源、分组脉冲电源及自适应控制电源机床等。

目前，单纯配用 RC 电源的电火花线切割机床已经停产，新型的机床配用电源为纳秒级大峰值电流脉冲电源与防电解（AE）脉冲电源。先进的低速走丝电火花线切割机床采用脉冲电源，其脉冲宽度仅几十纳秒，峰值电流在 1000A 以上，形成汽化蚀除，不仅加工效率高，而且表面质量也高。防电解电源是解决工件"软化层"的有效技术手段，防电解电源采用交变脉冲，平均电压为零，这使得工作液中的 OH^- 离子电极丝与工件之间处于振荡状态，不趋向工件和电极丝，从而防止工件材料氧化。采用防电解电源进行电火花线切割加工，可使表面变质层控制在 $1\mu m$ 以下，从而避免了硬质合金材料中钴的析出溶解，保证了硬质合金模具的寿命。测试结果表明，采用防电解电源加工硬质合金模具，其寿命已接近机械磨削加工，在接近磨损极限处甚至优于机械磨削加工。

三、电火花线切割机床的主要技术参数

表 26-2 为依据标准《电火花线切割机（往复走丝型）参数》（GB/T 7925—2005）给出的电火花线切割机床的主要技术参数表。

数控电火花线切割机床的主要技术参数包括：工作台行程（纵向行程×横向行程）、最大切割厚度、加工表面粗糙度、加工精度、切割速度以及数控系统的控制功能等。表 26-3 所示为 DK77 系列数控电火花线切割机床的主要型号及技术参数。

表 26-2　　　　　　　　　　电火花线切割机的主要技术参数　　　　　　　　　　mm

y 轴行程	100		125		160		200		250		320		400		500		630		800		1000	1250
x 轴行程	125	160	160	200	200	250	250	320	320	400	400	500	500	630	630	800	800	1000	1000	1250	1250	1600	2000
最大工件质量 /kg	10		20		40		60		120		200		320		500		1000		1500		2000	2500
z 轴行程	80、100、125、160、200、250、320、400、500、630、800、1000																						
最大切割厚度	50、60、80、100、120、140、160、180、200、250、300、350、400、450、500、550、600、700、800、900、1000																						
最大切割锥度	0°、3°、6°、9°、12°、15°、18°（18°以上，每挡间隔增加 6°）																						

表 26-3 DK77 系列数控电火花线切割机床的主要型号及技术参数

机床型号	DK7716	DK7720	DK7725	DK7732	DK7740	DK7750	DK7763	DK77120
工作台行程/mm	200×160	250×200	320×250	500×320	500×400	800×500	800×630	2000×1200
最大切割厚度/mm	100	200	140	300（可调）	400（可调）	300	150	500（可调）
加工表面粗糙度/μm	2.5	2.5	2.5	2.5	6.3～3.2	2.5	2.5	
加工精度/mm	0.01	0.015	0.012	0.015	0.025	0.01	0.02	
切割速度/（mm²/min）	70	80	80	100	120	120	120	
加工锥度	3°～60°，各厂家的型号不同							
控制方式	各种型号均由单板（或单片）机或微机控制							
	各厂家生产的机床切割速度有所不同							

四、电火花成形机床的型号和主要技术参数

从 20 世纪 80 年代起，电火花加工机床开始大量采用晶体管脉冲电源，它既可用于穿孔加工，又可用于成形加工，因此自 1985 年起我国把电火花穿孔成形加工机床统称为电火花成形机床，我国电火花成形机床型号的编制是根据 JB/T 7445.2—2012《特种加工机床 第 2 部分：型号编制方法》规定进行的。电火花成形机床被定名为 D71 系列，其型号表示方法如下：

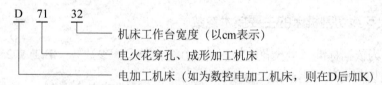

从 20 世纪 80 年代起：

    D 71 32
              └── 机床工作台宽度（以cm表示）
         └── 电火花穿孔、成形加工机床
    └── 电加工机床（如为数控电加工机床，则在D后加K）

表 26-4 为依据标准《电火花成形机 参数 第 2 部分：双立柱机床（移动主轴头型和十字工作台型）》（GB/T 5290.2—2003）给出的我国双立柱电火花成形机床的主要技术参数表。

表 26-4 我国双立柱电火花成形机床的主要技术参数 mm

台面宽度	500		630		800		1000		1250		1600		2000		2500	
台面长度	800	1000	1000	1250	1250	1600	1600	2000	2000	2500	2500	3200	3200	4000	4000	5000
最大工件质量/kg	800		1500		3000		6000		8000		10000		12000		15000	
y 轴行程	400、500、630、800、1000、1250、1600、2000															
x 轴行程	500、630、800、1000、1250、1600、2000、2500															
z 轴行程	320、400、500、630、800、1000、1250															
电极安装板至台面距离	250、320、400、500、630、800、1000、1250、1600、2000															
最大电极质量/kg	100、300				500、800				1000、1500							

五、电火花成形机床的分类

电火花穿孔、成形加工机床按其大小可分为小型（D7125 以下）、中型（D7125～D7163）和大型（D7163 以上）三类；按其数控程度可分为非数控型、单轴数控型或三轴数控型三类；按其精度等级可分为标准精度型和高精度型两类；按其工具电极的伺服进给系统可分为液压进给、步进电动机进给、直流或交流伺服电动机进给等类型。随着模具工业的需要，国内外已经能大批生产微机三坐标数字控制的电火花加工机床，以及带工具电极库且能按程序自动更换电极的电火花加工中心。

项目二十七

认识电火花加工工艺规律

任务一　认识电火花加工的工艺参数和工艺指标

一、电火花加工的电参数

在电火花加工中，脉冲电源的波形与参数对材料的电腐蚀过程影响极大，它们决定着放电痕（表面粗糙度）、蚀除率、切缝宽度的大小和钼丝的损耗率，进而影响着加工的工艺指标。

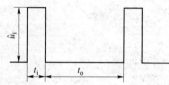

图 27-1　矩形波脉冲电源的波形

实践证明，在其他工艺条件大体相同的情况下，脉冲电源的波形及参数对工艺效果的影响是相当大的。目前广泛应用的脉冲电源波形是矩形波，矩形波脉冲电源的波形如图 27-1 所示，它是晶体管脉冲电源中使用最普遍的一种波形，也是电火花加工中行之有效的波形之一。

下面分别介绍电火花加工的电参数（见图 27-2）。

1. 脉冲宽度 t_i

脉冲宽度简称脉宽（也常用 ON、T_{ON} 等符号表示），是加到工具电极和工件上放电间隙两端的电压脉冲的持续时间，单位为 μs，如图 27-2 所示。为了防止电弧烧伤，电火花加工只能用断断续续的脉冲电压波。一般来说，粗加工时可用较大的脉冲宽度，精加工时只能用较小的脉冲宽度。

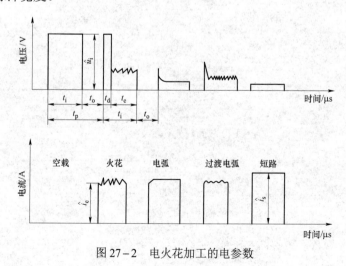

图 27-2　电火花加工的电参数

2. 脉冲间隔 t_o

脉冲间隔简称脉间或间隔（也常用 OFF、T_{OFF} 等符号表示），是两个电压脉冲之间的间隔时间，单位为μs，如图 27-2 所示。脉间时间过短，放电间隙来不及消电离和恢复绝缘，容易产生电弧放电，烧伤工具电极和工件；脉冲间隔选得过长，将降低加工生产率。加工面积、加工深度较大时，脉冲间隔也应稍大。

3. 脉冲频率 f_p

脉冲频率是指单位时间内电源发出的脉冲个数，单位为 Hz。显然，它与脉冲周期 t_p 互为倒数。

4. 脉冲周期 t_p

一个电压脉冲开始到下一个电压脉冲开始之间的时间称为脉冲周期，单位为 μs，显然 $t_p = t_i + t_o$（见图 27-2）。

5. 开路电压或峰值电压

开路电压是间隙开路和间隙击穿之前 t_d 时间内电极间的最高电压，单位为 V（见图 27-2）。一般晶体管矩形波脉冲电源的峰值电压为 60～80V，高低压复合脉冲电源的高压峰值电压为 175～300V。峰值电压高时，放电间隙大，生产率高，但成形复制精度较差。

6. 加工电压或间隙平均电压 U

加工电压或间隙平均电压是指加工时电压表上指示的放电间隙两端的平均电压，单位为 V，它是多个开路电压、火花放电维持电压、短路和脉冲间隔电压等的平均值。

7. 加工电流 I

加工电流是加工时电流表上指示的流过放电间隙的平均电流，单位为 A。加工电流在精加工时小，粗加工时大，间隙偏开路时小，间隙合理或偏短路时则大。

8. 短路电流 I_s

短路电流是放电间隙短路时电流表上指示的平均电流，单位为 A。它比正常加工时的平均电流要大 20%～40%。

9. 峰值电流 $\hat{i}_e$

峰值电流是间隙火花放电时脉冲电流的最大值（瞬时），单位为 A，如图 27-2 所示。虽然峰值电流不易测量，但它是影响加工速度、表面质量等的重要参数。在设计制造脉冲电源时，每一个功率放大管的峰值电流都是预先计算好的，选择峰值电流实际是选择几个功率放大管进行加工。

10. 短路峰值电流 $\hat{i}_s$

短路峰值电流是间隙短路时脉冲电流的最大值，单位为 A（见图 27-2）。它比峰值电流要大 20%～40%。

11. 放电时间（电流脉冲宽度）t_e

放电时间是工作液介质击穿后放电间隙中流过放电电流的时间，即电流脉冲宽度，单位为 μs。它比电压脉冲宽度稍小，二者相差一个击穿延时 t_d。t_i 和 t_e 对电火花加工的生产率、表面粗糙度和电极损耗有很大影响，但实际起作用的是电流脉冲宽度 t_e。

12. 击穿延时 t_d

从间隙两端加上脉冲电压后，一般均要经过一小段延续时间 t_d，工作液介质才能被击穿放电，这一小段时间称为击穿延时，单位为 μs（见图27-2）。击穿延时 t_d 与平均放电间隙的大小有关，工具电极欠进给时，平均放电间隙变大，平均击穿延时 t_d 就大；反之，工具电极过进给时，放电间隙变小，t_d 也就小。

13. 放电间隙

放电间隙是放电时工具电极和工件间的距离，单位为 mm。它的大小一般为 0.01～0.50mm，粗加工时放电间隙较大，精加工时则较小。

二、电火花线切割加工的工艺指标

1. 切割速度 v_{wi}

切割速度是指在保证一定的表面粗糙度的切割过程中，单位时间内电极丝中心线在工件上切过的面积的总和，单位为 mm²/min。最高切割速度 v_{wimax} 是指在不计切割方向和表面粗糙度等的条件下所能达到的最大切割速度。通常高速走丝电火花线切割加工的切割速度为 40～80mm²/min，它与加工电流大小有关。为了在不同脉冲电源、不同加工电流下比较切割效果，将每安培电流的切割速度称为切割效率，一般切割效率为 20mm²/（min·A）。

2. 表面粗糙度

在我国和欧洲各国，表面粗糙度常用轮廓算术平均偏差 Ra（单位为 μm）来表示，高速走丝电火花线切割加工的表面粗糙度一般为 $Ra1.25～2.50$μm，低速走丝电火花线切割加工的表面粗糙度可达 $Ra1.25$μm。

3. 加工精度

加工精度是指所加工工件的尺寸精度、形状精度（如直线度、平面度、圆度等）和位置精度（如平行度、垂直度、倾斜度等）的总称。高速走丝电火花线切割的可控加工精度为 0.01～0.02mm，低速走丝电火花线切割的可控加工精度为 0.002～0.005mm。

4. 电极丝损耗量

对高速走丝电火花线切割机床，电极丝损耗量用电极丝在切割 10000mm² 面积后电极丝直径的减少量来表示，一般减少量不应大于 0.01mm。对低速走丝电火花线切割机床，由于电极丝是一次性的，故电极丝损耗量可忽略不计。

三、电火花成形加工的工艺指标

电火花成形加工的工艺指标主要有加工精度、表面粗糙度、加工速度、电极损耗等。

1. 加工精度

电火花成形加工的加工精度包括尺寸精度和仿形精度（或形状精度）。

2. 表面粗糙度

表面粗糙度是指加工表面上的微观几何形状误差。电火花成形加工表面粗糙度的形成与切削加工不同，它是由若干电蚀小凹坑组成的，能存润滑油，其耐磨性比同样粗糙度的机械加工表面要好。在相同表面粗糙度的情况下，电火花成形加工表面比机械加工表面亮度低。

3. 加工速度

电火花成形加工的加工速度，是指在一定的电参数下，单位时间内工件被蚀除的体积 V 或质量 m。一般常用体积加工速度 $v_w = V/t$（单位为 mm³/min）来表示；有时为了测量方便，也用质量加工速度 $v_m = m/t$（单位为 g/min）来表示。

在规定的表面粗糙度和规定的相对电极损耗下的最大加工速度是电火花成形机床的重要工艺性能指标。一般电火花成形机床说明书上所指的最高加工速度是该机床在最佳状态下所能达到的，实际生产中的正常加工速度远远低于机床的最大加工速度。

4. 电极损耗

电极损耗是电火花成形加工中的重要工艺指标。在生产中，衡量某种工具电极是否耐损耗，不只是看电极损耗速度 v_e 的绝对值大小，还要看同时达到的加工速度 v_w，即每蚀除单位质量金属工件时，电极相对损耗量。因此，常用相对损耗或损耗比作为衡量工具电极耐损耗的指标。

在电火花成形加工中，电极的相对损耗小于 1%，称为低损耗电火花成形加工。低损耗电火花成形加工能最大限度地保持加工精度，所需电极的数目也可减至最小，因而简化了电极的制造，加工工件的表面粗糙度也可达 $Ra3.2\mu m$ 以下。除了充分利用电火花成形加工的极性效应、覆盖效应及选择合适的电极材料外，还可从改善工作液方面着手，实现电火花的低损耗加工。若采用加入各种添加剂的水基工作液，还可实现对纯铜或铸铁进行电极相对损耗小于 1% 的低损耗电火花成形加工。

任务二　了解影响材料放电腐蚀的因素

在电火花加工过程中，材料被放电腐蚀的规律是十分复杂的综合性问题。研究影响材料放电腐蚀的因素，对于应用电火花加工方法，提高电火花加工的生产率，降低电极损耗是极为重要的。下面分别介绍影响材料放电腐蚀的主要因素。

一、极性效应

在电火花加工过程中，无论是正极还是负极，都会受到不同程度的电蚀。即使是相同材料，如钢加工钢，正、负电极的电蚀量也是不同的。这种单纯由于正、负极性不同而彼此电蚀量不一样的现象叫极性效应。如果两电极材料不同，则极性效应会更加复杂。在生产中，我国通常把工件接脉冲电源的正极（工具电极接负极）时，称"正极性"加工；反之，工件接脉冲电源的负极（工具电极接正极）时，称"负极性"加工，又称"反极性"加工。

产生极性效应的原因很复杂，对这一问题的笼统解释是，在火花击穿放电过程中，正、负电极表面分别受到负电子和正离子的轰击及瞬时热源的作用，在两极表面所分配到的能量不一样，因而熔化、汽化抛出的电蚀量也不一样。这是因为电子的质量和惯性均很小，容易获得很高的加速度和速度，在击穿放电的初始阶段就有大量的电子奔向正极，把能量传递给正极表面，使电极材料迅速熔化和汽化；而正离子则由于质量和惯性较大，启动和加速较慢，在击穿放电的初始阶段，大量的正离子来不及到达负极表面，而到达负极表面并传递能量的只有一小部分正离子。

所以在用短脉冲加工时，电子的轰击作用大于离子的轰击作用，正极的蚀除速度大于负极的蚀除速度，这时工件应接正极。当采用长脉冲（即放电持续时间较长）加工时，质量和惯性大的正离子将有足够的时间加速，到达并轰击负极表面的离子数将随放电时间的增长而增多；由于正离子的质量大，对负极表面的轰击破坏作用强，同时自由电子挣脱负极时要从负极获取逸出功，而正离子到达负极后与电子结合释放位能，故负极的蚀除速度将大于正极，这时工件应接负极。因此，当采用短脉冲（例如纯铜电极加工钢时，$t_i < 10\mu s$）精加工时，应选用正极性加工；当采用长脉冲（例如纯铜电极加工钢时，$t_i > 80\mu s$）粗加工时，应采用负极性加工，可以得到较高的蚀除速度和较低的电极损耗。

能量在两极上的分配是影响两个电极电蚀量的重要因素，而电子和离子对电极表面的轰击则是影响能量分布的重要因素，因此电子轰击和离子轰击无疑是影响极性效应的重要因素。但是，近年来的生产实践和研究结果表明，正的电极表面能吸附工作液中分解游离出来的炭微粒，进而形成炭黑膜，减小了电极损耗。例如，纯铜电极加工钢工件，当脉冲宽度为$8\mu s$时，通常的脉冲电源必须采用正极性加工，但在用分组脉冲进行加工时，虽然脉冲宽度也为$8\mu s$，却需采用负极性加工，因为这时在正极纯铜表面明显地存在着吸附的炭黑膜，保护了正极，从而使得钢工件负极的蚀除速度大大超过了正极。在普通脉冲电源上的实验也证实了炭黑膜对极性效应的影响，当采用脉冲宽度为$12\mu s$，脉冲间隔为$15\mu s$时，往往正极蚀除速度大于负极，应采用正极性加工。

当脉冲宽度不变时，逐步减少脉冲间隔（应配之以抬刀，以防止拉弧），使得两极间有利于炭黑膜在正极的形成，这样就会使负极蚀除速度大于正极蚀除速度从而可以改用负极性加工。这实际上是极性效应和正极吸附炭黑之后对正极保护作用的综合体现。

由此可见，极性效应是一个较为复杂的问题。除了脉冲宽度和脉冲间隔，脉冲峰值电流、放电电压、工作液以及电极对的材料等都会影响到极性效应。

从提高加工生产率和减少电极损耗的角度来看，极性效应越显著越好，故在电火花加工过程中必须对其加以充分利用。当用交变的脉冲电流加工时，单个脉冲的极性效应便相互抵消，增加了电极损耗，因此电火花加工一般都采用单向脉冲电源。

为了充分地利用极性效应，最大限度地降低电极损耗，应合理选用工具电极的材料，并根据电极对材料的物理性能、加工要求选用最佳的电参数，正确地选用极性，进而使工件的蚀除速度最高，电极损耗尽可能小。

二、电参数对电蚀量的影响

电火花加工过程中腐蚀金属的量（即电蚀量）与单个脉冲能量、脉冲效率等电参数密切相关。

单个脉冲能量与平均放电电压、平均放电电流和脉冲宽度成正比。在实际加工中，击穿后的放电电压与电极材料及工作液种类有关，而且在放电过程中变化很小，所以对单个脉冲能量的大小主要取决于平均放电电流和脉冲宽度的大小。

由上可知，要提高电蚀量，应增加平均放电电流、脉冲宽度及提高脉冲频率。但在实际生产中，这些因素往往是相互制约的，并影响着其他工艺指标，因此应根据具体情况综合考虑。例如，增加平均放电电流，加工表面粗糙度值也随之增大。

三、金属材料对电蚀量的影响

正负电极表面电蚀量分配不均除了与电极极性有关外，还与电极的材料有很大的关系。当脉冲放电能量相同时，金属工件的熔点、沸点、比热容、熔化热、汽化热等越高，电蚀量将越少，越难加工；导热系数越大的金属，因能把较多的热量传导、散失到其他部位，故降低了本身的蚀除量。因此，电极的蚀除量与电极材料的导热系数及其他热学常数等有密切的关系。

四、工作液对电蚀量的影响

在电火花加工过程中，工作液的作用是：① 形成火花击穿放电通道，并在放电结束后迅速恢复间隙的绝缘状态；② 对放电通道产生压缩作用；③ 帮助抛出和排除电蚀产物；④ 对工具、工件有冷却作用，因而对电蚀量也有较大的影响。介电性能好、密度和黏度大的工作液有利于压缩放电通道，提高放电的能量密度，强化电蚀产物的抛出效应，但黏度大不利于电蚀产物的排出，影响正常放电。目前电火花成形加工主要采用油类作为工作液，在粗加工时采用的脉冲能量大，加工间隙也较大，爆炸排屑抛出能力强，这时往往选用介电性能好、黏度较大的全损耗系统用油（即机油），且全损耗系统用油的燃点较高，大能量加工时着火燃烧的可能性小；而在半精、精加工时放电间隙比较小，排屑比较困难，故一般选用黏度小、流动性好、渗透性好的煤油作为工作液。

由于油类工作液有味、容易燃烧，尤其在大能量粗加工时工作液高温分解产生的烟气很大，故寻找一种像水一样流动性好、不产生炭黑、不燃烧、无色无味、价廉的工作液介质一直是我们努力的目标。水的绝缘性能和黏度较低，在同样的加工条件下，和煤油相比水的放电间隙较大、对通道的压缩作用差、蚀除量较少且易锈蚀机床，但通过各种添加剂的运用，可以改善其性能。最新的研究成果表明，粗加工时采用水基工作液，其加工速度远高于利用煤油作工作液，但在大面积的精加工中水基工作液取代煤油工作液还有一段距离。

五、影响电蚀量的其他因素

首先是加工过程的稳定性。加工过程不稳定将干扰甚至破坏正常的火花放电，使有效脉冲利用率降低。加工深度、加工面积的增加，或加工型面复杂程度的增加，都不利于电蚀产物的排出，从而影响加工稳定性；降低加工速度，严重时将造成结炭拉弧，使加工难以进行。为了改善排屑条件，提高加工速度和防止拉弧，常采用强迫冲油和工具电极定时抬刀等措施。

如果加工面积较小，而采用的加工电流较大，也会使局部电蚀产物浓度过高，放电点不能分散转移，放电后的余热来不及传播扩散而积累起来，造成过热，形成电弧，破坏加工的稳定性。

电极材料对加工稳定性也有影响。钢电极加工钢时不易稳定，纯铜、黄铜加工钢时则比较稳定。脉冲电源的波形及其前后沿陡度影响着输入能量的集中或分散程度，对电蚀量也有很大影响。

电火花加工过程中电极材料瞬时熔化或汽化而抛出，如果抛出速度很高，就会冲击另一电极表面而使其蚀除量增大；如果抛出速度较低，则当喷射到另一电极表面时，会反黏和涂覆在电极表面，减少其蚀除量。此外，正极上炭黑膜的形成将起"保护"作用，从而大大降低正电极的蚀除量。

任务三　掌握电火花线切割加工工艺规律

一、电参数对电火花线切割加工工艺指标的影响

1. 脉冲宽度对工艺指标的影响

图 27-3 所示是在一定工艺条件下，脉冲宽度 t_i 对切割速度 v_{wi} 和表面粗糙度 Ra 的影响曲线。由图 27-3 可知，增加脉冲宽度，使切割速度提高，但表面粗糙度会变差。这是因为脉冲宽度增加，使单个脉冲放电能量增大，则放电痕也增大。同时，随着脉冲宽度的增加，电极丝损耗变大。

通常情况下，当电火花线切割加工用于精加工和半精加工时，单个脉冲放电能量应限制在一定范围内。当短路峰值电流选定后，脉冲宽度要根据具体的加工要求来选择，精加工时脉冲宽度可在 20μs 内选择，半精加工时可在 20～60μs 内选择。

2. 脉冲间隔对工艺指标的影响

图 27-4 所示是在一定的工艺条件下，脉冲间隔 t_o 对切割速度 v_{wi} 和表面粗糙度 Ra 的影响曲线。

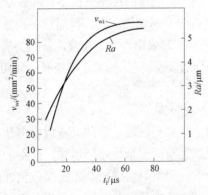

图 27-3　t_i 对 v_{wi} 和 Ra 的影响曲线

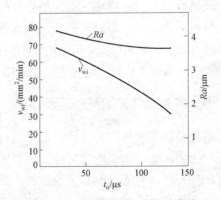

图 27-4　t_o 对 v_{wi} 和 Ra 的影响曲线

由图 27-4 可知，减小脉冲间隔，切割速度提高，表面粗糙度 Ra 稍有增大，这表明脉冲间隔对切割速度影响较大，对表面粗糙度影响较小。因为在单个脉冲放电能量确定的情况下，脉冲间隔较小，致使脉冲频率提高，即单位时间内放电加工的次数增多，平均加工电流增大，故切割速度提高。

实际上，脉冲间隔不能太小，它受间隙绝缘状态恢复速度限制。如果脉冲间隔太小，放电产物来不及排除，放电间隙来不及充分消电离，这将使加工变得不稳定，易造成烧伤工件或断丝。但是脉冲间隔也不能太大，因为这会使切割速度明显降低，严重时不能连续进给，使加工变得不够稳定。

一般脉冲间隔在 $10 \sim 250\mu s$ 范围内，电火花线切割加工基本上能适应各种加工条件，可进行稳定加工。

选择脉冲间隔和脉冲宽度与工件厚度也有很大关系。一般来说工件越厚，脉冲间隔也要越大，以保持加工的稳定性。

3. 短路峰值电流对工艺指标的影响

图 27-5 所示是在一定的工艺条件下，短路峰值电流 $\hat{i}_s$ 对切割速度 v_{wi} 和表面粗糙度 Ra 的影响曲线。由图 27-5 可知，当其他工艺条件不变时，增加短路峰值电流，切割速度提高，表面粗糙度变差。这是因为短路峰值电流大，表明相应的加工电流峰值就大，单个脉冲能量亦大，所以放电痕大，故切割速度高，表面粗糙度差。

增大短路峰值电流，不但会使工件放电痕变大，而且会使电极丝损耗变大，这两者均会使加工精度降低。

4. 开路电压对工艺指标的影响

图 27-6 所示是在一定的工艺条件下，开路电压 u_i 对加工速度 v_{wi} 和表面粗糙度 Ra 的影响曲线。

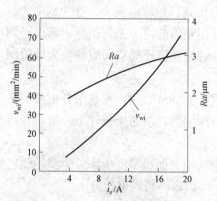

图 27-5　$\hat{i}_s$ 对 v_{wi} 和 Ra 的影响曲线

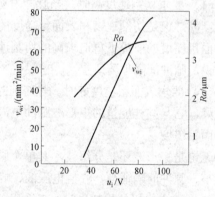

图 27-6　u_i 对 v_{wi} 和 Ra 的影响曲线

由图 27-6 可知，随着开路电压峰值提高，加工电流增大，切割速度提高，表面粗糙度增大。因为电压高使得加工间隙变大，所以加工精度略有降低；但加工间隙大，有利于放电产物的排除和消电离，可提高加工稳定性和脉冲利用率。

采用乳化液介质和高速走丝方式，开路电压峰值一般都在 $60 \sim 150V$ 内，个别的用到 300V 左右。

综上所述，在工艺条件大体相同的情况下，利用矩形波脉冲电源进行加工时，电参数对工艺指标的影响有如下规律：

（1）切割速度随着加工电流峰值、脉冲宽度、脉冲频率和开路电压的增大而提高，即切割速度随着加工平均电流的增加而提高。

（2）加工表面粗糙度值随着加工电流峰值、脉冲宽度及开路电压的减小而减小。

（3）加工间隙随着开路电压的提高而增大。

（4）在电流峰值一定的情况下，开路电压的增大，有利于提高加工稳定性和脉冲利用率。

（5）表面粗糙度的改善，有利于提高加工精度。

实践表明，改变矩形波脉冲电源的一项或几项电参数，对工艺指标的影响很大，须根据具体的加工对象和加工要求，全面考虑诸因素及其相互影响关系。选取合适的电参数，既要满足主要加工要求，又要注意提高各项加工指标。例如，加工精小模具或零件时，选择电参数要满足尺寸精度高、表面粗糙度好的要求，选取较小的加工电流峰值和较窄的脉冲宽度，必然带来加工速度的降低。又如，加工中、大型模具和零件时，对尺寸精度和表面粗糙度要求低一些，故可选用加工电流峰值大、脉冲宽度宽些的电参数值，尽量获得较高的切割速度。此外，不管加工对象和加工要求如何，还须选择适当的脉冲间隔，以保证加工稳定进行，提高脉冲利用率。因此选择电参数相当重要，只要能客观地运用它们的最佳组合，就一定能够获得良好的加工效果。

二、根据加工对象合理选择加工参数

1. 合理选择电参数

（1）要求切割速度高时。当脉冲电源的空载电压高、短路电流大、脉冲宽度大时，切割速度高。但是切割速度和表面粗糙度的要求是互相矛盾的两个工艺指标，所以必须在满足表面粗糙度的前提下再追求高的切割速度。而且切割速度还受到间隙消电离的限制，也就是说，脉冲间隔也要适宜。

（2）要求表面粗糙度好时。若切割的工件厚度在 80mm 以内，则选用分组波的脉冲电源为好，它与同样能量的矩形波脉冲电源相比，在相同的切割速度条件下，可以获得较好的表面粗糙度。

无论是矩形波还是分组波，其单个脉冲能量小，则表面粗糙度值小。也就是说，脉冲宽度小、脉冲间隔适当、峰值电压低、峰值电流小时，表面粗糙度较好。

（3）要求电极丝损耗小时。多选用前阶梯脉冲波形或脉冲前沿上升缓慢的波形，因为这种波形电流的上升率低（即 di/dt 小），故可以减小电极丝损耗。

（4）要求切割厚工件时。选用矩形波、高电压、大电流、大脉冲宽度和大的脉冲间隔可充分消电离，从而保证加工的稳定性。

若加工模具厚度为 20～60mm，表面粗糙度为 $Ra1.6～3.2\mu m$，脉冲电源的电参数可在如下范围内选取：

1）脉冲宽度为 4～20μs；

2）脉冲幅值为 60～80V；

3）功率放大管数为 3～6 个；

4）加工电流为 0.8～2.0A；

5）切割速度为 15～40mm²/min。

选择上述的下限参数时，表面粗糙度为 Ra1.6μm，随着参数的增大，表面粗糙度值增至 Ra3.2μm。

加工薄工件和试切样板时，电参数应取小些，否则会使放电间隙增大。

加工厚工件（如凸模）时，电参数应适当取大些，否则会使加工不稳定，模具质量下降。

2. 合理调整变频进给的方法

整个变频进给控制电路有多个调整环节，其中大都安装在机床控制柜内部，出厂时已调整好，一般不应再变动；此外还有一个调节旋钮安装在控制台操作面板上，操作人员可以根据工件材料、厚度及加工要求等来调节此旋钮，以改变进给速度。

不要认为变频进给的电路能自动跟踪工件的蚀除速度并始终维持某一放电间隙（即不会开路不走或短路闷死），便错误地认为加工时可不必或可随便调节变频进给量。实际上某一具体加工条件下只存在一个相应的最佳进给量，此时钼丝的进给速度恰好等于工件实际可能的最大蚀除速度。如果设置的进给速度小于工件实际可能的蚀除速度（称欠跟踪或欠进给），则加工状态偏开路，无形中就降低了生产率；如果设置好的进给速度大于工件实际可能的蚀除速度（称过跟踪或过进给），则加工状态偏短路，实际进给和切割速度反而下降，而且增加了断丝和"短路闷死"的危险。实际上，由于进给系统中步进电动机、传动部件等有机械惯性及滞后现象，不论是欠进给还是过进给，自动调节系统都将使进给速度忽快忽慢，加工过程变得不稳定。因此，合理调节变频进给，使其达到较好的加工状态是很重要的，主要有以下两种调节方法：

（1）用示波器观察和分析加工状态的方法。如果条件允许，最好用示波器来观察加工状态，这样不仅直观，而且还可以测量脉冲电源的各种参数。图 27-7 所示为加工时可能出现的几种典型波形。

将示波器输入线的正极接工件，负极接电极丝，调整好示波器，则观察到的最佳波形应如图 27-8 所示。若变频进给调整得合适，则加工波最浓，空载波和短路波很淡，此时为最佳加工状态。

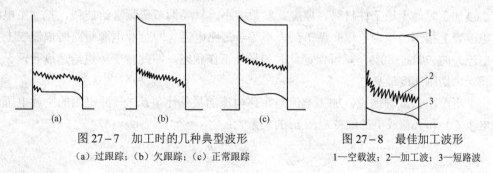

图 27-7　加工时的几种典型波形　　　　　　图 27-8　最佳加工波形
（a）过跟踪；（b）欠跟踪；（c）正常跟踪　　　1—空载波；2—加工波；3—短路波

数控电火花线切割机床加工效果的好坏，在很大程度上还取决于操作者调整的进给速度是否适宜，为此可将示波器接到放电间隙，根据加工波形来直观地判断与调整（见图 27-7）。

1）进给速度过高（过跟踪），如图 27−7（a）所示。此时间隙中空载电压波形消失，加工电压波形变弱，短路电压波形较浓。这时工件蚀除的线速度低于进给速度，间隙接近于短路，加工表面发焦呈褐色，工件的上下端面均有过烧现象。

2）进给速度过低（欠跟踪），如图 27−7（b）所示。此时间隙中空载电压波形较浓，时而出现加工波形，短路波形出现较少。这时工件蚀除的线速度大于进给速度，间隙近于开路，加工表面亦发焦呈淡褐色，工件的上下端面也有过烧现象。

3）进给速度稍低（欠佳跟踪）。此时间隙中空载、加工、短路三种波形均较明显，波形比较稳定。这时工件蚀除的线速度略高于进给速度，加工表面较粗、较白，两端面有黑白交错相间的条纹。

4）进给速度适宜（最佳跟踪），如图 27−7（c）所示。此时间隙中空载及短路波形弱，加工波形浓而稳定。这时工件蚀除的速度与进给速度相当，加工表面细而亮，丝纹均匀，因此在这种情况下，能得到表面粗糙度好、精度高的加工效果。

表 27−1 给出了根据进给状态调整变频的方法。

表 27−1　　　　　　　　　　　　根据进给状态调整变频的方法

实频状态	进给状态	加工面状况	切割速度	电极丝	变频调整
过跟踪	慢而稳	焦褐色	低	略焦，老化快	应减慢进给速度
欠跟踪	忽慢忽快，不均匀	不光洁，易出深痕	较快	易烧丝，丝上有白斑伤痕	应加快进给速度
欠佳跟踪	慢而稳	略焦褐色，有条纹	低	焦色	应稍增加进给速度
最佳跟踪	很稳	发白，光洁	快	发白，老化慢	不需再调整

（2）用电流表观察和分析加工状态的方法。利用电压表和电流表以及示波器等来观察加工状态，并使之处于较好的加工状态，实质上也是一种调节合理的变频进给速度的方法。现在介绍一种用电流表根据工作电流和短路电流的比值来更快速、有效地调节最佳变频进给速度的方法。

根据操作人员长期的操作实践，并经理论推导证明，用矩形波脉冲电源进行电火花线切割加工时，无论工件材料、厚度、参数大小，只要调节变频进给旋钮，把加工电流（即电流表上指示的平均电流）调节到大小等于短路电流（即脉冲电源短路时电流表上指示的电流）的 70%～80%，就可保证此时为最佳工作状态，即此时变频进给速度合理、加工最稳定、切割速度最高。

更严格、准确地说，加工电流与短路电流的最佳比值 β 与脉冲电源的空载电压（峰值电压 $\hat{u}_i$）和火花放电的维持电压 u_e 的关系为：

$$\beta = 1 - \frac{u_e}{\hat{u}_i} \qquad\qquad (27-1)$$

当火花放电维持电压 u_e 为 20V 时，用不同空载电压的脉冲电源加工时，加工电流与短路电流的最佳比值见表 27−2。

表 27 - 2　　　　　　　　　　　加工电流与短路电流的最佳比值

脉冲电源空载电压 $\hat{u}_i$/V	40	50	60	70	80	90	100	110	120
加工电流与短路电流最佳比值 β	0.50	0.60	0.66	0.71	0.75	0.78	0.80	0.82	0.83

短路电流的获取，可以用计算法，也可用实测法。例如，某种电源的空载电压为 100V，共用 6 个功率放大管，每管的限流电阻为 25Ω，则每管导通时的最大电流为 100÷25＝4A，6 个功率放大管全用且导通时的短路峰值电流为 6×4＝24A。设选用的脉冲宽度和脉冲间隔的比值为 1:5，则短路时的短路电流（平均值）为：

$$24 \times \frac{1}{5+1} = 4 \text{（A）}$$

由此，在线切割加工中，调节加工电流为 4×0.8＝3.2A 时，进给速度和切割速度可认为达到最佳。

实测短路电流的方法是用一根较粗的导线或螺钉旋具，人为地将脉冲电源输出端搭接短路，此时由电流表上读得的数值即为短路电流值。按此法可将上述电源在不同电压、不同脉冲宽度和脉冲间隔比时的短路电流列成一表，以备随时查用。

本方法可使操作人员在调节和寻找最佳变频进给速度时有一个明确的目标值，可很快地调节到较好的进给和加工状态的大致范围，必要时再根据前述电压表和电流表指针的摆动方向，补偿调节到表针稳定不动的状态。

必须指出，所有上述调节方法，都必须在工作液供给充足、导轮精度良好、钼丝松紧合适等正常切割条件下才能取得较好的效果。

三、改善电火花线切割加工表面粗糙度的措施

表面粗糙度是模具精度的一个主要方面。数控电火花线切割加工表面粗糙度超值的主要原因是加工过程不稳定及工作液不干净，下面给出一些改善措施，以供在实践中参考。

（1）保证储丝筒、导轮的制造和安装精度，控制储丝筒和导轮的轴向及径向跳动，导轮转动要灵活，防止导轮跳动和摆动，有利于减少钼丝的振动，保证加工过程的稳定性。

（2）必要时可适当降低钼丝的走丝速度，增加钼丝正反换向及走丝时的平稳性。

（3）根据电火花线切割加工的特点，钼丝的高速运动需要频繁换向，钼丝在换向的瞬间会造成其松紧不一，钼丝张力不均匀，从而引起钼丝振动，直接影响加工表面粗糙度，所以应尽量减少钼丝运动的换向次数。试验证明，在加工条件不变的情况下，加大钼丝的有效工作长度，可减少钼丝的换向次数及钼丝抖动，促进加工过程的稳定，提高加工表面质量。

（4）采用专用机构张紧的方式将钼丝缠绕在储丝筒上，可确保钼丝排列松紧均匀。尽量不采用手工张紧的方式缠绕，因为手工缠绕很难保证钼丝在储丝筒上排列均匀及松紧一致。松紧不均匀会造成钼丝各处张力不一样，这会引起钼丝在工作中抖动，从而增大加工

表面粗糙度。

（5）保证 x 向、y 向工作台运动的平稳性和进给均匀性。保证 x 向、y 向工作台运动平稳的方法为先试切，在钼丝换向及走丝过程中变频均匀，且单独走 x 向、y 向直线，步进电动机在钼丝正反向所走的步数大致相等，说明变频调整合适，钼丝松紧程度一致，可确保工作台运动的平稳。

（6）对于有可调线架的机床，应把线架跨距尽可能调小。跨距过大，钼丝会振动；跨距过小，不利于冷却液进入加工区。例如，切割 40mm 的工件，线架跨距为 50～60mm，上下线架的冷却液喷嘴离工件表面 6～10mm，这样可以提高钼丝在加工区的刚性，避免钼丝振动，有利于加工稳定。

（7）工件的进给速度要适当。因为在电火花线切割加工过程中，如工件的进给速度过大，则被腐蚀的金属微粒不易全部排出，易引起钼丝短路，加剧加工过程的不稳定；如工件的进给速度过小，则生产效率低。

（8）采用合适的脉冲电源。脉冲电源采用矩形波脉冲，因为它的脉冲宽度和脉冲间隔均连续可调，不易受各种因素的干扰。减少单个脉冲能量，可改善表面粗糙度。影响单个脉冲能量的因素有脉冲宽度、功率放大管个数、功率放大管峰值电流，所以减小脉冲宽度和峰值电流，可改善加工表面粗糙度。然而，减小脉冲宽度，生产效率将大幅度下降，不可用；减小功率放大管峰值电流，生产效率也会下降，但影响程度比减小脉冲宽度小。因此，减小功率放大管峰值电流，适当增大脉冲宽度，调节合适的脉冲间隔，既可提高生产效率，又可获得较好的加工表面粗糙度。

（9）保持稳定的电源电压。因为电源电压不稳定，会造成钼丝与工件两端的电压不稳定，从而引起击穿放电过程不稳定，使表面粗糙度增大。

（10）工作液要保持清洁。工作液使用时间过长，会使其中的金属微粒逐渐变大，使工作液的性质发生变化，降低工作液的作用，还会堵塞冷却系统，所以必须对工作液进行过滤，使用时间过长，要更换工作液。最简单的过滤方法是，在冷却泵抽水孔处放一块海绵。工作液最好是按螺旋状形式包裹住钼丝，以提高工作液对钼丝振动的吸收作用，减少钼丝的振动，减小表面粗糙度。

总之，只要消除了加工过程中的不稳定性及保持工作液清洁，就能在较高的生产效率下，获得较好的加工表面粗糙度。

任务四　掌握电火花成形加工工艺规律

一、影响电火花成形加工精度的主要因素

影响电火花成形加工精度的因素很多，这里重点探讨与电火花成形加工工艺有关的因素。

1. 放电间隙

电火花成形加工中，工具电极与工件间存在着放电间隙，因此工件的尺寸、形状与工

具电极并不一致。如果加工过程中放电间隙是常数，根据工件加工表面的尺寸、形状可以预先对工具电极尺寸、形状进行修正。但放电间隙是随电参数、电极材料、工作液的绝缘性能等因素的变化而变化的，从而影响了加工精度。

放电间隙大小对形状精度也有影响，放电间隙越大，则复制精度越差，特别是对复杂形状的加工表面。如工具电极为尖角，由于放电间隙的等距离，工件则为圆角。因此，为了减少加工尺寸误差，应该采用较弱的加工参数，缩小放电间隙；另外还必须尽可能使加工过程稳定。放电间隙在精加工时一般为 0.01～0.10mm，粗加工时可达 0.5mm 以上（单边）。

2. 加工斜度

电火花成形加工时，加工斜度对加工精度的影响如图 27-9 所示。由于工具电极下面部分加工时间长，损耗大，因此电极变小；而入口处由于电蚀产物的存在，易因为电蚀产物的介入而再次进行非正常放电（即"二次放电"），从而产生加工斜度。

3. 电极损耗

在电火花成形加工中，随着加工深度的不断增加，工具电极进入放电区域的时间是从端部向上逐渐减少的。实际上，工件侧壁主要是靠工具电极底部端面的周边加工出来的。因此，电极损耗也必然从端面底部向上逐渐减少，从而形成了损耗锥度（见图 27-10），工具电极的损耗锥度反映到工件上就是加工斜度。

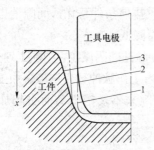

图 27-9　加工斜度对加工精度的影响

1—电极无损耗时的工具电极轮廓线；2—电极有损耗而不考虑二次放电时的工件轮廓线；3—实际工件轮廓线

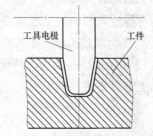

图 27-10　损耗锥度对加工精度的影响

二、影响表面粗糙度的主要因素

（1）电火花成形加工工件表面的凹坑大小与单个脉冲放电能量有关，单个脉冲能量越大，则凹坑越大。若把表面粗糙度值的大小简单地看成与电蚀凹坑的深度成正比，则电火花成形加工表面粗糙度随单个脉冲能量的增加而增大。

（2）在一定的脉冲能量下，不同的工件材料表面粗糙度值大小不同，熔点高的材料表面粗糙度值要比熔点低的材料小。

（3）在脉冲宽度一定的条件下，随着峰值电流的增加，单个脉冲能量也增加，表面粗糙度就变差。

（4）当峰值电流一定时，脉冲宽度越大，单个脉冲的能量就越大，放电腐蚀的凹坑也越大、越深，所以表面粗糙度就越差。

（5）工具电极表面的粗糙度值大小也影响工件的加工表面粗糙度值。例如，石墨电极表面比较粗糙，因此它加工出的工件表面粗糙度值也较大。

（6）由于电极的相对运动，工件侧边的表面粗糙度值比端面小。

（7）干净的工作液有利于得到理想的表面粗糙度。因为工作液中含蚀除产物等杂质越多，越容易发生积炭等不利状况，从而影响表面粗糙度。

三、影响加工速度的主要因素

影响加工速度的因素分电参数和非电参数两大类。电参数主要是脉冲电源的输出波形与参数，包括脉冲宽度、脉冲间隔、峰值电流等；非电参数包括加工面积、深度、工作液种类、冲油方式、排屑条件及电极对的材料、形状等。

1. 电参数的影响

（1）脉冲宽度的影响。单个脉冲能量的大小是影响加工速度的重要因素。对于矩形波脉冲电源，当峰值电流一定时，脉冲能量与脉冲宽度成正比。脉冲宽度增加，加工速度随之增加，因为随着脉冲宽度的增加，单个脉冲能量增大，从而使加工速度提高；但若脉冲宽度过大，则加工速度反而下降，如图 27-11 所示。这是因为单个脉冲能量虽然增大，但转换的热能有较大部分散失在工具电极与工件之中，不起蚀除作用。同时，在其他加工条件相同时，随着脉冲能量过分增大，蚀除产物增多，排气排屑条件恶化，间隙消电离时间不足，将会导致拉弧、加工稳定性变差等，加工速度反而降低。

（2）脉冲间隔的影响。在脉冲宽度一定的条件下，若脉冲间隔减小，则加工速度提高，如图 27-12 所示。这是因为脉冲间隔减小导致单位时间内工作脉冲数目增多、加工电流增大，故加工速度提高；但若脉冲间隔过小，会因放电间隙来不及消电离而引起加工稳定性变差，导致加工速度降低。

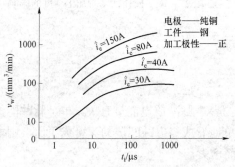

图 27-11　脉冲宽度对加工速度的影响曲线

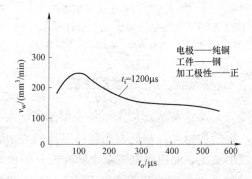

图 27-12　脉冲间隔对加工速度的影响曲线

在脉冲宽度一定的条件下，为了最大限度地提高加工速度，应在保证稳定加工的同时，尽量缩短脉冲间隔时间。带有脉冲间隔自适应控制的脉冲电源，能够根据放电间隙的状态，在一定范围内调节脉冲间隔的大小，这样既能保证稳定加工，又可以获得较大的加工速度。

（3）峰值电流的影响。当脉冲宽度和脉冲间隔一定时，随着峰值电流的增加，加工速度也增加，如图 27-13 所示。因为加大峰值电流，等于加大单个脉冲能量，所以加工速度也就提高了。但若峰值电流过大（即单个脉冲放电能量很大），加工速度反而下降。

此外，峰值电流增大将降低工件表面粗糙度和增加电极损耗。在生产中，应根据不同的要求，选择合适的峰值电流。

2. 非电参数的影响

（1）排屑条件的影响。在电火花成形加工过程中会不断产生气体、金属屑末和炭黑等，如不及时排除，则加工将很难稳定进行。加工稳定性不好，会使脉冲利用率降低，加工速度降低。为便于排屑，一般都采用冲油（或抽油）和电极抬起的办法。

1）冲（抽）油压力对加工速度的影响。在加工中对于工件型腔较浅或易于排屑的型腔，可以不采取任何辅助排屑措施。但对于较难排屑的加工，不冲（抽）油或冲（抽）油压力过小，则因排屑不良而产生的二次放电机会明显增多，从而导致加工速度下降；但若冲油压力过大，加工速度同样会降低，这是因为冲油压力过大，会产生干扰，使加工稳定性变差，故加工速度反而会降低。图 27-14 所示为冲油压力对加工速度的影响曲线。

冲（抽）油的方式与冲（抽）油压力大小应根据实际加工情况来定。若型腔较深或加工面积较大，冲（抽）油压力要相应增大。

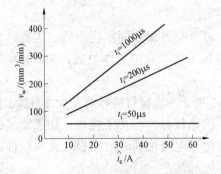 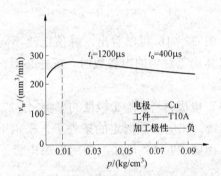

图 27-13 峰值电流对加工速度的影响曲线　　图 27-14 冲油压力对加工速度的影响曲线

2）"抬刀"方式对加工速度的影响。为使放电间隙中的电蚀产物迅速排除，除采用冲（抽）油外，还应经常抬起电极以利于排屑。在定时"抬刀"状态，会发生放电间隙状况良好无须"抬刀"而电极却照样抬起的情况，也会出现当放电间隙的电蚀产物积聚较多急需"抬刀"，而因"抬刀"时间未到却不"抬刀"的情况。这种多余的"抬刀"和未及时"抬刀"都直接降低了加工速度。为克服定时"抬刀"的缺点，目前较先进的电火花机床都采用了自适应"抬刀"方法。自适应"抬刀"是根据放电间隙的状态，决定是否"抬刀"。放电间隙状态不好，电蚀产物堆积多，"抬刀"频率自动加快；放电间隙状态好，电极就少抬起或不抬。这使电蚀产物的产生与排除基本保持平衡，避免了不必要的电极抬起运动，提高了加工速度。

图 27-15 所示为抬刀方式对加工速度的影响曲线。由图 27-15 可知，加工深度相同时，采用自适应"抬刀"比定时"抬刀"需要的加工时间短，即加工速度快；同时，采用自适应"抬刀"，加工工件质量好，不易出现拉弧烧伤。

（2）加工面积的影响。图 27-16 所示为加工面积对加工速度的影响曲线。由图 27-16 可知，加工面积较大时，它对加工速度没有多大影响。但若加工面积小到某一临界面积，加工速度会显著降低，这种现象被称为"面积效应"。因为加工面积小，在单位面积上脉冲放电过分集中，致使放电间隙的电蚀产物排除不畅，同时会产生气体排除液体的现象，造成放电加工在气体介质中进行，因而大大降低加工速度。

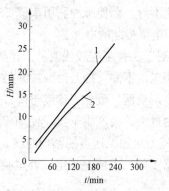

图 27-15　抬刀方式对加工速度的影响曲线
1—自适应抬刀；2—定时抬刀

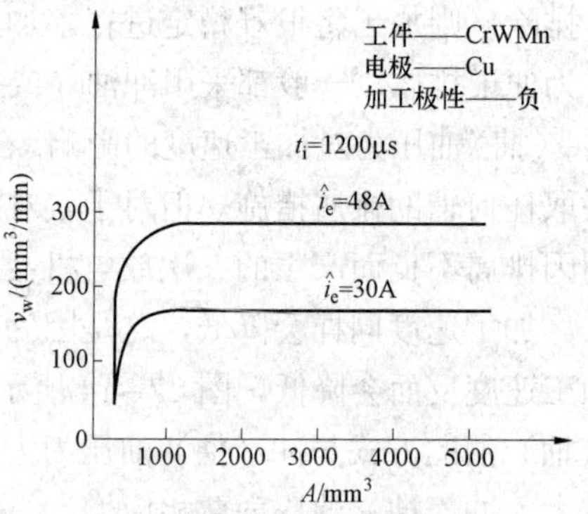

图 27-16　加工面积对加工速度的影响曲线

从图 27-16 可以看出，峰值电流不同，最小临界加工面积也不同。因此，在确定一个具体加工对象的电参数时，首先必须根据加工面积确定工作电流，并估算所需的峰值电流。

（3）电极材料和加工极性的影响。图 27-17 所示为电极材料和加工极性对加工速度的影响曲线。在电参数选定的条件下，采用不同的电极材料与加工极性，加工速度也大不相同。由图 27-17 可知，采用石墨电极，在加工电流相同时，正极性比负极性加工速度快。

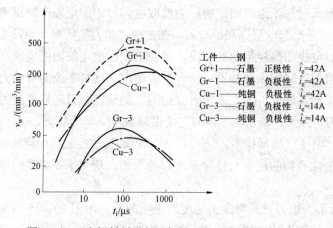

图 27-17　电极材料和加工极性对加工速度的影响曲线

在电火花成形加工中选择极性，不能只考虑加工速度，还必须考虑电极损耗。如采用石墨电极时，正极性加工比负极性加工速度快，但在粗加工中，电极损耗会很大。故在不计电极损耗的通孔加工、利用电火花加工取折断工具等情况下，用正极性加工；而在用石墨电极加工型腔的过程中，常采用负极性加工。

从图 27-17 还可看出，在同样的加工条件和加工极性情况下，采用不同的电极材料，加工速度也不相同。例如，采用中等脉冲宽度、负极性加工时，石墨电极的加工速度高于铜电极的加工速度；在脉冲宽度较窄或很宽时，铜电极加工速度高于石墨电极加工速度。此外，采用石墨电极加工的最大加工速度的脉冲宽度，比用铜电极加工的最大加工速度的脉冲宽度要窄。

综上所述，电极材料对电火花成形加工非常重要，正确选择电极材料是电火花成形加工首要考虑的问题。

（4）工作液的影响。在电火花成形加工中，工作液的种类、黏度、清洁度对加工速度也有影响。就工作液的种类来说，加工速度的大致顺序是高压水＞煤油＋机油＞煤油＞酒精水溶液。在电火花成形加工中，应用最多的工作液是煤油。

（5）工件材料的影响。在同样的加工条件下，选用不同的工件材料，加工速度也不同。这主要取决于工件材料的物理性能（熔点、沸点、比热容、导热系数、熔化热和汽化热等）。

一般来说，工件材料的熔点、沸点越高，比热容、熔化潜热和汽化潜热越大，加工速度就越低，即越难加工。例如，加工硬质合金钢比加工碳素钢的速度要低 40%～60%。对于导热系数很高的工件，虽然熔点、沸点、熔化热和汽化热不高，但因热传导性好，热量散失快，加工速度也会降低。

四、影响电极损耗的主要因素

1. 电参数对电极损耗的影响

（1）脉冲宽度的影响。在峰值电流一定的情况下，随着脉冲宽度的减小，电极损耗增大。脉冲宽度越窄，电极损耗 θ 上升的趋势越明显，如图 27-18 所示。所以精加工时的电极损耗比粗加工时的电极损耗大。

（2）脉冲间隔的影响。在脉冲宽度不变时，随着脉冲间隔的增加，电极损耗增大，如图 27-19 所示。因为脉冲间隔加大，引起放电间隙中介质消电离状态的变化，使电极上的"覆盖效应"减少。

随着脉冲间隔的减小，电极损耗也随之减少，但超过一定限度，放电间隙将来不及消电离而造成拉弧烧伤，反而影响正常加工的进行。尤其在粗参数、大电流加工时，更应注意。

（3）峰值电流的影响。对于一定的脉冲宽度，加工时的峰值电流不同，电极损耗也不同。用纯铜电极加工钢时，随着峰值电流的增加，电极损耗也增加。图 27-20 所示为峰值电流对电极相对损耗的影响。由图 27-20 可知，要降低电极损耗，应减小峰值电流。因此，对一些不适宜用长脉冲宽度粗加工而又要求损耗小的工件，应使用窄脉冲宽度、低峰值电流的方法。

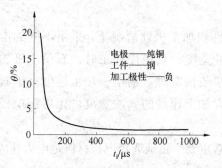
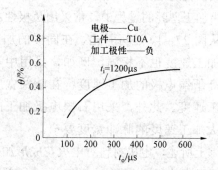

图27-18　脉冲宽度对电极相对损耗的影响曲线　　图27-19　脉冲间隔对电极相对损耗的影响曲线

由此可见，脉冲宽度和峰值电流对电极损耗的影响效果是综合性的。只有脉冲宽度和峰值电流保持一定关系，才能实现低损耗加工。

（4）加工极性的影响。在其他加工条件相同的情况下，加工极性不同对电极损耗影响很大，如图27-21所示。当脉冲宽度 t_i 小于某一数值时，正极性损耗小于负极性损耗；反之，当脉冲宽度 t_i 大于某一数值时，负极性损耗小于正极性损耗。一般情况下，采用石墨电极和铜电极加工钢时，粗加工用负极性，精加工用正极性。但在钢电极加工钢时，无论粗加工还是精加工都要用负极性，否则电极损耗将大大增加。

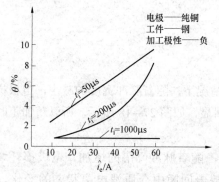
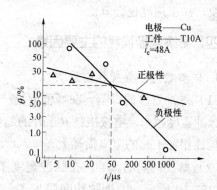

图27-20　峰值电流对电极相对损耗的影响曲线　　图27-21　加工极性对电极相对损耗的影响曲线

2. 非电参数对电极损耗的影响

（1）电极材料的影响。电极损耗与电极材料有关，不同电极材料的电极损耗大致顺序如下：银钨合金<铜钨合金<石墨（粗参数）<纯铜<钢<铸铁<黄铜<铝。

（2）电极的形状和尺寸的影响。在电极材料、电参数和其他工艺条件完全相同的情况下，电极的形状和尺寸对电极损耗影响也很大（如电极的尖角、棱边、薄片等）。例如，图 27-22（a）所示的型腔，用整体电极加工较困难。在实际加工中首先加工主型腔

［见图27-22（b）］，再用小电极加工副型腔［见图27-22（c）］。

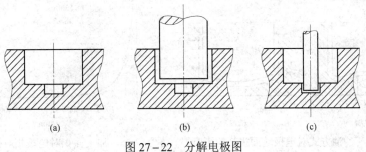

图27-22　分解电极图

（a）型腔；（b）加工主型腔；（c）加工副型腔

（3）冲油或抽油的影响。冲油压力对电极相对损耗的影响如图27-23所示。一方面，对形状复杂、深度较大的型孔或型腔进行加工时，若采用适当的冲油或抽油方法进行排屑，有助于提高加工速度。但另一方面，冲油或抽油压力过大反而会加大电极的损耗。因为强迫冲油或抽油会使加工间隙的排屑和消电离速度加快，这样减弱了电极上的"覆盖效应"。当然，

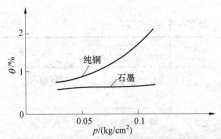

图27-23　冲油压力对电极相对损耗的影响曲线

不同的电极材料对冲油、抽油的敏感性不同。例如，用石墨电极加工时，电极损耗受冲油压力的影响较小，而纯铜电极损耗受冲油压力的影响较大。

由上可知，在电火花成形加工中，应谨慎使用冲、抽油。加工本身较易进行且稳定的电火花成形加工，不宜采用冲、抽油；若必须采用冲、抽油的电火花成形加工，也应注意冲、抽油压力维持在较小的范围内。

冲、抽油方式对电极损耗无明显影响，但对电极端面损耗的影响有较大区别。冲油时电极损耗呈凹形端面，抽油时则形成凸形端面，如图27-24所示。这主要是因为冲油进口处所含各种杂质较少，温度比较低，流速较快，使进口处的"覆盖效应"减弱。

实践证明，当油孔的位置与电极的形状对称时用交替冲油和抽油的方法，可使冲油或抽油所造成的电极端面形状的缺陷互相抵消，得到较平整的端面。另外，采用脉动冲油（冲油不连续）或抽油比连续的冲油或抽油的效果好。

（4）加工面积的影响。在脉冲宽度和峰值电流一定的条件下，加工面积对电极损耗影响不大，是非线性的，如图27-25所示。当电极相对损耗小于1%时，随着加工面积的继续增大，电极损耗减小的趋势越来越慢。当加工面积过小时，则随着加工面积的减小电极损耗急剧增加。

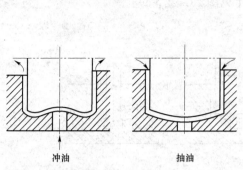

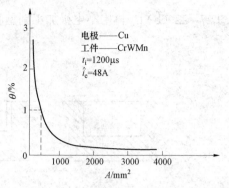

图 27-24 冲油方式对电极端面损耗的影响   图 27-25 加工面积对电极相对损耗的影响曲线

影响电极损耗的因素较多，总结起来见表 27-3。

表 27-3   影响电极损耗的因素

因素	说　　　明	减少损耗条件
脉冲宽度	脉冲宽度越大，电极损耗越小，至一定数值后，电极损耗可降低至小于1%	脉冲宽度足够大
峰值电流	峰值电流增大，电极损耗增加	减小峰值电流
极性	影响很大。应根据不同电源、电参数、工作液、电极材料、工件材料，选择合适的极性	一般脉冲宽度大时用正极性，小时用负极性，钢电极用负极性
电极材料	常用电极材料中黄铜的损耗最大，纯铜、铸铁、钢次之，石墨和铜钨、银钨合金较小。纯铜在一定的电参数和工艺条件下，也可以得到低损耗加工	石墨做粗加工电极，纯铜做精加工电极
工件材料	加工硬质合金工件时电极损耗比钢工件大	用高压脉冲加工或用水作为工作液，在一定条件下可降低电极损耗
加工面积	影响不大	大于最小加工面积
排屑条件和二次放电	在低损耗加工时，排屑条件越好则损耗越大，如纯铜；有些电极材料则对此不敏感，如石墨。在较高损耗加工时，二次放电会使电极损耗增加	在许可条件下，最好不采用强迫冲（抽）油
工作液	常用的煤油、机油获得低损耗加工需具备一定的工艺条件；水和水溶液比煤油更容易实现低损耗加工（在一定条件下），如硬质合金工件的低损耗加工、黄铜和钢电极的低损耗加工	

五、电火花成形加工的稳定性

在电火花成形加工中，加工稳定性是一个很重要的概念。加工稳定性不仅关系到加工的速度，而且关系到加工的质量。影响电火花成形加工稳定性的因素主要有以下几点：

（1）加工形状。形状复杂（具有内外尖角、窄缝、深孔等）的工件加工不易稳定，其他如工具电极或工件松动、烧弧痕迹未清除、工件或工具电极带磁性等均会引起加工不稳定。

另外，随着加工深度的增加，加工会变得不稳定。工作液中混入易燃微粒也会使加工难以进行。

（2）电极材料及工件材料。对于钢工件，各种电极材料的加工稳定性好坏次序如下：纯铜（以及铜钨合金、银钨合金）＞铜合金（包括黄铜）＞石墨＞铸铁＞不相同的钢＞相同的钢。

淬火钢比不淬火钢工件加工时稳定性好；硬质合金、铸铁、铁合金、磁钢等工件的加工稳定性差。

（3）电参数。一般来说，单个脉冲能量较大的参数，容易达到稳定加工。但是，当加工面积很小时，不能用很强的参数加工。另外，加工硬质合金时不能用太强的参数加工。

脉冲间隔太小常易引起加工不稳。在微细加工、排屑条件很差、工具电极与工件材料不太合适时，可通过增加间隔来改善加工的不稳定性，但这样会引起生产率下降。$t_i / \hat{i}_e$ 很大的参数比 $t_i / \hat{i}_e$ 较小的参数加工稳定性差。当 $t_i / \hat{i}_e$ 大到一定数值后，加工将很难进行。

对每种电极材料对，必须有合适的加工波形和适当的击穿电压才能实现稳定加工。当平均加工电流超过最大允许加工电流时，将出现不稳定现象。

（4）极性。不合适的极性可能会导致加工极性不稳定。

（5）电极进给速度。电极的进给速度与工件的蚀除速度应该相适应，这样才能使加工稳定进行。进给速度大于蚀除速度时，加工不易稳定。

（6）蚀除物的排除情况。良好的排屑是保证加工稳定的重要条件。单个脉冲能量大则放电爆炸力强，电火花间隙大，蚀除物容易从加工区域排出，加工就稳定。在用弱参数加工工件时必须采取各种方法保证排屑良好，实现稳定加工。冲油压力不合适也会造成加工不稳定。

六、电火花成形加工中的工艺技巧

1."波纹"问题

用平动头修光侧面的型腔，在底部圆弧或斜面处易出现"细丝"及鱼鳞状的凸起，这就是"波纹"。"波纹"问题将严重影响模具加工的表面质量。一般"波纹"产生的原因如下：

（1）电极材料的影响。如在用石墨做电极时，由于石墨材料颗粒粗、组织疏松、强度差，会引起粗加工后电极表面产生严重剥落现象（包括疏松性剥落、压层不均匀性剥落、热疲劳破坏剥落、机械性破坏剥落），这是因为电火花成形加工是精确"仿形"加工，故在电火花成形加工中石墨电极表面剥落现象经过平动修整后会反映到工件上，即产生了"波纹"。

（2）半精、精加工电极损耗大。由于粗加工后电极表面粗糙度值很大，半精、精加工时电极损耗较大，故在加工过程中工件上粗加工的表面不平度会反映到电极上，电极表面产生的高低不平又反映到工件上，最终就产生了所谓的"波纹"。

（3）冲油、排屑的影响。电加工时，若冲油孔开设得不合理，排屑情况不良，则蚀除物会堆积在底部转角处，这样也会助长"波纹"的产生。

（4）电极运动方式的影响。"波纹"的产生并不是平动加工引起的，相反平动运动有利于底面"波纹"的消除，但它对不同角度的斜度或曲面"波纹"仅有不同程度的减少，而无法消除。这是因为平动加工时，工具电极与工件有一个相对错开位置，加工底面错位量大，加工斜面或圆弧错位量小，因而导致两种不同的加工效果。

"波纹"的产生既影响了工件表面粗糙度，又降低了加工精度，因此在实际加工中应尽量设法减少或消除"波纹"。

2. 加工精度问题

电火花成形加工的加工精度主要包括"仿形"精度和尺寸精度两个方面。所谓"仿形"精度，是指电火花成形加工后的型腔与加工前工具电极几何形状的相似程度。

影响"仿形"精度的因素有如下几点：

（1）使用平动头造成几何形状失真，如很难加工出清角、尖角变圆等。

（2）电极损耗及"反黏"现象的影响。

（3）电极装夹找正装置的精度和平动头、主轴头的精度以及刚性的影响。

（4）参数选择转换不当，造成电极损耗增大。

影响尺寸精度的因素有如下几点：

（1）操作者选用的电参数与电极缩小量不匹配，以致加工完成以后，尺寸精度超差。

（2）在加工深型腔时，二次放电机会较多，使加工间隙增大，以致侧面不能修光，或者即使能修光，也超出了图样尺寸要求。

（3）冲油管的放置和导线的架设存在问题，导线与油管产生阻力，使平动头不能正常进行平面圆周运动。

（4）电极制造误差。

（5）主轴头、平动头、深度测量装置等存在机械误差。

3. 表面粗糙度问题

电火花成形加工型腔模，有时型腔表面会出现尺寸到位但修不光的现象。造成这种现象的原因有以下几方面：

（1）工具电极对工作台的垂直度没校正好，使电极的一个侧面成了倒斜度，这样相对应模具侧面的上部分就会修不光。

（2）主轴进给时出现扭曲现象，影响了模具侧表面的修光。

（3）在加工开始前，平动头没有调到零位，以致到了预定的偏心量时，有一面无法修出。

（4）各挡参数转换过快，或者跳参数进行修整，使端面或侧面留下粗加工的麻点痕迹，无法再修光。

（5）工具电极或工件没有装夹牢固，在加工过程中出现错位移动，影响模具侧面粗糙度的修整。

（6）平动量调节过大，加工过程中出现大量碰撞短路，使主轴不断上下往返，造成有的面修出，有的面修不出。

七、电火花成形加工工艺的制定

从前面详细阐述的电火花成形加工的工艺规律可以看出，加工精度、表面粗糙度、加工速度和电极损耗往往相互矛盾。表 27-4 简单列举了一些常用参数对电火花成形加工工艺的影响。

表 27-4 常用参数对电火花成形加工工艺的影响

	加工速度	电极损耗	表面粗糙度	备 注
峰值电流↑	↑	↑	↑	加工间隔↑，型腔加工锥度↑
脉冲宽度↑	↑	↓	↑	加工间隔↑，加工稳定性↑
脉冲间隔↑	↓	↑	○	加工稳定性↑
工作液清洁度↑	粗、半精加工↓ 精加工↑	○	○	加工稳定性↑

注：○表示影响较小；↓表示降低或减小；↑表示增大。

在电火花成形加工中，如何合理地制定电火花成形加工工艺，如何用最快的速度加工出最佳质量的产品呢？一般来说，主要采用两种方法：第一，先主后次，如在用电火花成形加工去除断在工件中的钻头、丝锥时，应优先保证速度，因为此时工件的表面粗糙度、电极损耗已经不重要了；第二，采用各种手段，兼顾各方面。其中常见的方法主要有如下几种：

（1）先用机械加工去除大量的材料，再用电火花成形加工保证加工精度和加工质量。电火花成形加工的材料去除率还不能与机械加工相比。因此，在工件型腔电火花成形加工中，有必要先用机械加工方法去除大部分加工量，使各部分余量均匀，从而大幅度提高工件的加工效率。

（2）粗、半精、精逐挡过渡式加工方法。粗加工用于蚀除大部分加工余量，使型腔按预留量接近尺寸要求；半精加工用于提高工件表面粗糙度等级，并使型腔基本达到要求，一般加工量不大；精加工主要保证最后加工出的工件达到要求的尺寸与表面粗糙度。

在加工时，首先通过粗加工，高速去除大量金属，这是通过大功率、低损耗的粗加工参数解决的；然后通过半精、精加工保证加工的精度和表面质量。半精、精加工虽然电极相对损耗大，但在一般情况下，半精、精加工余量仅占全部加工量的极小部分，故电极的绝对损耗极小。

在粗、半精、精加工中，注意转换加工参数。

（3）采用多电极。在加工中及时更换电极，当电极绝对损耗量达到一定程度时，及时更换，以保证良好的加工质量。

项目二十八

编制电火花线切割机床加工工艺

任务一 了解编制电火花线切割机床加工工艺步骤

数控电火花线切割加工一般是工件加工中的最后一道工序。要达到零件的精度及表面粗糙度要求，应合理控制电火花线切割加工时的各种工艺因素（电参数、切割速度、工件装夹等），同时应安排好零件的工艺路线及电火花线切割加工前的准备工作。下面对运用电火花线切割机床加工模具零件的工作步骤予以分析。

一、对图纸进行分析和审核

分析图纸是对保证工件质量和工件综合技术指标有决定意义的第一步。在加工冲裁模时，首先要挑出不能进行或不宜用电火花线切割加工的工件图纸，大致有如下几种情况：

（1）表面粗糙度和尺寸精度要求很高，切割后无法进行手工研磨的工件。

（2）窄缝小于电极丝直径加放电间隙的工件，或图形内拐角处不允许带有电极丝半径加放电间隙所形成的圆角的工件。

（3）厚度超过丝架跨距的零件。

（4）加工长度超过机床 x、y 拖板的有效行程长度，且精度要求较高的工件。

（5）非导电材料。

对于可以采用数控电火花线切割加工工艺的工件，应着重考虑表面粗糙度、尺寸精度、工件厚度、工件材料、尺寸大小、配合间隙和制件厚度等方面。

对工件图纸进行分析和审核的内容主要包括下列几个方面：

1. 凹角和尖角的尺寸要符合电火花线切割加工的特点

电火花线切割加工是用电极丝作为工具电极来加工的，因为电极丝有一定的半径 R，加工时又有一加工间隙 δ，这使得电极丝中心运动轨迹与给定图形相差距离 f，即 $f=R+\delta$，如图 28-1 所示。这样在加工凸模类零件时，电极丝中心轨迹应放大；加工凹模类零件时，电极丝中心轨迹应缩小。

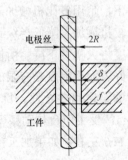

图 28-1 电极丝与工件放电位置关系

电火花线切割加工过程中，在工件的凹角处不能得到"清角"，而是半径等于 f 的圆弧。对于形状复杂的精密冲模，在凸、凹模设计图纸上应注明拐角处的过渡圆弧半径 R'。加工凹模时：$R' \geqslant R + \delta$；加工尖角时：$R' = R - \Delta$，其中Δ为配合间隙。

2. 材料的选用和热处理

以电火花线切割加工为主要工艺时，钢件的加工路线一般为：下料—锻造—退火—机械粗加工—淬火与高温回火—磨削加工（退磁）—电火花线切割加工—钳工修整。

这种工艺路线的特点之一是工件在加工的全过程中会出现两次较大的变形。经过机械粗加工的整块坯件先经过热处理，材料在该过程中会产生第一次较大的变形，材料内部的残余应力显著地增加了。热处理后的坯件在进行电火花线切割加工时，由于大面积去除金属和切断加工，会使材料内部残余应力的相对平衡状态受到破坏，材料会产生第二次较大变形。例如，对经过淬火的钢坯件进行切割时，如图28-2所示，在a—b的切割过程中发生的变形如双点划线所示，可以看到材料内部残存着拉应力，切割完的工件与电极丝轨迹有很大差异。

图28-3所示为切割孔类工件的变形，在切割矩形孔的过程中，由于材料有残余应力，当材料去除后，可能导致矩形孔变为双点划线表示的鼓形或虚线表示的鞍形。

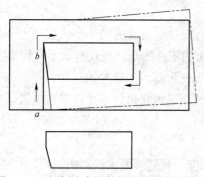

图28-2　切割淬火后的钢坯件的变形情况

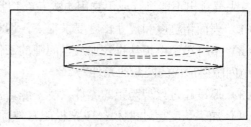

图28-3　切割孔类工件的变形情况

3. 合理选择表面粗糙度和加工精度

电火花线切割加工表面是由无数的小坑和凸起组成的，粗细较均匀，所以在相同的粗细程度下，耐用度比机械加工的表面好。采用电火花线切割加工时，工件表面粗糙度的要求可以较机械加工降低半级到一级；同时，电火花线切割加工的表面粗糙度等级提高一级，加工速度将大幅度下降。所以，图纸要合理地给定表面粗糙度。电火花线切割加工所能达到的最好表面粗糙度是有限的，若无特殊要求，对表面粗糙度的要求不能太高。同样，加工精度的给定也要合理。目前，绝大多数数控电火花线切割机床的脉冲当量一般每步为0.001mm，受工作台传动精度所限，以及加工走丝系统和其他方面的影响，切割加工精度一般为IT6左右，如果加工精度要求很高，是难于实现的。

二、加工前的工艺准备

加工前的工艺准备主要包括线电极准备、工件准备和工作液配制。

1. 线电极准备

（1）线电极材料的选择。目前线电极材料的种类很多，主要有纯铜丝、黄铜丝、专用黄铜丝、钼丝、钨丝、各种合金丝及镀层金属线等。表 28－1 给出了各种线电极材料的特点。

表 28－1　　　　　　　　　　　　　　各种线电极材料的特点　　　　　　　　　　　　　　mm

材料	线径	特　　　点
纯　铜	0.10～0.25	适合于切割速度要求不高或精加工时用。丝不易卷曲，抗拉强度低，容易断丝
黄　铜	0.10～0.30	适合于高速加工，加工面的蚀屑附着少。表面粗糙度和加工面的平直度也较好
专用黄铜	0.05～0.35	适合于高速、高精度和理想的表面粗糙度加工以及自动穿丝，但价格高
钼	0.06～0.25	由于抗拉强度高，一般用于高速走丝，在进行微细、窄缝加工时，也可用于低速走丝
钨	0.03～0.10	由于抗拉强度高，可用于各种窄缝的微细加工，但价格昂贵

一般情况下，高速走丝机床常用钼丝作为线电极，钨丝或其他昂贵金属丝因成本高而很少用，其他线电极材料因抗拉强度低，在高速走丝机床上也不能使用；低速走丝机床上则可用各种铜丝、铁丝、专用合金丝以及镀层（如镀锌等）的电极丝。

（2）线电极直径的选择。线电极直径 d 应根据工件加工的切缝宽窄、工件厚度及拐角尺寸大小等来选择。由图 28－4 可知，线电极直径 d 与拐角半径 R 的关系为 $d \leq 2(R-\delta)$。所以，在拐角要求小的微细电火花线切割加工中，需要选用线电极直径小的电极，但线电极直径太小，能够加工的工件厚度也将会受到限制。表 28－2 列出了线电极直径与拐角极限和工件厚度的关系。

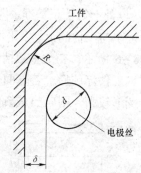

图 28－4　线电极直径与拐角半径的关系

表 28－2　　　　　　　　　　线电极直径与拐角极限和工件厚度的关系　　　　　　　　　　mm

线电极直径 d	拐角极限 R_{min}	切割工件厚度
钨 0.05	0.40～0.07	0～10
钨 0.07	0.05～0.10	0～20
钨 0.10	0.07～0.12	0～30
黄铜 0.15	0.10～0.16	0～50
黄铜 0.20	0.12～0.20	0～100 及以上
黄铜 0.25	0.15～0.22	0～100 及以上

2. 工件准备

（1）工件材料的选择和处理。工件材料是在图纸设计时确定的。作为模具加工，在加工前毛坯需经锻打和热处理。锻打后的材料在锻打方向及与其垂直的方向上会有不同的残余应力，淬火后也会出现残余应力。加工过程中残余应力的释放会使工件变形，从而达不到加工尺寸精度的要求，淬火不当的工件还会在加工过程中出现裂纹，因此工件需经二次以上回火或高温回火。另外，加工前还要进行消磁处理及去除表面氧化皮和锈斑等。

为了避免或减少上述情况，一方面应选择锻造性能好、淬透性好、热处理变形小的材料，如以电火花线切割加工为主要工艺的冷冲模具，尽量选用 CrWMn、Cr12Mo、GCr15 等合金工具钢，并正确选择热加工方法和严格执行热处理规范；另一方面也要合理安排电火花线切割加工工艺（后述）。

（2）工件加工基准的选择。为了便于电火花线切割加工，根据工件外形和加工要求，应准备相应的校正和加工基准，并且此基准应尽量与图纸的设计基准一致。常见的选择方式有以下两种：

1）以外形为校正和加工基准。外形是矩形状的工件，一般需要有两个相互垂直的基准面，并垂直于工件的上、下平面（见图 28-5）。

2）以外形为校正基准，内孔为加工基准。无论是矩形、圆形还是其他异形的工件，都应准备一个与工件的上、下平面保持垂直的校正基准，此时其中一个内孔可作为加工基准，如图 28-6 所示。在大多数情况下，外形基面在电火花线切割加工前的机械加工中就已准备好了。工件淬硬后，若基面变形很小，可稍加打光便可用电火花线切割加工工艺进行加工；若变形较大，则应当重新修磨基面。

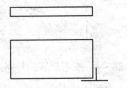
图 28-5　矩形工件的校正和加工基准

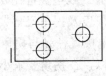
图 28-6　外形一侧边为校正基准，内孔为加工基准

（3）穿丝孔的确定。要确定穿丝孔，须明确穿丝孔的作用、位置和直径以及加工方法等。

1）穿丝孔的作用。穿丝孔在电火花线切割加工工艺中是不可或缺的。它有三个作用：① 用于加工凹模；② 减小凸模加工中的变形量和防止因材料变形而发生夹丝现象；③ 保证被加工部分跟其他有关部位的位置精度。对于前两个作用来说，穿丝孔的加工要求不需要过高，但对于第三个作用来说，就需要考虑其加工精度。显然，如果所加工的穿丝孔的精度差，那么工件在加工前的定位也就不准，被加工部分的位置精度自然也就不符合要求。在这里，穿丝孔的精度是位置精度的基础。通常影响穿丝孔精度的主要因素有两个，即圆度和垂直度。如果利用精度较高的镗床、钻床或铣床加工穿丝孔，圆度就能基本上得到保证，而垂直度的控制一般是比较困难的。在实际加工中，穿丝孔越深，垂直度越不好保证，尤其是在孔径较小、深度较大时，要满足较高的垂直度要求非常困难。因此，在较厚工件上加工穿丝孔，其垂直度的控制情况就成为工件加工前定位准确与否的重要因素。

2）穿丝孔的位置和直径。在切割凹模类工件时，穿丝孔位于凹形的中心位置，操作最为方便。因为这样既能准确确定穿丝孔加工位置，又便于控制坐标轨迹的计算。但是这种方法切割的无用行程较长，因此不适合大孔形凹形工件的加工。

在切割凸形工件或大孔形凹形工件时，穿丝孔加工在起切点附近为好。这样可以大大缩短无用切割行程。穿丝孔的位置最好选在已知坐标点或便于运算的坐标点上，以简化有关轨迹控制的运算。

穿丝孔的直径不宜太小或太大，以钻或镗孔工艺简便为宜，一般选在 3～10mm 范围内。孔径最好选取整数值或较完整数值，以简化用其作为加工基准的运算。

对于对称加工、多次穿丝切割的工件，穿丝孔的位置选择如图 28-7 所示。

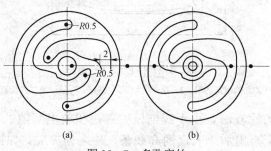

图 28-7　多孔穿丝
（a）不正确；（b）正确

3）穿丝孔的加工。由于许多穿丝孔都要做加工基准，因此在加工时必须确保其位置精度和尺寸精度。这就要求穿丝孔在具有较精密坐标工作台的机床上进行加工。为了保证孔径尺寸精度，穿丝孔可采用钻铰、钻镗或钻车等较精密的机械加工方法。

（4）切割路线的确定。在电火花线切割加工工艺中，切割起始点和切割路线的确定合理与否，将影响工件变形的大小，从而影响加工精度。图 28-8 所示的由外向内顺序的切割路线，通常在加工凸模零件时采用。其中，图 28-8（a）所示的切割路线是错误的，因为当切割完第一边，继续加工时，由于原来主要连接的部位被割离，余下材料与夹持部分的连接较少，工件的刚度大为降低，容易产生变形而影响加工精度。如按图 28-8（b）所示的切割路线加工，可减少由于材料割离后残余应力重新分布而引起的变形。所以，一般情况下最好将工件与其夹持部分分割的线段安排在切割路线的末端。对于精度要求较高的零件，最好采用图 28-8（c）所示的方案，电极丝不由坯件外部切入，而是将切割起始点取在坯件预制的穿丝孔中，这种方案可使工件的变形最小。

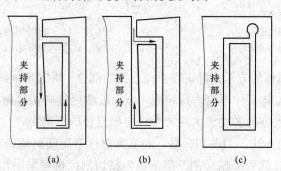

图 28-8　切割起始点和切割路线的安排
（a）切割起点不合适；（b）存在变形；（c）较好方案

切割孔类零件时，为了减少变形，还可采用二次切割法，如图 28-9 所示。第一次粗加工型孔，各边留余量 0.1～0.5mm，以补偿材料被切割后由于内应力重新分布而产生的变形；第二次切割为精加工，这样可以达到比较满意的效果。

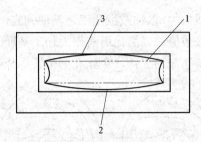

图 28-9　二次切割孔类零件

1—第一次切割的理论图形；2—第一次切割的实际图形；3—第二次切割的图形

（5）接合突尖的去除方法。由于线电极的直径和放电间隙的关系，在工件切割面的接合处，会出现一个高出加工表面的高线条，称之为突尖，如图 28-10 所示。这个突尖的大小决定于线电极直径和放电间隙。在高速走丝电火花线切割加工中，用细的线电极加工，突尖一般很小；在低速走丝电火花线切割加工中就比较大，必须将它去除。下面介绍几种去除突尖的方法。

1）利用拐角的方法。凸模在拐角位置的突尖比较小，选用图 28-11 所示的切割路线，可减少精加工量。切下前要将凸模固定在外框上，并用导电金属将其与外框连通，否则在加工中不会产生放电。

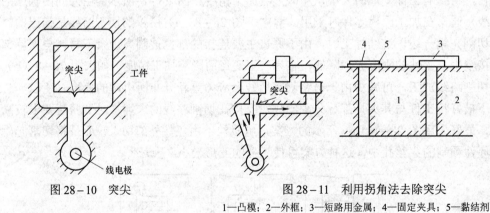

图 28-10　突尖　　　　　　　　　图 28-11　利用拐角法去除突尖

1—凸模；2—外框；3—短路用金属；4—固定夹具；5—黏结剂

2）切缝中插金属板的方法。将切割要掉下来的部分，用固定板固定起来，在切缝中插入金属板，金属板长度与工件厚度大致相同，金属板应尽量向切落侧靠近，如图 28-12 所示。切割时应往金属板方向多切入大约一个线电极直径的距离。

3）用多次切割的方法。工件切断后，对突尖进行多次切割精加工。一般分三次进行，第一次为粗切割，第二次为半精切割，第三次为精切割；也有采用粗、精二次切割法去除突尖，如图 28-13 所示，切割次数的多少，主要由加工对象精度要求的高低和突尖的大小来确定。

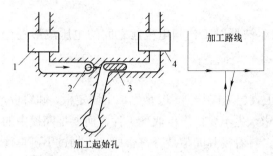

图28-12　插入金属板法去除突尖

1—固定夹具；2—线电极；3—金属板；4—短路用金属

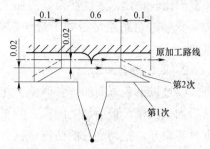

图28-13　多次切割法去除突尖

改变偏移量的大小，可使线电极靠近或离开工件。第一次比原加工路线增加大约 0.04mm 的偏移量，使线电极远离工件开始加工；第二次、第三次逐渐靠近工件进行加工，一直到突尖全部被去除为止。一般为了避免过切，应留 0.01mm 左右的余量供手工精修。

3. 工作液的准备

通常要根据电火花线切割机床的类型和加工对象来选择工作液的种类、浓度及导电率等。对高速走丝电火花线切割加工，一般用质量分数为10%左右的乳化液，此时可达到较高的切割速度。对于低速走丝电火花线切割加工，普遍使用去离子水。适当添加某些导电液有利于提高切割速度。一般使用电阻率为 $2 \times 10^4 \Omega \cdot cm$ 左右的工作液，可达到较高的线切割速度。工作液的电阻率过高或过低均有降低切割速度的倾向。

三、加工与检验

1. 加工时的调整

（1）调整电极丝垂直度。在装夹工件前必须以工作台为基准，先将电极丝垂直度调整好，再根据技术要求装夹加工坯料。条件许可时最好以角尺刀口再复测一次电极丝对装夹好的工件的垂直度。若发现不垂直，说明工件装夹可能翘起或低头，也可能工件有毛刺或电极丝没挂进导轮，须立即修正。因为模具加工面垂直与否直接影响着模具质量。

（2）调整脉冲电源的电参数。脉冲电源的电参数选择是否恰当，对加工模具的表面粗糙度、精度及切割速度起着决定性的作用。

电参数与加工工件技术工艺指标的关系是：脉冲宽度增加、脉冲间隔减小、脉冲电压幅值增大（电源电压升高）、峰值电流增大（功率放大管增多）都会使切割速度提高，但加工的表面粗糙度和精度则会下降；反之则可改善表面粗糙度和提高加工精度。

随着峰值电流的增大，脉冲间隔减小、频率提高、脉冲宽度增大、电极丝损耗增大，脉冲波前沿变陡，电极丝损耗也增大。

（3）调整进给速度。当电参数选好后，在采用第一条程序切割时，要对变频进给速度进行调整，这是保证稳定加工的必要步骤。如果加工不稳定，工件表面质量会大大下降，工件表面粗糙度和精度会变差，同时还会造成断丝。只有电参数选择恰当，同时变频进给调整得比较稳定，才能获得好的加工质量。

变频进给跟踪是否处于最佳状态，可用示波器对工件和电极丝之间的电压波形进行监视。

2. 正式切割加工

经过以上各方面的准备调整工作，可以正式加工模具。一般是先加工固定板、卸料板，然后加工凸模，最后加工凹模。凹模加工完毕，先不要松压板取下工件，而要把凹模中的废料芯拿开，把切割好的凸模试插入凹模中，看看模具间隙是否符合要求。如过小可再修大一些，如凹模有差错则可根据加工的坐标进行必要的修补。

3. 检验

（1）模具的尺寸精度和配合间隙。① 落料模：凹模尺寸应是图纸零件的基本尺寸；凸模尺寸应是图纸零件的基本尺寸减去冲模间隙。② 冲孔模：凸模尺寸应是图纸零件的基本尺寸；凹模尺寸应是图纸零件的基本尺寸加上冲模间隙。③ 固定板：应与凸模静配合。④ 卸料模：大于或等于凹模尺寸。⑤ 级进模：检查步距尺寸精度。根据不同精度的模具，可选用游标卡尺、内外径千分尺、塞规、投影仪等量具进行检验，模具间隙均匀性亦可用透光法目测。

（2）垂直度。可采用平板、刀口角尺进行检验。

（3）表面粗糙度。在现场可采用电火花加工表面粗糙度等级比较、样板目测或凭手感判断；在实验室中采用轮廓仪检测。

任务二　防松垫圈加工工艺分析

某机床在维修中，防松垫圈在拆卸时被损坏，经测绘其尺寸如图28-14所示，要求据此尺寸加工配件，试编制其加工工艺。

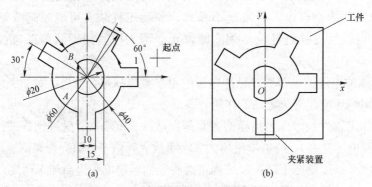

图28-14　防松垫圈电火花线切割加工

（a）防松垫圈；（b）垫圈在板料上的位置及定位坐标

一、零件图工艺分析

对于一时买不到而需要自己加工的配件，应按单件生产来处理。尽管该零件为冲压件，但从加工成本角度考虑，采用不用制作模具的铣削和电火花线切割加工工艺都可行，但考虑到该零件很薄，不易铣削，故选用电火花线切割加工工艺最为合理。

二、机床的选择

由于该零件精度要求不高，故采用高速走丝数控电火花线切割机床。

三、确定工艺基准

选择底平面作为定位基准面，选择孔的中心作为工序尺寸基准，并作为加工内孔时的穿丝孔。

四、确定加工路线

加工内孔时对工件的强度影响不大，采用顺、逆圆加工都可。加工外轮廓时，应向远离工件夹具的方向进行加工，以避免加工中因内应力释放而引起工件变形。最后再转向接近工件装夹处进行加工，若采用悬臂式装夹，应从起点开始沿逆时针方向加工。

五、加工参数的确定

电极丝直径 ϕ 0.15mm，放电间隙 0.01μs。

六、编制加工工艺（略）

任务三　大、中型冷冲模加工工艺分析

在电火花线切割机床上加工如图 28-15 所示的卡箍落料模凹模，工件材料为 Cr12MoV，工作面厚度 10mm。

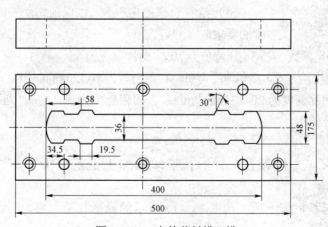

图 28-15　卡箍落料模凹模

该凹模待加工图形行程长，质量大，厚度高，去除金属量大。为保证工件的加工质量，采取如下工艺措施：

（1）虽然工件材料已经选择了淬透性好、热处理变形小的高合金钢，但因工件外形尺寸较大，为保证型孔位置的硬度及减少热处理过程中产生的残余应力，除热处理工序应采取必要的措施外，在淬硬前应增加一次粗加工（铣削或电火花线切割加工），使凹模型孔各面均留 2～4mm 的余量。

（2）加工时采用双支承的装夹方式，即利用凹模本身架在两夹具体定位平面上。

（3）因去除金属量大，在切割过半，特别是快完成加工时，废料易发生偏斜和位移而影响加工精度或卡断线电极。为此，在工件和废料块的上平面上，添加一平面经过磨削的永久磁钢，以利于废料块在切割的全过程中位置固定。

加工时选择的电参数：空载电压峰值为 95V，脉冲宽度为 25μs，脉冲间隔为 78μs，平均加工电流为 1.8A。采用高速走丝方式，走丝速度为 9m/s；线电极为 $\phi 0.3$mm 的黄铜丝；工作液为乳化液。

加工结果：切割速度为 40～50mm²/min；表面粗糙度和加工精度均符合要求。

任务四　数字冲裁模凸凹模加工工艺分析

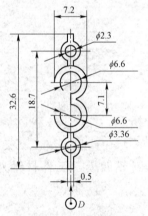

图 28-16　数字冲裁模凸凹模

图 28-16 所示为数字冲裁模凸凹模，材料为 CrWMn。凸凹模与相应凹模、凸模的双面间隙为 0.01～0.02mm。

因凸模形状较复杂，为满足其技术要求，采用了以下工艺措施：

（1）淬火前工件坯料上预制穿丝孔，如图 28-16 中孔 D。

（2）将所有非光滑过渡的交点用半径为 0.1mm 的过渡圆弧连接。

（3）先切割两个 $\phi 2.3$mm 小孔，再由辅助穿丝孔位开始，进行凸凹模的成形加工。

（4）选择合理的电参数，以保证切割表面粗糙度和加工精度的要求。

加工时选择的电参数：空载电压峰值为 80V，脉冲宽度为 8μs，脉冲间隔为 30μs，平均电流为 1.5A。采用高速走丝方式，走丝速度为 9m/s；线电极为 $\phi 0.12$mm 的钼丝；工作液为乳化液。

加工结果：切割速度为 20～30mm²/min；表面粗糙度为 Ra1.6μs。通过与相应的凸模、凹模试配，可直接使用。

任务五　异形孔喷丝板加工工艺分析

在电火花线切割机床上加工如图 28-17 所示的异形孔喷丝板，下面分析其加工工艺与工艺措施。

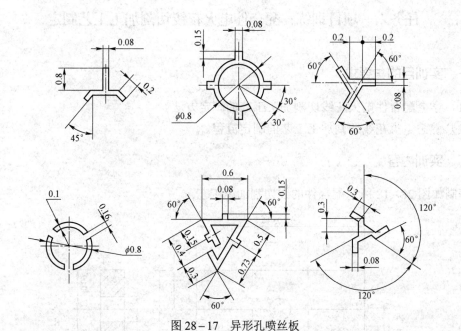

图 28-17　异形孔喷丝板

异形孔喷丝板的孔形特殊、细微、复杂，图形外接参考圆的直径在 1mm 以下，缝宽为 0.08～0.10mm。孔的一致性要求很高，加工精度在 ±0.005mm 以下，表面粗糙度小于 $Ra0.4\mu m$，喷丝板的材料为不锈钢 1Cr18Ni9Ti。在加工中，为了保证加工精度和表面粗糙度要求，应采取以下措施：

（1）加工穿丝孔。细小的穿丝孔是用细钼丝作为工具电极在电火花成形机床上加工的。穿丝孔在异形孔中的位置要合理，一般是选择在窄缝相交处，这样便于校正和加工。穿丝孔的垂直度要有一定的要求（在 0.5mm 高度内），穿丝孔孔壁与上下平面的垂直度应不大于 0.01mm，否则会影响线电极与工件穿丝孔的正确定位。

（2）保证一次加工成形。当线电极进退轨迹重复时，应当切断脉冲电源，使得异形孔各槽能一次加工成形，有利于保证缝宽的一致性。

（3）选择线电极直径。线电极直径应根据异形孔缝宽来确定，通常采用直径为 0.035～0.100mm 的线电极。

（4）确定线电极线速度。实践表明，对高速走丝电火花线切割加工，当线速度在 0.6m/s 以下时，加工不稳定；线速度为 2m/s 时工作稳定性显著改善；线速度提高到 3m/s 以上时，工艺效果变化不大。因此，目前线速度常用 0.8～2.0m/s。

（5）保持线电极运动稳定。利用宝石限位器保持线电极运动的位置精度。

加工时选择的电参数：空载电压峰值为 55V，脉冲宽度为 1.2μs，脉冲间隔为 4.4μs，平均加工电流为 100～120mA。采用高速走丝方式，走丝速度为 2m/s，线电极为 $\phi0.05mm$ 的钼丝；工作液为油酸钾乳化液。

加工结果：表面粗糙度为 $Ra0.4\mu m$，加工精度为 ±0.005mm，均符合要求。

任务六　项目训练：配合件电火花线切割加工工艺制定

一、实训目的与要求

（1）学会配合件电火花线切割加工工艺的制定方法。

（2）熟悉电火花线切割加工工艺的制定流程。

二、实训内容

编制如图28-18所示配合件的线切割加工工艺。

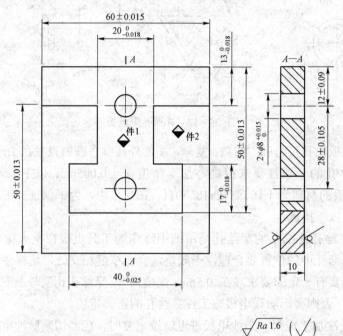

技术要求

1. 以件1尺寸配作件2，配合间隙≤0.04；
2. 侧边错位量≤0.06；
3. 各加工表面不能修整；
4. 未注公差为IT7。

图28-18　配合件

项目二十九

编制电火花成形机床加工工艺

任务一　型腔零件加工工艺分析

在电火花成形机床上加工如图 29-1 所示的型腔零件，型腔孔的位置在工件中心，材料为 45 钢。

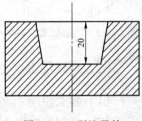

图 29-1　型腔零件

一、准备工作

装夹电极、工件，拉表找正。合上机床电源，按"启动"以后，系统进行自检，指示灯全亮，三轴显示-888.888，参数值显示88--88；

几秒钟后，系统结束自检，三轴及参数值显示上次关机时的值，主轴悬停，公/英和反打指示灯指示上次关机时的状态。

二、加工参数确定

加工参数主要指加工电流、脉冲宽度、脉冲间隔、抬刀时间和高度等参数。加工参数主要根据实际情况选择，常规加工参数如下：

（1）粗加工主要是为获得较快的加工速度，可选择较大的脉冲宽度和电流，一般脉冲宽度可选 300~800μs。选择加工电流时应考虑电极尺寸，可根据电极面积选择，以免单位面积电流太大，一般单位面积电流不超过 10A/cm²。从加工速度角度考虑脉冲间隔可尽量小，只要不拉弧即可，但脉冲间隔小易造成加工条件恶化，间接造成电极损耗增大，选择应留有余量。脉冲间隔可选 80~250μs。对于纯铜电极，脉冲宽度选择 300~800μs；对于石墨电极，脉冲宽度可选 300~500μs。

当排屑条件较好时，可选择较长的抬刀时间和较大的抬刀高度。

（2）半精加工主要是为获得较好的表面粗糙度和尺寸精度，为精加工打基础。因此选择参数应比粗加工小一些，脉冲宽度可选 80~300μs，脉冲间隔相应为 100μs 以上，加工电流比粗加工要小些。

（3）精加工以获得良好的表面粗糙度和尺寸精度为主要目的，脉冲宽度要小，电流也要小；脉冲宽度选择 80μs 以下，脉冲间隔选择放电稳定即可。由于排屑条件恶劣，脉冲间隔应选大一些，抬刀要频繁而低，以保证加工稳定。

三、加工步序确定

对刀后，移动主轴电极使其接触加工工件基准位置，如图 29-2 所示，然后 z 轴清零。

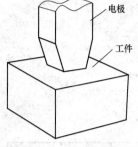

根据零件孔的深度，分 6 段加工，第一段存放在步序 4。各段深度设置如下：

（1）调用步序 4：设定目标深度 = 5.000，设定参数值；

（2）调用步序 5：设定目标深度 = 10.000，设定参数值；

（3）调用步序 6：设定目标深度 = 15.000，设定参数值；

（4）调用步序 7：设定目标深度 = 18.000，设定参数值；

（5）调用步序 8：设定目标深度 = 19.000，设定参数值；

图 29-2　确定加工位置

（6）调用步序 9：设定目标深度 = 20.000，设定参数值。

四、开始加工

（1）检查步序 4～步序 9，无误后调用步序 4。

（2）按控制面板上"自动"键（指示灯亮）。

（3）按手控盒上"加工"键，开始加工。

如果加工到某一段的目标深度，自动调用下一段。当加工到 20.000 时，系统自动切断加工电压，主轴回退，到位后转到对刀状态，报警蜂鸣或关机。

任务二　注射模镶块加工工艺分析

在电火花成形机床上加工如图 29-3（a）所示注射模镶块，材料为 40Cr，硬度为 38～40HRC，加工表面粗糙度为 $Ra0.8\mu m$，要求型腔侧面棱角清晰，圆角半径 $R < 0.25mm$。

一、加工方法选择

选用单电极平动法进行电火花成形加工，为保证侧面棱角清晰（$R < 0.3mm$），其平动量应小，取 $\delta \leq 0.25mm$。

二、电极的设计及制造

（1）电极材料选用锻造过的纯铜，以保证电极加工质量以及表面粗糙度。

（2）电极结构与尺寸如图 29-3（b）所示。

1）电极水平尺寸单边缩放量取 $b = 0.25mm$，根据相关计算式可知，平动量 $\delta_0 = 0.25 - \delta_{精} < 0.25mm$。

2）由于电极尺寸单边缩放量较小，用于基本成形的粗加工电参数不宜太大。根据工艺数据库所存资料（或经验）可知，实际使用的粗加工参数会产生 1% 的电极损耗。因此，对应的型腔主体与 R7mm 搭子的型腔的电极长度之差不是 14mm，而是（20-6）×（1+1%）=

14.14（mm）。尽管精修时也有损耗，但由于两部分精修量一样，故不会影响二者深度之差。图 29-3（b）中电极结构的总长度无严格要求。

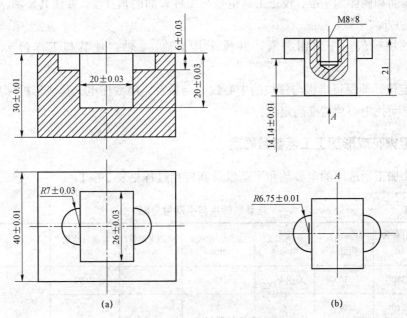

图 29-3　注射模镶块加工
（a）注射模镶块；（b）电极结构与尺寸

（3）电极制造。电极可以用机械加工的方法制造，但因有两个半圆的搭子，一般都用电火花线切割加工，主要工序如下：

1）备料；

2）刨削上下面；

3）划线；

4）加工 8×M8mm 的螺纹孔；

5）按水平尺寸用电火花线切割加工；

6）按图示方向前后转动 90°，用电火花线切割加工两个半圆及主体部分长度；

7）钳工修整。

三、镶块坯料加工

（1）按尺寸需要备料。

（2）刨削六面体。

（3）热处理（调质）达 38～40HRC。

（4）磨削镶块六个面。

四、电极与镶块的装夹与定位

（1）用 M8mm 的螺钉固定电极，并装夹在主轴头的夹具上。然而用千分表（或百分表）以电极上端面和侧面为基准，校正工具电极与工件表面的垂直度，并使其 x 轴、y 轴与工作台 x、y 移动方向一致。

（2）镶块一般用平口钳夹紧，并校正其 x 轴、y 轴，使其与工作台 x、y 移动方向一致。

（3）定位，即保证电极与镶块的中心线完全重合。用数控电火花成形机床加工时，可利用机床自动找中心功能准确定位。

五、电火花成形加工工艺参数确定

该零件加工所选用的电参数和平动量及其转换过程见表 29-1。

表 29-1 电参数转换与平动量分配

序号	脉冲宽度/μs	脉冲电流幅值/A	平均加工电流/A	表面粗糙度/μm	单边平动量/mm	端面进给量/mm	备 注
1	350	30	14	10	0	19.90	
2	210	18	8	7	0.1	0.12	1）型腔深度为20mm，考虑 1%损耗，端面总进给量为20.2mm；2）型腔加工表面粗糙度为 Ra 0.6μm；3）用 z 轴数控电火花成形机床加工
3	130	12	6	5	0.17	0.07	
4	70	9	4	3	0.21	0.05	
5	20	6	2	2	0.23	0.03	
6	6	3	1.5	1.3	0.245	0.02	
7	2	1	0.5	0.6	0.25	0.01	

任务三 项目训练：凹模电火花成形加工工艺制定

一、实训目的与要求

（1）学会凹模电火花成形加工工艺的制定方法。
（2）熟悉电火花成形加工工艺的制定流程。

二、实训内容

编制如图 29-4 所示凹模零件的电火花成形加工工艺。

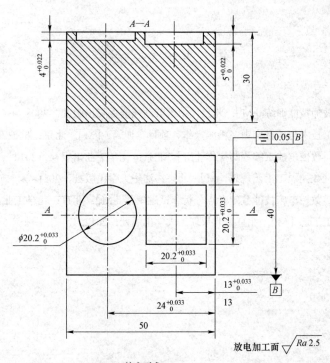

技术要求
1. 各加工棱边不能倒角;
2. 未注公差采用IT8。

图 29-4 凹模

参 考 文 献

[1] 时建. 数控车工技师技能训练 [M]. 北京：中国劳动社会保障出版社，2008.

[2] 赵慧曜. 数控加工技术与项目实训（机床操作、项目实训篇）[M]. 北京：机械工业出版社，2009.

[3] 周燕清，丁金晔. 数控电加工编程与操作 [M]. 北京：化学工业出版社，2012.

[4] 张明建，杨世成. 数控加工工艺规划 [M]. 北京：清华大学出版社，2011.

[5] 沈建峰，朱勤慧. 数控车床技能鉴定考点分析和试题集萃 [M]. 北京：化学工业出版社，2010.

[6] 杨晓平. 数控加工工艺 [M]. 北京：北京理工大学出版社，2012.